兴蒙造山带中部晚古生代晚期构造演化及旅游地学研究

李红英 李鹏举 柳长峰 著

科学出版社

北京

内 容 简 介

本书通过对晚石炭世—早二叠世岩浆岩进行岩石学、年代学和岩石地球化学研究，以及对相关的沉积地层进行岩相古地理分析，认为晚石炭世研究区由挤压体制转变为伸展体制，发育一条伸展构造带。该伸展构造带在早二叠世发展达到顶峰。中二叠世，伸展构造带逐渐萎缩，水体开始变浅。晚二叠世，构造伸展带闭合。同时，本书总结出研究区晚古生代晚期构造演化发展的五个阶段及每个阶段的构造特征，并对研究区内由构造演化产生的地质遗迹景观成因进行解析，阐述构造演化在地质遗迹形成过程中所起的重要作用。

本书读者对象比较广泛，包括地质、地理、旅游等相关专业的院校师生，以及热爱地质旅游的游客等普通读者。

图书在版编目(CIP)数据

兴蒙造山带中部晚古生代晚期构造演化及旅游地学研究 / 李红英，李鹏举，柳长峰著. — 北京：科学出版社，2019.4
ISBN 978-7-03-060322-7

Ⅰ.①兴… Ⅱ.①李… ②李… ③柳… Ⅲ.①造山带-晚古生代-地质演化-研究-中国 ②造山带-旅游地学-研究-中国 Ⅳ.①P535.2 ②K901.7

中国版本图书馆 CIP 数据核字 (2018) 第 297515 号

责任编辑：张 展 叶苏苏 / 责任校对：彭 映
责任印制：罗 科 / 封面设计：墨创文化

科学出版社 出版
北京东黄城根北街16号
邮政编码：100717
http://www.sciencep.com

成都锦瑞印刷有限责任公司 印刷
科学出版社发行 各地新华书店经销

*

2019 年 4 月第 一 版 开本：B5 (720×1000)
2019 年 4 月第一次印刷 印张：12 3/4
字数：257 000
定价：98.00 元
(如有印装质量问题，我社负责调换)

　　本书由四川省教育厅科学研究基金项目(项目编号: 18SB0492)、四川省智慧旅游研究基地规划项目(项目编号: ZHYR18-02)、四川轻化工大学(原四川理工学院)人才引进项目(项目编号: 2017RCSK01)、国家自然科学基金项目(项目编号: 41702054)、四川省旅游业青年专家培养计划专项课题、自贡市社会科学重点研究基地——产业转型与创新研究中心项目(项目编号: 2017CYZX005)资助。

前　言

　　大地构造学(Tectonics)是研究岩石圈组成、结构、运动和演化的一门综合性构造地质学分支学科，其理论基础之一就是 20 世纪 60 年代在大陆漂移假说基础上提出来的板块构造学说。板块构造学说认为地球的岩石圈不是一个整体，而是被一些构造带分割成许多构造单元，这些构造单元叫作板块。全球的岩石圈可分为六大板块，这些板块漂浮在"软流层"之上，处于不断运动之中。这些板块的相对运动造就了地球表面的基本面貌：当两个板块逐渐分离时，在分离处出现新的裂谷和海洋，如东非大裂谷和大西洋；当两个板块相互靠拢并发生碰撞时，就会在碰撞合拢的地方挤压出高大险峻的山脉，如喜马拉雅山脉。虽然这些板块的运动速度很慢，但经过亿万年的演化，地球的海陆面貌也会发生翻天覆地的变化。板块构造学说已被广泛用于解释火山、海沟、岛弧、地震、矿产等的形成与分布，是 20 世纪地球科学领域的重大研究成果。

　　中亚造山带就是在古生代由西伯利亚板块与塔里木-华北板块以及中间的岛弧、弧后盆地、洋岛及微陆块不断拼合增生而形成的复合造山带，是世界闻名且研究程度较高的造山带之一，它的形成标志着古亚洲洋的消亡。而中亚造山带东段延伸至中国内蒙古东部的这一部分被称为兴蒙造山带。在过去的几年中，笔者有幸参加了多个与兴蒙造山带相关的重大项目，如国家自然科学基金项目"内蒙古中东部毛登-前进场早石炭世强过铝花岗岩带地球化学成因及其构造意义"(项目编号：41702054)，中国地质调查局项目"兴蒙造山带中西段构造单元及边界性质"(项目编号：1212011220465)、"航空物探遥感综合勘查系统应用示范 1∶5 万地质填图项目"(项目编号：12120114093901)、"内蒙古 1∶5 万巴拉格尔农业分场等四幅区调"(项目编号：1212011120700)以及"内蒙古 1∶25 万索伦幅、乌兰浩特幅区调"(项目编号：1212010881207)等。随着项目的顺利进行，笔者对研究区的基础地质有了更加深入的了解，对兴蒙造山带的构造演化也取得了一些自己的认识。虽然前人对兴蒙造山带构造演化的研究取得了丰富的成果，但多数学者仅从某一个方面或者以某一类地质体作为研究对象来讨论造山带的构造演化，鲜有学者将该时期的岩浆岩、岩石地层、古地磁、古生物等因素进行综合分析讨论。因此，笔者产生了写作本书的想法，选择出露于兴蒙造山带的石炭纪—二叠纪岩浆岩及同期沉积地层作为研究对象，通过野外地质填图、岩石学、年代学、地球化学、Hf 同位素分析等方法对区域的岩浆岩进行研究，并结合研究区上石炭统—二叠系沉积地层所反映的沉积环境、古地磁及化石证据来讨论晚古生代以来兴蒙造山带的构造演化。同时，考虑到旅游地学是地学界与社会大众联系的一个重要窗口，故将本书的一些结论应用于区域地质遗迹景观成因的解释，满足旅游者对地球科学知识与日俱增的求知欲望，也有利于实现本书的理论价值和实践价值。

全书共分为八章：第1章主要介绍兴蒙造山带的研究现状，存在问题及研究内容、方法及意义；第2章介绍研究区的地层、构造等区域地质概况；第3章对研究区前石炭纪的构造格局进行阐述；第4章是本书的重点，介绍研究区晚古生代晚期的岩相古地理情况，为厘清研究区晚古生代晚期的构造演化提供佐证；第5章也是本书的重点，通过对研究区晚古生代晚期的构造岩浆岩带进行分析，提供研究区构造环境变化的直接证据；第6章综合前几章的研究成果，提出研究区晚古生代晚期构造带的时空演化；第7章和第8章是本书研究内容的延伸部分，主要介绍研究区的地质遗迹概况以及成因，阐述构造演化在地质遗迹形成过程中所起的重要作用。

本书在撰写过程中，得到了四川轻化工大学何凡教授、李启宇教授、罗泊副教授以及中国地质大学(北京)周志广教授、柳长峰副研究员的大力支持，在此深表感谢。

目　　录

第1章 绪　　论

1.1　中亚造山带及兴蒙造山带

基于大陆漂移假说提出的板块构造学说是 20 世纪 60 年代地球科学领域取得的重要成果。板块构造学说不仅揭示了地球内部圈层构造、板块的水平运动与海底扩张现象之间的关系，而且提出了板块运动的驱动力是地幔柱，它通过与板块边界有关的岩浆活动将固体地球的内部活动与地球表面的演化过程联系起来，是当今地学领域占统治地位的理论指导（朱炳泉 等，2006）。岩石圈与软流圈沿着汇聚板块、离散板块及转换板块边界发生物质能量的交换会引起板块运动，板块运动是陆壳形成与演化的主要动力（Kusky et al.，1999；Santosh et al.，2013；Polat et al.，2015），也是引起构造变形、岩浆活动、沉积建造以及变质作用的主要原因（Sengör，1990；Polat et al.，2015）。汇聚板块边缘通常形成巨型造山带（Sengör et al.，1993；Windley，1995；Windley et al.，2007；Nance et al.，2014），Windley（1995）按照汇聚主体的不同将其分为碰撞型造山带和增生型（又名科迪勒拉）造山带。碰撞型造山带是由两个大陆拼合碰撞而成，涉及大陆之间大洋的闭合；增生型造山带则是由不同地体汇聚增生而成，包括岛弧、洋岛、海山及微陆块等，各地体以增生楔的形式聚合在一起。

中亚造山带作为世界闻名的造山带之一，是现今研究程度较高的造山带，它的形成与古亚洲洋的演化密切相关。西伯利亚板块与塔里木-华北板块之间的广大地区是古亚洲洋曾存在的区域（Zonenshain et al.，1990；Dobretsov et al.，1995；Windley et al.，2007）。有学者认为古亚洲洋于中新元古代的中—晚里菲期拉开（张旗 等，2003），750 Ma～700 Ma 开始大规模扩张，700 Ma～600 Ma 达到顶峰。Tang（1990）认同古亚洲洋在中寒武世之前就已经存在的观点。Zhu 等（2014）基于对蒙古国境内曼莱（Manlay）地区的蛇绿岩及基性侵入岩的锆石测年结果，也认为古亚洲洋于寒武纪之前已经打开，至少应早于 509 Ma。正是古亚洲洋的闭合形成了中亚造山带（Sengör et al.，1993；Jahn et al.，2000；Xiao et al.，2003，Windley et al.，2007；Jian et al.，2008；Yarmolyuk et al.，2014）。中亚造山带西起哈萨克斯坦，向东延伸至太平洋，北侧与西伯利亚板块/南蒙微陆块相邻，南侧与塔里木-华北板块相邻，总长超过 2500km，西部宽 1100km，向东逐渐缩窄至 500 km（Sengör et al.，1993；Windley et al.，1995；Jahn et al.，2000；Xiao et al.，2003；Windley et al.，2007；Jian et al.，2008；Wilde，2015）。

关于中亚造山带的形成，学者们认为存在多种模型。Sengör 等(1993)将中亚造山带分为南部的满洲里造山带(Manchurides)和北部的阿尔泰造山带(Altaids)，并认为它是由单一弧(Kipchak)简单地不断增生的演化结果，波罗的板块和西伯利亚板块的差异旋转及后期被大规模走滑断层错断或"复制"成多条弧。Filippova 等(2001)认为奥陶纪末，从冈瓦纳大陆分离的小陆块及早期增生形成的岛弧将古亚洲洋分成四个洋盆，这四个洋盆在中—晚古生代先后闭合，形成多条重要的中亚造山带的主体山脉。Yakubchuk (2002)发展了 Sengör 的单一弧模型，认为中亚造山带是由多条弧或者弧后(back-arc)演化的结果。Windley 等(2007)修正了 Filippova 的多岛洋模式，应用洋脊-海沟相互作用来解释中亚造山带的形成。随着对中亚造山带的深入研究，有学者提出中亚造山带并不是一条简单的造山带，而是由西伯利亚板块与塔里木-华北板块以及中间的岛弧、弧后盆地、洋岛、蛇绿岩及微陆块不断拼合增生而形成的复合造山带(李春昱，1980；任纪舜，1989；Tang，1990；李双林 等，1998；Yakubchuk，2002；Xiao et al.，2003；Li，2006；张兴洲 等，2006；Windley et al.，2007；Jian et al.，2008；潘桂棠 等，2009；Xu et al.，2013；Li et al.，2014；Yakubchuk et al.，2014；Xu et al.，2015)，属增生型造山带。

中亚造山带东段延伸至中国内蒙古以东地区，被称为兴蒙造山带(任纪舜 等，1980)。对于中亚造山带东段的形成与演化，Xiao 等(2003)提出了古亚洲洋双向俯冲模式，并认为古亚洲洋在寒武纪—志留纪时期分别向南北两侧的华北板块和西伯利亚板块之下俯冲，但向南的俯冲在泥盆纪—早石炭世之前曾停滞，并于晚石炭世再度发生俯冲。Jian 等(2008)进一步完善了双向俯冲模式，命名了南方及北方两条造山带，并首次应用超俯冲带(supra-subduction zone，SSZ)型蛇绿岩的时间线探讨了古亚洲洋的演化。

中亚造山带演化历史漫长，其东段兴蒙造山带自中生代以来在古亚洲洋构造域的基础上叠加了古太平洋构造域(李双林 等，1998)和蒙古-鄂霍茨克构造域(Wu et al.，2002；Wu et al.，2011)，致使造山带内构造变形和岩浆活动极其复杂，关于晚古生代以来的构造演化问题，一直争议不断。

1.2　旅游地学及其研究内容

早在 1985 年，中国旅游地学研究会将"旅游地学"定义为"运用地学的理论与方法，为旅游资源调查、研究、规划、开发与保护工作服务的一门新兴边缘学科"。而在 2013 年出版的《旅游地学大辞典》中，陈安泽等又将旅游地学的定义进行了扩展，即"以地球科学的理论、方法为基础，并结合其他科学知识，以发现、评价、规划、保护具有旅游价值的自然景观和与人类活动有关的古遗迹、遗址，探讨其形成原因、演变历史，为发展旅游事业服务为目的的一门综合性边缘学科"(陈安泽, 2016)。从上述定义可知, 旅游地学是一门由地球科学与旅游科学相结合而产生的新兴交叉学科, 是引导中国旅游业走向科学旅游时代的新兴学科, 地学旅游有望成为中国高端旅游的基石。

旅游地学的研究内容包括: ①旅游的主体要素——旅游者, 即运用人文地理、经济地理和区域地理等学科的原理和方法, 研究旅游者在区域上的分布规律及气候、环境、人口、交通、经济发展水平等因素对客源市场的影响等; ②旅游的客体要素——旅游资源, 即应用地质学、自然地理学、美学、景观科学等学科的原理和方法, 探讨自然旅游资源的分布规律、形成原因、类型划分、科学价值、美学价值、旅游开发价值、科学普及教育价值和保护方法等, 也研究人文景观资源(如石窟、古文化遗址、古建筑等)的地质背景条件、环境因素等; ③旅游的媒介要素——旅游业, 即应用地质学、环境科学等学科的理论和方法, 研究旅游业服务设施建设涉及的地学及环境学问题, 如建筑物的选址、地基稳定性评价、旅游道路的选线以及各种地质灾害因素等, 以确保旅游业各类设施的科学设计以及旅游者的人身安全; ④地质遗迹开发与地质(矿山)公园建设等, 即研究地质遗迹的开发及保护, 地质公园的申报、规划、科学研究及科学普及, 公园科学解说体系建设, 科学旅游产品打造, 公园信息化建设等(陈安泽, 2016)。

当前, 旅游地学最热门的研究内容还属地质遗迹开发与地质(矿山)公园建设。地质遗迹(geoheritage)是在地球漫长的地质历史时期, 由各种内外动力地质作用形成、发展并保存下来的珍贵的不可再生的自然遗产, 包括有重要观赏和科学研究价值的地质地貌景观、地质剖面、构造形迹、古人类遗址、古生物化石遗迹, 有特殊价值的矿物、岩石及其典型产地, 有特殊意义的水体资源, 典型的地质灾害遗迹等(国土资源部地质环境司, 2006)。由于兼具美学观赏、科普教育、探险康体和社会经济等价值(李鹏举 等, 2015), 地质遗迹近些年逐渐成为国内地学和旅游研究的热点。建设地质公园或矿山公园是开发利用地质遗迹的最主要方式。地质公园以地质遗迹为主体, 融合其他自然景观或人文景观构成特定的旅游区或保护区, 既为人们提供具有较高科学品位的观光游览、休闲度假、康疗保健的场所, 又是地质遗迹研究和地球科学普及教育的基地(陈安泽, 2003; 赵逊 等, 2003)。矿山公园则是以展示矿业遗迹景观为主体, 体现矿业发展历史内涵, 具备研究价值和教育功能, 可供人们游览观赏、科学考察的特定空间地域(李宏彦 等, 2010)。

旅游地学是地学界与社会大众联系的一个重要窗口。推动地质遗迹的成因与演化研究, 揭示地球某段地质历史时期古地理、古气候、古生物等方面的信息, 既可为人类研究地球的历史演化过程、恢复地质历史乃至预测地球未来的演变趋势提供重要依据, 也可以通过地学知识的普及, 满足旅游者对地球科学知识的求知欲望, 为国家科普教育和公众启智奠定良好的基础, 提高公众对地质遗迹的保护意识, 实现公民科学素养的大幅提升。

1.3　研究现状及存在问题

1.3.1　研究现状

　　前人已发表的成果中，对中亚造山带东段(兴蒙造山带)研究的热点主要集中在七个方面：①兴蒙造山带构造单元划分(任纪舜 等，1980；邵济安，1991；李双林 等，1998；张兴洲 等，2006；Xu et al.，2013；徐备 等，2014；Xu et al.，2015)；②微陆块是否存在及其属性(徐备 等，1997；郝旭 等，1997；赵光 等，2002；施光海 等，2003；朱永峰 等，2004；武广，2006；苗来成 等，2007；陈斌 等，2009；薛怀民 等，2009；Wu et al.，2011；Zhou et al.，2011；葛梦春 等，2011；表尚虎 等，2012；孙立新 等，2013；蒙启安 等，2013；周建波 等，2014；Zhou et al.，2015)；③岩浆岩的年代格架、成因及其所处的大地构造背景(Wu et al.，2002；葛文春 等，2005，2007；Zhang et al.，2007a；Zhang et al.，2007b；Jian et al.，2008；Zhang et al.，2008；Zhang et al.，2009；童英 等，2010；Wu et al.，2011；Gou et al.，2015；Zhang Z C et al.，2015；Zhang X H et al.，2015；Wu et al.，2015)；④显生宙以来的地壳增生(Wu et al.，2002；Wu et al.，2011；任邦方 等，2012；Zhou et al.，2013；Yarmolyuk et al.，2014)；⑤地层层序及沉积环境(鲍庆中 等，2005；李福来 等，2009；辛后田 等，2011；张永生 等，2012)；⑥古地磁及深层结构(Enkin et al.，1992；高锐 等，2011；李朋武 等，2012；Zhao et al.，2013)；⑦构造演化(李春昱，1980；曹从周，1987；王荃 等，1991；唐克东，1992；Sengör et al.，1993；梁日暄，1994；王玉净 等，1997；Xiao et al.，2003；孙德有 等，2004b；Li，2006；Wu et al.，2007；Jian et al.，2008；Miao et al.，2008；王成文 等，2008；Liu et al.，2012；Xu et al.，2015)。

　　在讨论兴蒙造山带构造演化过程中，诸多争论都是围绕古亚洲洋闭合时间和闭合位置展开的。作为洋壳残留的蛇绿岩套，通常被认为是大洋存在的标志(Khain et al.，2003；张旗 等，2003)。引发对古亚洲洋闭合位置争议的主要原因在于兴蒙造山带在我国境内发育有三条蛇绿岩带，由北向南依次为二连-贺根山蛇绿岩带(Davis et al.，2001；Xiao et al.，2003；Miao et al.，2008；Jian et al.，2008；李尚林 等，2012；Zhang et al.，2015)、苏尼特左旗-西乌珠穆沁旗蛇绿岩带(王荃，1991；李英杰 等，2012；李英杰 等，2013)、索伦山-温都尔庙-西拉木伦河蛇绿岩带(王荃，1991；唐克东，1992；梁日暄，1994；Li，2006)。虽然梁日暄(1994)指出贺根山蛇绿岩带和西拉木伦河蛇绿岩带之间的小蛇绿岩块，可能是逆冲断层上冲带到地面来的断片，而不是古洋壳俯冲作用的产物，但近年来的研究表明部分地区的蛇绿岩块具有完整的蛇绿岩套组合，并与代表俯冲作用的蓝片岩伴生(李瑞彪 等，2014)，能够作为古大洋存在的标志。

关于古亚洲洋闭合时间存在五种观点：①晚志留世—泥盆纪（唐克东，1992；Yue et al.，2001）；②中晚泥盆世（Tang，1990；徐备 等，2001）；③晚泥盆世—早石炭世（曹从周 等，1986；Tang，1990；邵积安，1991；周志广 等，2010；辛后田 等，2011；Xu et al.，2013；邵济安 等，2014；徐备 等，2014；Kozlovsky et al.，2015；Zhao et al.，2016）；④晚二叠世—早三叠世（Xiao et al.，2003；孙德有 等，2004a；Li，2006；Jian et al.，2008；Miao et al.，2008；Zhang et al.，2009）；⑤白垩纪（Nozaka et al.，2002）。如何认识晚石炭世—二叠纪研究区的构造格局和所处的背景是研究古亚洲洋闭合时间的关键。

岩浆活动被认为是"地质 DNA"要素之一（王荃，2011），是岩石圈热事件的产物，有其独特的时空分布特征。20 世纪 80 年代以来，随着我国 1:25 万和 1:5 万区域地质调查工作的开展，兴蒙造山带的基础地质研究取得了突破。锆石 U-Pb、K-Ar、Rb-Sr 等测年技术的推广与应用在查明兴蒙造山带内地质体尤其是火成岩的形成时代方面成果显著；岩石地球化学方法的应用为探讨兴蒙造山带不同时期的构造属性提供了依据；Sm-Nb、Rb-Sr、Lu-Hf、Pb-Pb 等同位素方法揭示了显生宙以来大规模地壳增生现象的存在。

对岩浆岩的细致研究初步构建起兴蒙造山带显生宙以来的岩浆岩时空演化架构，为探讨兴蒙造山带显生宙以来的构造演化和地壳增生提供了强有力的证据（Zhang et al.，2007a；Zhang et al.，2007b；Jian et al.，2008；童英 等，2010；Wu et al.，2011；Zhou et al.，2011；Liu et al.，2013；石玉若等，2014；Zhou et al.，2015）。兴蒙造山带内古生代岩浆活动主要集中在 3 个时期：奥陶纪（505 Ma～475 Ma）、石炭纪（340 Ma～310 Ma）、二叠纪（270 Ma～250 Ma），志留纪和泥盆纪岩浆活动较弱。

对于晚石炭世—早二叠世岩浆岩形成的大地构造背景问题，目前学界争议较大。一种观点认为出露于苏尼特右旗地区的上石炭统本巴图组火山岩夹层是由玄武岩和英安岩构成的双峰式火山岩组合，代表碰撞后的伸展环境（汤文豪 等，2011）。因此，自晚石炭世起，研究区进入裂谷或裂陷槽发育时期（曹从周 等，1986；邵济安，1991；徐备 等，2013；邵济安 等，2014，2015；Zhao et al.，2016），而这时期的岩浆岩之所以显示火山弧特征，可能是因为早古生代俯冲消减的洋壳保存在壳幔之间，后期上升的岩浆通过时都会携带早期俯冲带的信息（邵济安 等，2014）。早二叠世喷发的大石寨组火山岩也具有双峰式火山岩的特征（邵济安，1991；Zhu et al.，2001；吕志成 等，2002；曾维顺，2011；晨辰 等，2012；陈彦 等，2014；徐备 等，2014），并且在二连—东乌珠穆沁旗一带出现了 286 Ma～276 Ma 的碱性花岗岩，被认为是板块碰撞拼合之后的产物（洪大卫 等，1994），因此认为古亚洲洋于晚石炭世之前闭合。

另一种观点则认为上石炭统本巴图组火山岩夹层（潘世语 等，2012）及下二叠统大石寨组火山岩应当是古亚洲洋向北俯冲的产物，形成于岛弧或活动大陆边缘弧构造背景之下(高德臻 等，1998；陈斌 等，2001；陶继雄 等，2003；陈斌 等，2009)。虽然支持古亚洲洋在早二叠世之后闭合观点的学者中也有人认同大石寨组火山岩产生于伸展背景下，但却认为是洋壳俯冲过程中在局部伸展部位形成的弧后盆地(Zhang et al.，2008；刘建峰，2009；Zhang et al.，2010)，而并非大规模的裂陷槽或裂谷环境。华北板块北缘在晚古生代晚期是类似于安第斯型的活动大陆边缘，古亚洲洋继续向南北两侧俯冲(Xiao et al.，2003；Zhang et al.，2007a；Jian et al.，2008；Zhang et al.，2009)，洋壳的俯冲至少持续到晚二叠世(Xiao et al.，2003；Li，2006；Zhang et al.，2007a；Jian et al.，2008；Miao et al.，2008；Zhang et al.，2009)。

1.3.2　存在问题

如前所述，鉴于研究者的出发点、研究对象和研究方法的不同，前人在对兴蒙造山带古生代构造演化发展进行研究的过程中产生了诸多分歧，归纳如下。

(1)兴蒙造山带是一个构造旋回的产物还是两个构造旋回的产物？索伦山蛇绿岩套是包含两个不同时代硅质岩的混杂岩，它们是同一大洋不同时代的洋壳残片，还是不同大洋不同时代的洋壳残片？

(2)西拉木伦河以北地区泥盆系开始出现陆相磨拉石建造(Xu et al.，2013；徐备 等，2014；Xu et al.，2015)，但贺根山以南—西拉木伦河以北地区在晚石炭世再次出现海相沉积地层。如果古亚洲洋洋盆在石炭纪之前已经闭合，上石炭统—中二叠统的海相沉积如何解释？如果古亚洲洋在晚石炭世—早二叠世仍未闭合，如何解释泥盆纪—石炭纪沉积环境的变化？

(3)华北板块北缘晚石炭世是活动大陆边缘还是被动大陆边缘？如果是被动大陆边缘，安第斯型陆缘弧岩浆岩如何解释？如果是主动大陆边缘，又如何与区域构造进行配套？

(4)锡林浩特—西乌珠穆沁旗一带的晚石炭世—早二叠世火山岩究竟是弧火山岩还是双峰式火山岩？如果是弧火山岩，代表深海大洋的洋壳和海相沉积物在哪里？

(5)内蒙古境内已开发多处以地质遗迹为主要特色的国家级、省级公园，内蒙古晚古生代时期的构造演化与这些地质公园的形成有何种联系？如何通过研究内蒙古晚古生代时期的构造演化来推进地学旅游在这些地质公园的开展？

1.4　研究内容、方法及意义

1.4.1　研究内容

近十年来，虽然对兴蒙造山带的研究取得了丰富的成果，但多数学者单独选择岩浆岩或者碎屑锆石、古地磁作为研究对象来讨论古亚洲洋的演化发展，鲜有学者将该时期的岩浆岩、岩石地层、古地磁、古生物等因素进行综合分析讨论。为深入认识兴蒙造山带晚古生代的构造演化，解决以上问题，本书选择索伦山—西乌珠穆沁旗的广大地区为研究区，选择出露于内蒙古中部满都拉、卫境、苏尼特左旗、西乌珠穆沁旗的石炭纪—二叠纪岩浆岩及同期沉积地层作为研究对象，通过野外地质填图、岩石学、年代学、地球化学、Hf 同位素等方法，对西乌珠穆沁旗、苏尼特左旗、苏尼特右旗及满都拉等地的岩浆岩进行研究，并结合出露于西乌珠穆沁旗、满都拉地区的上石炭统—二叠系沉积地层所反映的沉积环境、古地磁及化石证据来讨论晚古生代以来兴蒙造山带的构造演化。研究内容主要包括五个方面。

(1)搜集整理研究区已报道的地质资料，综合分析前石炭纪兴蒙造山带中部的地层、岩浆岩及构造事件，确定前石炭纪兴蒙造山带中部的构造格局。

(2)对兴蒙造山带满都拉和西乌珠穆沁旗地区的上石炭统本巴图组、阿木山组及二叠系寿山沟组、哲斯组和林西地层进行剖面测量和分析，讨论以上沉积地层所代表的沉积环境。

(3)对出露于内蒙古中部满都拉—苏尼特左旗—锡林浩特—西乌珠穆沁旗一线的晚石炭世—早二叠世岩浆岩进行岩石学分析，查明岩浆岩的岩石组合规律；进行年代学、岩石地球化学分析，查明其形成时代，探讨其反映的构造环境，并结合前人已发表的数据讨论晚古生代兴蒙造山带内不同地区岩浆岩形成的大地构造背景。

(4)对出露于西乌珠穆沁旗迪彦庙和达青牧场的早二叠世蛇绿岩、满都拉和卫境地区的基性熔岩，以及补力太及卫境地区的构造混杂岩展开系统研究，查明其物质组成，探讨其形成的大地构造背景，讨论蛇绿岩的构造属性。

(5)在厘清区域构造演化的基础上，查明区域内地质遗迹的分布与属地情况、资源类型、资源级别及核心遗迹点，评价地质遗迹的开发与保护情况。从科学的角度分析地质遗迹的旅游价值，探索地质遗迹景观的形成原因、演化过程、主要特色、科学研究价值等，并提出区域内地质遗迹的开发与保护建议。

1.4.2　研究方法

本书的研究方法主要包括野外地质调查和室内分析两部分，其中野外地质调查包括地质调查和填图、剖面测量、沉积环境分析、采样。室内分析包括文献搜集、薄片鉴定、全岩岩石地球化学分析、锆石 U-Pb 测年、锆石 Lu-Hf 同位素分析。

1. 全岩岩石地球化学分析

全岩岩石地球化学分析工作由河北省区域地质矿产调查研究所实验室完成。

主量元素的测定采用国家标准《硅酸岩岩石化学分析方法》(GB/T14506)；微量元素的测定采用 X Serises 2 电感耦合等离子体质谱 ICP-MS 分析方法。

2. 锆石 U-Pb 测年

锆石存在于多种火成岩中及沉积岩中，是测年实验中使用最广泛的矿物 (Harley et al.，2007)，但在岩浆演化过程中受变质作用影响可能会导致 Pb 丢失，从而影响测年结果的可信度(Solari et al.，2015)。因此除了锆石，斜锆石也被认为是基性—超基性岩中理想的测年矿物(Rodionov et al.，2012)。样品碎样及锆石挑选由河北省区域地质矿产调查研究所实验室完成。本书采用锆石/斜锆石 U-Pb 法对样品进行同位素测年。测年样品经清洗、晾干、粉碎后，先用水进行粗淘，再采用强磁、电磁分选后用酒精进行细淘，在显微镜下进行人工挑选。北京锆年领航科技有限公司承担制靶及阴极发光图像采集工作。锆石 U-Pb 同位素年龄分析在天津地质调查中心进行，所用仪器为 Neptune 型 LA-MC-ICPMS 仪器，利用 193 nm 激光器对锆石进行剥蚀，分析时激光束斑直径为 35μm，激光剥蚀深度为 20～40 μm。外部锆石年龄标准采用 GJ-1 进行校正，使用 NIST612 玻璃标样作为外标计算锆石样品的 Pb、U、Th 含量，具体方法参见相关文献(李怀坤 等，2009)。数据处理采用 ICPMSDataCal(Liu et al.，2008)，锆石加权平均年龄计算及谐和图绘制采用 Isoplot(3.0 版)(Ludwig，2003)完成。锆石年龄采用谐和度大于 80%的 $^{206}Pb/^{238}U$ 年龄。

3. 沉积环境分析

通过野外观察，查明各组地层的岩石组合、结构、构造发育特征、岩相学特征、沉积序列，分析各组沉积环境。

4. 锆石 Lu-Hf 同位素分析

锆石 Lu-Hf 同位素分析在自然资源部成矿作用与资源评价重点实验室完成，所用仪器为Neptune 型多接收器电感耦合等离子质谱仪器和 Newwave UP123 激光剥蚀系统(LA-MC-ICPMS)，利用 193nm 激光器对锆石进行剥蚀，分析时激光束斑直径为 44μm，激光脉冲能量为 100mJ，脉冲频率为 8Hz，信号采集时间为 26s。采用锆石标样 GJ-1 作为外标，标样的 $^{176}Hf/^{177}Hf$ 平均值为 0.282015±0.00008。εHf(t)和 T_{DM}[①]的计算采用 Griffin 等(2000)的计算方法，其中 ^{176}Lu 衰变常数采用 Blichert-Toft 等(1997)的使用常数。具体数据校正过程参考相关文献(Wu et al.，2006)。

---

① T_{DM} 为亏损地幔模式年龄。

1.4.3 研究意义

古亚洲洋于晚泥盆世—早石炭世闭合或于晚二叠世闭合的这两种主流观点均存在合理之处，但又无法解释某些地质事实。在讨论研究区晚古生代所处的构造背景时，如何认识出露于西乌珠穆沁旗—锡林浩特的晚石炭世—早二叠世岩浆岩成为解决问题的关键。而通过对兴蒙造山带中段晚古生代晚期的岩浆岩及岩相古地理进行研究，探讨晚古生代晚期研究区所处的大地构造环境，为讨论兴蒙造山带在晚古生代晚期的构造演化提供新的证据，是本书研究的理论意义。

由于具有非常丰富的科学内涵，地质遗迹完全可以建设成为科普教育基地和特色旅游目的地。通过研究区域内地质遗迹的形成、演化与景观成因，挖掘景点深层次的科学内涵，不仅可以促进国家公园的完善与升级，推动地质(矿山)公园向观光、休闲、度假、科普、生态并重转变，满足多样化、多层次的旅游消费需求，也可为国内旅游业的改革转型提供宝贵经验，这是本书研究的实践意义。

第2章　区域地质概况

研究区大地构造位置位于华北板块与西伯利亚板块之间中亚造山带的东段，即兴蒙造山带中部(图2-1)，西起索伦山，东至霍林郭勒，南接华北板块北缘，北至中蒙边境。北部二连-贺根山断裂和南部索伦山-西拉木伦河断裂是研究程度较深的两条断裂带。

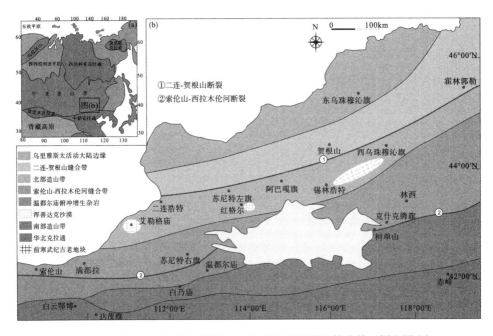

图2-1　研究区大地构造位置图(a)和研究区前石炭纪构造单元划分图(b)

2.1　区域地层概况

沉积岩是地表或近地表条件下，母岩风化剥蚀的产物，保存着大量沉积环境的物质记录，包含许多地球演化发展的重要信息，是建立全球地质年代系统的重要基础，是一部记录了地球和生物形成演化历史的百科书(姚建新 等，2015)。沉积岩的颜色是鉴别岩石、划分和对比地层进而分析古地理的重要依据之一，特殊的颜色能够反映古地理和古气候信息(李国荣，2012)；沉积岩的成分是分析物源、搬运距离和岩石成熟度的重要依据(Johnsson，1993；Ekwenye et al.，2015)；沉积岩的结构和构造是研究岩相古地理的重要依据。要研究一个地区的演化发展史，必须要了解该地区的地层发育情况。

研究区出露的地层包括华北、锡林浩特、东乌珠穆沁旗三个地层小区，以下对索伦山—西乌珠穆沁旗及二连—东乌珠穆沁旗一带出露的前石炭纪主要地层单元(表 2-1)进行简单介绍。

表 2-1　兴蒙造山带中部古生界—元古界地层简表

界	系	统	群		组	
					索伦山—西乌珠穆沁旗	二连—东乌珠穆沁旗
古生界	二叠系	上			林西组	
		中			哲斯组	
		下			大石寨组	
					寿山沟组	格根敖包组 / 宝力高庙组
	石炭系	上			阿木山组	
					本巴图组	
		下				
	泥盆系	上			色日巴彦敖包组	安格尔音乌拉组
		中				塔尔巴格特组
		下				泥鳅河组
	志留系	顶			西别河组	
		上			徐尼乌苏组	
		中				
		下				
	奥陶系	上	包尔汗图群	白乃庙群	哈拉组	
		中			布龙山组	乌宾敖包组 / 多宝山组
		下				
	寒武系	芙蓉统	温都尔庙群		哈尔哈达组	
		苗岭统				
		第二统			桑达来呼都格组	
		纽芬兰统				
新元古界	青白口系				艾勒格庙组	
中元古界			锡林浩特岩群			
下元古界			宝音图群			

1. 下元古界宝音图群(Pt$_1$BY)

宝音图群主要分布于艾勒格庙—苏尼特左旗—红格尔—锡林郭勒—西乌珠穆

沁旗一带，在狼山地区零星出露，为一套绿片岩相到角闪岩相的中级变质岩，以云母石英片岩、云母片岩和石英岩为主。狼山地区的主要岩石组合为石榴云母片岩、石英片岩、十字石片岩、石英岩、斜长角闪岩、大理岩等(孙立新 等，2013)。锡林浩特北东方向的巴音高勒地区的该岩群由浅灰色二云母片麻岩、黑云母片麻岩夹多层灰绿色角闪斜长片麻岩、角闪岩和斜长角闪岩组成(徐备 等，1996，2000)。宝音图群中变粒岩、片岩、片麻岩的 Sm-Nd 同位素年龄为 2485 Ma～1708 Ma(徐备 等，2000)；片麻状二长花岗岩的 SHRIMP 锆石 U-Pb 年龄为(1672±10)Ma，石英岩的锆石 U-Pb 年龄为 1426Ma(孙立新 等，2013)。

2. 中元古界锡林浩特岩群(Pt$_2$XL)

锡林浩特岩群出露于锡林浩特—西乌珠穆沁旗一带，为一套角闪岩相-绿片岩相的变质岩，主要由片麻岩、石英片岩、黑云母石英片岩、斜长片麻岩组成。

关于锡林浩特岩群的构造属性有两种认识：①前寒武纪古老地体(徐备 等，1996；郝旭，1997；朱永峰 等，2004；葛梦春 等，2011)；②古生代弧前浊积岩建造(施光海 等，2003；Li et al.，2014)。大量同位素测年结果显示，锡林浩特岩群中的确包含年龄为 1300 Ma～1000 Ma 的变质岩(郝旭 等，1997；徐备 等，2001；朱永峰 等，2004；葛梦春 等，2011)。葛梦春等(2011)将锡林浩特岩群解体为三个部分：表壳岩系(锡林浩特岩群，解体后代表真正的前寒武纪古老基底)、晚元古代基性—超基性侵入岩和早古生代酸性侵入岩。本书采用锡林浩特岩群代表锡林浩特微陆块。

3. 青白口系艾勒格庙组(Qba)

艾勒格庙组主要分布在四子王旗艾勒格庙西北部地区，岩石组合整体为一套浅色—中浅变质岩系，分为两个岩段。第一岩段上部以白色大理岩、结晶灰岩为主，夹绢云石英片岩、变质石英粉砂岩、绢云母板岩；下部以白云质大理岩与变质流纹岩、糜棱岩化凝灰岩互为夹层。第二岩段下部以灰白色绢云石英片岩为主，夹硅化大理岩及结晶灰岩透镜体，上部为灰白色、灰绿色变质晶屑凝灰岩夹片理化石英岩及大理岩(内蒙古自治区地质矿产局，1996)。

4. 寒武系温都尔庙群(∈$_w$)

温都尔庙群主要出露于苏尼特左旗、苏尼特右旗、阿巴嘎旗一带，为一套巨厚的中级变质岩系，包括下部桑达来呼都格组和上部哈尔哈达组。桑达来呼都格组是一套原岩以拉斑玄武岩和基性火山岩为主的绿片岩，局部夹碳酸盐岩透镜体及辉长岩等。哈尔哈达组为一套深海相中等变质岩，包括石英片岩、含铁石英岩及大理岩透镜体，按照展布特征可划分为南北两带：南带位于温都尔庙—图林凯地区(邵济安，1991；唐克东，1992；Jian et al.，2008；徐备 等，2011；李承东 等，

2012)；北带分布在艾勒格庙—二道井—红格尔一带（Xiao et al.，2003；李承东 等，2012；Xu et al.，2013）。

早期获得温都尔庙群中绿泥片岩的 Sm-Nd、Rb-Sr 年龄集中在 1511Ma～961Ma，进而将其时代划归为中新元古代。唐克东（1992）获得的绿片岩和绢云母石英片岩的全岩 Rb-Sr 等时线年龄为（435±61）Ma 和（509±40）Ma，全岩 K-Ar 年龄为 473Ma～463Ma。李承东等（2012）获得该群下部桑达来呼都格组变质安山岩的锆石 U-Pb 年龄为（470±2）Ma，上部哈尔哈达组石英岩最年轻一组年龄为 480Ma～445Ma，结合温都尔庙蛇绿岩形成时代（497Ma～477Ma）、高压变质时代[（453±1.8）Ma～（446±15）Ma]，以及上志留统西别河组不整合覆盖在温都尔庙群之上的事实，可推测温都尔庙群是形成于寒武纪—中志留世的变质增生杂岩。

5. 奥陶系包尔汗图群（OB）

包尔汗图群出露于达尔罕茂名安联合旗中部，为一套海相中基性火山熔岩、火山碎屑岩夹陆缘碎屑岩、碳酸盐岩沉积，含笔石、放射虫、有孔虫化石。该群包括下部布龙山组和上部哈拉组两个组。布龙山组（Obl）为一套硅质岩、板岩、石英砂岩、细砂岩夹安山岩、沉凝灰岩及大理岩透镜体等的岩石组合。哈拉组（Oh）为一套中基性熔岩和火山碎屑岩，主要岩性包括安山质凝灰岩、英安质凝灰岩、安山岩、安山玢岩、玄武岩夹变质凝灰质细砂岩。

6. 奥陶系白乃庙群（OB）

白乃庙群出露于华北板块北缘四子王旗白乃庙地区，为一套绿片岩和长英质浅变质岩系，由绢云母石英片岩、绿泥绢云母片岩、长石石英片岩、斜长片岩、变质砂岩、千枚岩以及变质火山岩等组成。关于白乃庙群的构造属性存在争议：有学者认为它是与日本岛弧类似的岛弧（尚恒胜 等，2003；Zhang et al.，2014），也有学者认为它是一个大陆边缘弧（Xiao et al.，2003；De Jong et al.，2006；柳长峰 等，2014）。早期研究者认为白乃庙群是古元古界（内蒙古自治区地质矿产局，1996）或新元古界地层单元（聂凤军 等，1990），近年来获得的高精度锆石 U-Pb 测年结果将其形成时代约束至中晚奥陶世—早志留世（贾和义 等，2003；Xiao et al.，2003；Shi et al.，2013；张超，2013；柳长峰 等，2014；Zhang et al.，2014）。

7. 中下奥陶统多宝山组（$O_{1-2}d$）

多宝山组出露于大兴安岭中部地区，研究区见于乌里雅斯太活动大陆边缘的东乌珠穆沁旗南部地区，为一套中性、中酸性火山岩建造，主要岩性为安山岩、凝灰岩、安山玢岩、细碧岩、角斑岩、流纹岩等夹凝灰质细砂岩、板岩、粉砂岩、灰岩等，含奥陶纪腕足类和三叶虫化石（内蒙古自治区地质矿产局，1996）。多宝山火山岩形成与古亚洲洋向北俯冲有关，其中变质玄武岩和变英安岩的锆石 U-Pb

测年结果分别为(469±6)Ma和(475±4)Ma(王利民，2015)

8. 中下奥陶统乌宾敖包组(O$_{1-2}w$)

乌宾敖包组出露于东乌珠穆沁旗以北地区，为一套浅海相以板岩为主，夹少量粉砂岩、灰岩透镜体和火山岩的岩石组合，含早中奥陶世腕足类和三叶虫化石(宝音乌力吉 等，2011)，沉积物具有双向物源，是多宝山—东乌珠穆沁旗岛弧/岩浆弧弧后盆地沉积。

9. 中上志留统徐尼乌苏组(S$_{2-3}xn$)

徐尼乌苏组主要出露于四子王旗白乃庙地区，主要岩性为长石石英砂岩、长石杂砂岩夹千枚岩及变晶屑安山岩、变凝灰岩、浅灰色千枚岩、灰色厚层状中粒云母石英岩、含砾中粗粒石英砂岩、灰色千枚岩、灰黑色板岩、碳质板岩、砂板岩互层、厚层状结晶灰岩、泥质灰岩、白云质灰岩，发育鲍马序列，显示复理石建造的特征。下部与白乃庙组、上部与西别河组均为不整合接触。结晶灰岩中发现大量的中志留世床板珊瑚化石(内蒙古自治区地质矿产局，1996)。

10. 志留系顶统西别河组(S$_4x$)

西别河组出露于达茂旗、四子王旗、镶黄旗一带，由滨浅海相陆源碎屑岩、生物碎屑灰岩及生物礁组成，下部为底砾岩层，复矿质粗粒长石石英砂岩和砾岩层，砾石成分中多见下伏地层的砾石，分选性和磨圆度差，厚度不一，具有磨拉石建造的特征；中部为灰色、灰绿色中粒硬砂质长石石英砂岩、石英砂岩夹粉砂岩和灰岩透镜体；上部为硬砂岩、含粉砂质变泥岩夹灰岩透镜体，灰岩透镜体中含丰富的四射珊瑚化石(内蒙古自治区地质矿产局，1996)，床板珊瑚常呈礁状产出，最新发现的牙形刺化石限定了其时代为中晚志留世(王平，2005)。

11. 中上泥盆统—下石炭统色日巴彦敖包组(D$_{2-3}$-C$_1s$)

色日巴彦敖包组出露于苏尼特左旗—阿巴嘎旗南部一带，为一套复成分砾岩、杂砂岩、长石石英砂岩、石英砂岩夹中酸性火山碎屑岩及薄层灰岩组合，含珊瑚、腕足、苔藓虫等动物化石及植物化石，不整合覆盖于温都尔庙群之上，为一套海陆交互相-陆相磨拉石沉积建造(Xu et al.，2013；徐备 等，2014)。

2.2　前石炭纪岩浆岩

研究区出露的前石炭纪岩浆岩带以奥陶纪为主，志留纪和泥盆纪岩浆活动较弱，出露面积有限。

奥陶纪，古亚洲洋的双向俯冲(Jian et al.，2008；Zhang et al.，2014)在内蒙古

中东部形成了南北两条岛弧岩浆岩带(邵济安，1991；徐备 等，1997；尚恒胜 等，2003；Xiao et al.，2003；陶继雄 等，2005；Jian et al.，2008；赵利刚 等，2012；Zhang et al.，2013)(图 2-2)。南带分布于白云鄂博北部的包尔汉图—达茂旗巴特敖包—白乃庙一线，火山岩以包尔汗图群为代表(尚恒胜 等，2003)，深成岩以巴特敖包岩体为代表，岩石组合为闪长岩、花岗闪长岩、斜长花岗岩，浅成侵入岩为花岗闪长斑岩，侵入岩形成时代为 470 Ma～440 Ma。北带分布在二道井—苏尼特左旗—红格尔—阿巴嘎旗—东乌珠穆沁旗一线，向东北方向延伸至黑龙江境内与扎兰屯—多宝山岛弧火山岩带相连。火山岩以多宝山火山岩为代表(王利民，2015)，侵入岩以白音宝力道岛弧型侵入岩为代表，岩石组合主要为闪长岩、石英闪长岩、英云闪长岩、花岗闪长岩和花岗岩，形成时代为 490 Ma～464 Ma(陈斌 等，1996；Chen et al.，2000；陈斌 等，2001；张维 等，2008；Zhang et al.，2013)。

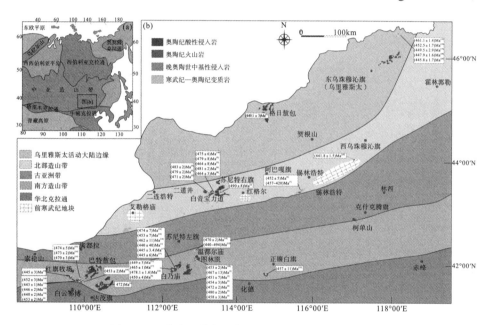

图 2-2　兴蒙造山带中部奥陶纪岩浆岩分布图及其年龄

年龄数据来源：[1]Zhang 等，2014；[2]Zhang 等，2013；[3]柳长峰等，2014；[4]Li 等，2015；[5]Zhang，2015；[6]聂凤军等，1995；[7]谷丛楠等，2012；[8]许立权，2003；[9]陈斌等，2000；[10]石玉若等，2004；[11]刘敦一等，2003；[12]Jian 等，2008；[13]李承东等，2012；[14]初航等，2013；[15]赵利刚等，2012；[16]秦亚等，2013；[17]葛梦春等，2011；[18]Li 等，2011；[19]李红英等，2016；[20]Li 等，2016

　　志留纪岩浆岩在研究区出露较少，仅在苏尼特左旗(石玉若 等，2005a)、苏尼特右旗(白新会 等，2015)、达茂旗北部(许立权 等，2003)等地零星出露。

　　泥盆纪火山岩出露于西拉木伦河以南的赤峰莲花山及解放营子一带(刘建峰 等，2013；叶浩 等，2014)，侵入岩则主要出露于赤峰及华北板块北缘水泉沟和固山等地(Zhang et al., 2007b; Shi et al., 2010)，岩石地球化学特征指示造山后伸展背景(刘建峰 等，2013；叶浩 等，2014)。

2.3 微 陆 块

兴蒙造山带是华北与西伯利亚两大板块以及中间的岛弧、弧后盆地、洋岛、蛇绿岩及微陆块不断拼合增生而形成的增生型造山带(李春昱，1980；任纪舜，1989；Tang，1990；Li，2006；张兴洲 等，2006；潘桂棠 等，2009；Xu et al.，2013；Xu et al.，2015)。多数学者认为微陆块自北向南依次为额尔古纳地块、兴安地块、锡林浩特地块、松嫩地块、布列亚-佳木斯地块(李春昱，1980；任纪舜，1989；张兴洲 等，2006；潘桂棠 等，2009)。Xu 等(2013)根据宝力道色日巴彦敖包组中含有碎屑锆石年龄为 737 Ma～515 Ma、1220 Ma～900 Ma 的前寒武纪岩层，认为它们既不是来源于华北克拉通，也不是来源于托托尚微陆块，提出华北克拉通与托托尚微陆块之间可能存在一个新的微陆块，命名为浑善达克微陆块。

在众多微陆块中，关于锡林浩特地块是否为古老地块的争议较大。锡林浩特地块以锡林郭勒杂岩为代表，认为它不是前寒武纪地层而是古生代形成的弧前火山-沉积建造的理由是：锡林郭勒杂岩中的斜长角闪片麻岩中最年轻的一组碎屑锆石年龄为 340 Ma～280 Ma，蓝片岩的锆石 U-Pb 加权平均年龄为(318±5) Ma(陈斌 等，2009)，黑云斜长片麻岩的锆石 U-Pb 年龄为(437±3) Ma，侵入杂岩的石榴子石花岗岩的年龄为(316±3) Ma(施光海 等，2003)；副片麻岩中最年轻的碎屑锆石 U-Pb 年龄为(406±7) Ma，正片麻岩的形成时代为(382±2) Ma(薛怀民 等，2009)。但锡林郭勒杂岩中的确存在大量中元古代年龄信息，如《内蒙古自治区区域地质志》中记载锡林郭勒杂岩的锆石 U-Pb 年龄为 1060 Ma；徐备等(1996)报道了该杂岩中角闪石岩、斜长角闪岩和角闪斜长片麻岩的 Sm-Nd 等时线年龄为(1025±41) Ma；郝旭等(1997)获得锡林郭勒杂岩中斜长角闪岩 Sm-Nd 等时线年龄为(1286±26) Ma；赵光等(2002)测得斜长角闪岩 Sm-Nd 同位素年龄为 1300 Ma～1000 Ma；朱永峰等(2004)报道了西乌珠穆沁旗地区锡林郭勒杂岩中斜长角闪岩的 Sm-Nd 等时线年龄为(1202±65) Ma；葛梦春等(2011)测得黑云斜长片麻岩碎屑锆石年龄为[(2372～1925)±20] Ma，斜长角闪岩和条带状黑云斜长片麻岩样品的 Sm-Nd 全岩+单矿物等时线年龄为 1900 Ma～1620 Ma，同时还获得片麻状电气石二云花岗岩碎屑锆石年龄为 1760 Ma～1607 Ma。

此外，与锡林郭勒杂岩相当的宝音图群中，角闪变粒岩的 Rb-Sr 全岩等时线年龄为 2915Ma，绿泥绿帘阳起片岩 Sm-Nd 等时线年龄为(1910±72) Ma，白乃庙地区侵入宝音图群中的石英闪长岩锆石 U-Pb 年龄为 1804 Ma(内蒙古自治区地质矿产局，1996）。苏尼特左旗地区该群组中的条带状混合岩组和片麻岩组的年龄为 1708.9Ma（Rb-Sr 等时线）；徐备等（2000）测得宝音图群中斜长角闪片麻岩的 Sm-Nd 全岩等时线年龄为（2485±128）Ma。孙立新等（2013）在狼山地区获得片麻状花岗岩的年龄为（1672±10）Ma，石英岩碎屑锆石年龄下限为 1426Ma。徐备等（2014）提出的构造单元划分方案中，将锡林浩特地块与艾勒格庙地块统称为艾勒格庙-锡林浩特地块，并提及艾勒格庙群中石英岩最年轻的碎屑锆石年龄为（1151±41）Ma。杨奇荻（2014）通过显生宙花岗岩 Nd 同位素填图揭示了锡林浩特附近和华北北缘南侧的地质体具有低负 εNd 值（-9～+1）及较老模式年龄区（T_{DM}=1.6 Ga～1.1 Ga），表明锡林浩特、华北北缘南侧等地区存在古老基底物质。

综上所述，大量中元古代锆石年龄和 Nd 同位素证据证实了华北板块与西伯利亚板块之间存在古老陆块，本书将其统称为锡林浩特微陆块。

2.4　区　域　构　造

在早古生代时期，研究区处于华北-塔里木陆块与西伯利亚陆块之间的古亚洲构造域中，其构造线总体为东西向，晚古生代—早中三叠世时期，古特提斯构造域叠加其上，形成北东东—北东向构造带，同时它还与环太平洋构造域邻接，环太平洋构造域构造线主体以北北东向为特色，并大角度斜跨在古亚洲构造域和古特提斯构造域之上，以致地质构造复杂，对本区大地构造单元划分存在多种方法。

黄汲清（1960）和任纪舜（1984）按照多旋回槽台说观点，将研究区大地构造单元定义为处于西伯利亚地台和中朝地台之间的地槽，并在华力西期发生褶皱回返。《内蒙古区域地质志》将贺根山断裂以北区域划分为兴安褶皱区，细分为东乌珠穆沁旗、乌尼特早晚两个华力西期褶皱带；贺根山断裂以南到华北地台之间为内蒙古褶皱区，从北向南依次划分为西乌珠穆沁旗晚华力西期褶皱带、锡林浩特地块、苏尼特右旗和林西晚华力西期褶皱带、温都尔庙加里东期褶皱带。

Xiao 等（2003）按照板块学说的观点，将兴蒙造山带自南向北划分为加里东期白乃庙岛弧带、温都尔庙俯冲增生杂岩带、二道井晚古生代增生杂岩带、白音宝力道岛弧增生杂岩带、贺根山蛇绿岩-岛弧增生杂岩带、乌里雅斯太活动大陆边缘等几个构造单元。此时的锡林郭勒杂岩代表的是贺根山洋盆中的一个小地块，与贺根山蛇绿混杂岩一起成为乌里雅斯太活动大陆边缘增生楔的一部分。

Jian 等（2008）发展了 Xiao 等（2003）的观点，将兴蒙造山带由南自北分为南部造山带、索伦山缝合带、北部造山带、贺根山蛇绿混杂岩带、乌里雅斯太活动大陆边缘五个构造单元。其中，南部造山带包括温都尔庙俯冲增生杂岩、温都尔庙蛇绿岩带和白乃庙岛弧带。北部造山带则由锡林郭勒杂岩（低温低压变质杂岩）、二道井俯冲增生杂岩和白音宝力道岛弧组成。

徐备等(2014)则以微陆块为基本划分单位，以微陆块之间的缝合带或断裂带为界，对中泥盆世之前的构造格局进行了划分，自北向南依次以新林-喜桂图、艾勒格庙-锡林浩特-黑河、温都尔庙-吉中-延吉、牡丹江四条缝合带划分出额尔古纳、兴安、艾勒格庙-锡林浩特、松辽-浑善达克、佳木斯五个地块。

本书采纳 Xiao 等(2003)和 Jian 等(2008)对早古生代兴蒙造山带构造单元的划分方案，认为研究区石炭纪之前构造单元由南向北由七个单元组成。

1. 华北板块北缘

华北板块是地球上最古老的克拉通之一，其基底年龄最老可追溯至 38Ga (Zhao et al., 2002；Zhao et al., 2004；Zhang et al., 2009；Zhai et al., 2011；Shi et al., 2012)。华北克拉通在古元古代末期(1.85 Ga～1.8 Ga)完成克拉通化(Wilde et al., 2002；Zhao et al., 2002)后，开始进入伸展构造体制。华北板块北缘由北向南分为白云鄂博裂谷和色腾尔山-建平基底杂岩两个次级单元，古生代受古亚洲洋构造演化的影响，岩浆活动频繁、并伴随强烈的区域变形变质作用(Xiao et al., 2003；Jian et al., 2008；Zhang et al., 2009；Jian et al., 2010；童英 等，2010；Shi et al., 2010；Jian et al., 2012；Xu et al., 2013；Zhang et al., 2014)。

2. 南部温都尔庙造山带

南部温都尔庙造山带是索伦山-西拉木伦河断裂以南的典型的沟-弧-盆体系，由温都尔庙俯冲增生杂岩、白乃庙岛弧带及志留系弧后盆地构成(Xiao et al., 2003；Jian et al., 2008；Wilde, 2015)。白乃庙岛弧带西起白云鄂博包尔汗图经达茂旗北部的巴特敖包、白乃庙、温都尔庙、翁牛特旗解放营子延伸至吉林境内的四平和伊通地区(Zhang et al., 2014)，由白乃庙组变质火山岩、同期侵入岩及绿片岩相-低角闪岩相的变质岩系组成(Jian et al., 2008；柳长峰 等，2014；Zhang et al., 2014)。温都尔庙增生杂岩是由蛇绿岩(唐克东，1992；Jian et al., 2008)和洋内岛弧物质(李承东 等，2012)共同构成。弧后盆地沉积以中上志留统徐尼乌苏组和顶志留统西别河组为代表。

3. 索伦山-西拉木伦河缝合带

索伦山-西拉木伦河缝合带分隔南北两条造山带，以出露于索伦山、西拉木伦河及林西地区的蛇绿岩为标志(Jian et al., 2008)，北界为林西断裂，南界为西拉木伦河断裂，其中西拉木伦河断裂为超岩石圈断裂，该断裂宽度大于 10km，最宽可达 30～40km，深度达莫霍面(李益龙 等，2012)。

4. 锡林浩特微陆块

锡林浩特微陆块是以中元古界地层为基底的古老地块，夹持于南北造山带之间，将古亚洲洋分隔为南北两个洋盆。

5. 北部二道井造山带

北部二道井造山带形成了一系列北倾的逆冲断层（Xiao et al.，2003），由艾勒格庙-二道井俯冲增生杂岩和白音宝力道 TTG 岩（trondhjemite，奥长花岗岩；Tonalite，英云闪长岩；granodiorite，花岗闪长岩）组成（Jian et al.，2008）。艾勒格庙-二道井俯冲增生杂岩由灰岩、硅质岩、砂岩、白云岩、纯橄榄岩、斜辉橄榄岩、二辉橄榄岩、拉斑玄武岩、辉长岩和蓝片岩组成（徐备 等，1997，2014；李瑞彪 等，2014），被泥盆纪砾岩不整合覆盖。苏尼特左旗瑙木浑尼地区钠闪石蓝片岩的 Ar-Ar 年龄为（383±13）Ma（徐备 等，2001）。白音宝力道岩体由变形闪长岩、石英闪长岩、英云闪长岩、花岗闪长岩组成（陈斌 等，2001；石玉若 等，2004，2005b；Jian et al.，2008）。

6. 二连-贺根山缝合带

二连-贺根山缝合带以二连北部—贺根山出露的蛇绿岩及增生杂岩为标志（Jian et al.，2008；Miao et al.，2008），西起二连浩特北部地区延伸至贺根山一带（Zhang et al.，2015）。南界为锡林浩特断裂，向北与乌里雅斯太活动大陆边缘接壤（Jian et al.，2008）。

7. 南蒙古微陆块

研究区最北部属南蒙古微陆块早古生代增生带，被称为乌里雅斯太活动大陆边缘，沿中蒙边境查干敖包地区向东北延伸至乌里雅斯太地区（Xiao et al.，2003），奥陶系中下统乌宾敖包组和巴彦呼舒组碎屑岩沉积、多宝山组火山岩是乌里雅斯太活动大陆边缘之上最老的地层。泥盆系磨拉石盆地沉积由中上泥盆统泥鳅河组和色日巴彦敖包组构成（徐备 等，2014；Xu et al.，2015）。

早古生代，由于古亚洲洋向南北大陆板块之下俯冲，形成了南北两条俯冲增生杂岩带。南带出露于图林凯—温都尔庙—巴尔敖包—图古日格地区，东西向延伸，基质为温都尔庙群绿片岩、石英片岩，岩块岩性复杂，在红旗牧场和温都尔庙地区混杂岩带内发育强韧性变形带。增生杂岩北部为前陆变形带，可识别出三期褶皱变形，其中第二期褶皱形成一条绵延 40km 的东西向褶皱带，变形带中发育一系列断层面南倾的逆冲断层（Xu et al.，2013），指示早古生代洋壳向南俯冲。晚志留世末期，上志留统西别河组角度不整合覆盖在奥陶纪火成岩或温都尔庙群之上（张允平 等，2010；徐备 等，2014），暗示中晚志留世碰撞造山事件的存在。

北带出露于苏尼特左旗红格尔—瑙木浑尼—白音宝力道以南—二道井—艾勒格庙一带，前陆变形带由温都尔庙群组成，发育两期褶皱，第二期褶皱枢纽为 NEE-SWW 向，早期面理 S1 北倾，指示前陆变形带地层整体向南倒转，其中发育一系列断层面北倾的逆冲断层，反映古亚洲洋板块自南向北的俯冲过程。前陆变形带北部为混杂岩带，由变形程度不同的基质和不同时代、不同岩性的岩块组成，被上泥盆统磨拉石沉积角度不整合覆盖，表明该地区泥盆纪末期发生过一次碰撞事件（徐备 等，1997；Xu et al.，2013）。

第 3 章　前石炭纪构造格局

综合研究区出露的前石炭纪地层、岩浆岩及区域构造特征可知，研究区在晚石炭世之前发生过两次重要的碰撞造山事件，分别导致南部索伦山-西拉木伦河缝合带和北部二连-贺根山缝合带的闭合。

3.1　索伦山-西拉木伦河缝合带的闭合

古亚洲洋在奥陶纪向南侧华北板块之下俯冲形成南部温都尔庙造山带（Jian et al.，2014），由温都尔庙增生杂岩、白乃庙岛弧及中上志留统徐尼乌苏组和西别河组构成一套沟-弧-盆体系（Xiao et al.，2003；Jian et al.，2008；Zhang et al.，2014；王兴安，2014；Wilde，2015）。志留纪中晚期，华北板块北缘发生了一次区域性构造事件，致使顶志留统地层单元与下伏地层之间形成一个区域性角度不整合，如苏尼特右旗地区可见徐尼乌苏组和西别河组角度不整合覆盖在奥陶系布龙山组或奥陶纪侵入岩之上（图 3-1）（张允平 等，2010；徐备 等，2014）；赤峰地区与徐尼乌苏组相当的晒乌苏组被与西别河组相当的四道杖棚组不整合覆盖（王兴安，2014）。苏尼特左旗发育（423±8）Ma 和（424±10）Ma 的高钾钙碱性系列的同碰撞花岗岩类（石玉若 等，2005a）。泥盆纪，西拉木伦河以南的赤峰地区开始出现岩浆活动，火山岩的岩石地球化学特征指示后造山伸展背景（张拴宏 等，2010；Shi et al.，2010；刘建峰 等，2013；叶浩 等，2014；徐博文 等，2015）。

对这次志留纪末期区域性构造事件的性质仍存在争论，多数学者认为此次碰撞事件是发生在白乃庙岛弧与华北板块之间的碰撞（Tang，1990；石玉若 等，2005a；徐博文 等，2015），但徐备等（2014）和 Xu 等（2015）则认为这次碰撞不仅是白乃庙岛弧与华北板块碰撞拼合，而且还包括白乃庙岛弧北侧的古老微陆块，记录了志留纪晚期索伦山缝合带中早古生代蛇绿岩所代表的大洋闭合事件。随后对上石炭统本巴图组及阿木山组碎屑物源及锆石 U-Pb 年龄的研究以及来自古地磁方面的证据均证实了索伦山缝合带的闭合应早于晚石炭世，因为西乌珠穆沁旗地区上石炭统本巴图组及阿木山组碎屑岩锆石 U-Pb 年龄中存在华北板块基底年龄信息（郭晓丹 等，2011；Zhao et al.，2016），表明晚石炭世华北板块已经开始为内蒙古中部地区提供物源。此外古地磁研究结果也证实，自泥盆纪之后，南蒙古微陆块以及华北板块具有一致的古纬度（Zhao et al.，2013）。

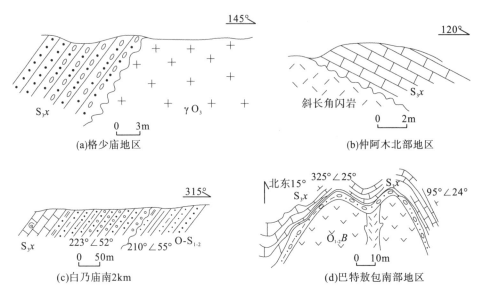

图 3-1 兴蒙造山带志留系上统地层与下伏地质体之间的角度不整合面(张允平 等,2010)

3.2 二连-贺根山缝合带的闭合

贺根山蛇绿岩、硅质岩中含中晚泥盆世放射虫化石和腔肠动物门栉水母类的支柱构造(曹从周 等,1986),橄榄岩和斜辉橄榄岩全岩 K-Ar 年龄分别为 346Ma 和 380Ma,Sm-Nd 等时线年龄为(403±27)Ma(邵济安,1991;梁日暄,1994;包志伟 等,1994),代表早古生代洋盆。中晚泥盆世,兴蒙造山带中部的苏尼特左旗、东乌珠穆沁旗、扎鲁特旗等地已开始出现陆相盆地(徐备 等,2014),沉积地层由陆相或海陆交互相砾岩或砂岩组成(刘建雄 等,2006;王弢 等,2012;徐备 等,2014),具有陆相磨拉石建造特征(Xu et al.,2013;徐备 等,2014),含晚泥盆世古植物分子(王弢 等,2012;徐备 等,2014),表明晚泥盆世研究区已转为陆相环境,贺根山蛇绿岩所代表的大洋应该已经消失。

大洋的闭合导致贺根山断裂与索伦山-西拉木伦河断裂之间普遍缺失早石炭世地层,上泥盆统或上石炭统沉积地层与下伏前石炭纪地层之间存在一个区域性角度不整合面(沈阳地质矿产研究所,2005;鲍庆中 等,2006;Zhao et al.,2016)(图 3-2),如苏尼特左旗地区,上泥盆统磨拉石相的砾岩与下伏蛇绿混杂岩之间的角度不整合(Xu et al.,2013);温都尔庙以北地区可见晚泥盆世—早石炭世的海相磨拉石角度不整合覆盖在蛇绿混杂岩之上(张臣 等,2007),上石炭统磨拉石沉积地层与下伏下泥盆统—上志留统之间的角度不整合(Zhao et al.,2016);西乌珠穆沁旗北部阿尔宝拉格地区上石炭统砾岩与下伏蛇绿岩之间的角度不整合(Zhang et al.,2013),上石炭统本巴图组与下伏前寒武纪结晶基底之间的角度不整合(鲍庆中 等,2006;Zhao et al.,2016)。这一区域性角度不整合的存在表明晚石炭世之前研究区发生过一次区域性构造事件。

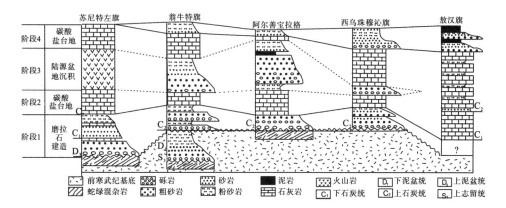

图 3-2　兴蒙造山带石炭系地层与下伏地层的接触关系(Zhao et al.,2016)

此外,在贺根山断裂以北的东乌珠穆沁旗地区喷发于 320 Ma~303 Ma 的上石炭统宝力高庙组下段所夹碎屑岩中含丰富的化石,其中脉羊齿是华夏植物群的典型分子,并存在暖水型和冷水型植物群混生现象(辛后田 等,2011)。周志广等(2010)在东乌珠穆沁旗满都胡宝拉格地区的下二叠统地层中也发现了华夏植物群化石,古植物化石证据证实了在晚石炭世之前二连—东乌珠穆沁旗地区不仅沉积环境发生改变,而且它与华北板块之间可能已经不存在分隔植物区系的大洋。古地磁证据也表明内蒙古中部晚石炭世—早二叠世位于北纬 17°~18°,与华北板块较近,可能已经与华北板块构成一个整体(李朋武 等,2012;Zhao et al.,2013)。二连—东乌珠穆沁旗一带早二叠世碱性岩浆岩带的出现被认为是造山后伸展背景下的产物(洪大卫 等,1994)。因此二连-贺根山缝合带至少在晚石炭世之前已经闭合。

综合以上地质资料可知,索伦山-温都尔庙-西拉木伦河早古生代蛇绿岩所代表的洋盆在志留纪末期闭合;贺根山晚志留世—泥盆纪蛇绿岩所代表的洋盆在晚泥盆世末期也已经闭合,古亚洲洋的演化至此结束。

第 4 章　晚古生代晚期岩相古地理

研究区晚古生代晚期的沉积地层出露广泛。二连-贺根山断裂以北以上石炭统—下二叠统格根敖包组和宝力高庙组为代表，格根敖包组为海陆交互相火山岩及碎屑岩建造(内蒙古自治区地质矿产局，1996)，宝力高庙组为一套陆相火山岩建造(弓贵斌 等，2011)。二连-贺根山断裂以南—西拉木伦河以北地区缺失早石炭世沉积地层，晚石炭世开始再次出现海相沉积地层，上石炭统以广泛出露于索伦山—苏尼特右旗—西乌珠穆沁旗一带的海相本巴图组和阿木山组为代表(图 4-1)，二叠系则以下二叠统寿山沟组、中二叠统哲斯组为代表。晚二叠世，沉积环境再次发生变化，林西组显示海陆交互相和陆相沉积特征。

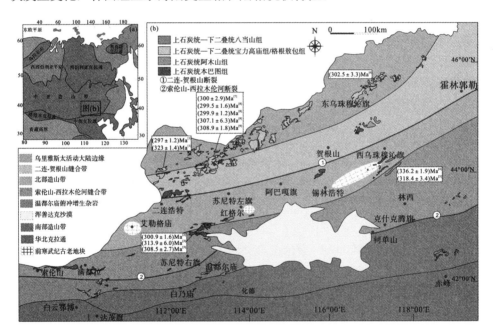

图 4-1　兴蒙造山带中部石炭系分布图及其火山岩 U-Pb 年龄

[1]武跃勇等，2015；[2]潘世语等，2012；[3]汤文豪等，2011；[4]李瑞杰，2013；

[5]刘建峰，2009；[6]辛后田等，2011；[7]贺淑赛等，2015；[8]李朋武等，2012；[9]李可等，2015

本书主要对二连-贺根山断裂以南—西拉木伦河断裂以北满都拉及西乌珠穆沁旗两地的上石炭统—二叠系地层进行研究。

4.1　石　炭　系

如图 4-1 所示，满都拉—苏尼特右旗—西乌珠穆沁旗一带是晚石炭世海相地层的主要分布区。本书对出露于西乌珠穆沁旗都贵玛尼吐地区的本巴图组进行了剖面测量，并根据满都拉幅 1∶25 万区调报告成果，结合出露于满都拉忽舍—希勃地区的本巴图组岩石组合特征，对该组进行沉积环境分析。

4.1.1　本巴图组

4.1.1.1　西乌珠穆沁旗地区

在西乌珠穆沁旗地区，本巴图组主要出露于猴头庙、都贵玛尼吐、米韩高巧高鲁、布敦敖瑞一带。

内蒙古西乌珠穆沁旗都贵玛尼吐上石炭统本巴图组（C_2bb）实测地层剖面位于西乌珠穆沁旗巴拉格尔以南约 30km 处，起点坐标为（$X = 623896, Y = 5159819$），终点坐标为（$X = 623349, Y = 5160150$），剖面总体方位为 339.19°，地层控制厚度大于 1031m，野外露头如图 4-2 所示，剖面图如图 4-3 所示，岩性柱状图如图 4-4 所示，分层描述如下。

图 4-2　内蒙古西乌珠穆沁旗地区上石炭统本巴图组野外露头地质特征

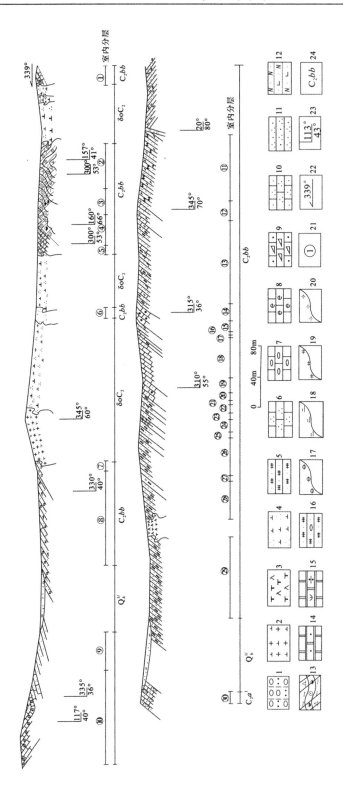

图 4-3 内蒙古西乌珠穆沁旗都贵玛尼吐上石炭统本巴图组（C_2bb）实测地层剖面（PM008）

1. 砂土砾石层；2. 花岗闪长岩；3. 正长斑岩；4. 石英闪长岩；5. 复成分砂岩；6. 砂质灰岩；7. 砾屑灰岩；8. 生物屑灰岩；9. 角砾灰岩；10. 砂质泥粒灰岩；11. 石英砂岩；12. 钙质长石砂岩；13. 钙质硅灰石石榴石角岩；14. 大理岩；15. 蛇纹石大理岩；16. 杂砂岩；17. 绿帘石化；18. 绢云母化；19. 绿泥石化；20. 硅化；21. 分层号；22. 剖面方位；23. 产状；24. 地层代号

注：①～㉚对应地层岩性柱状图如图 4-4 所示

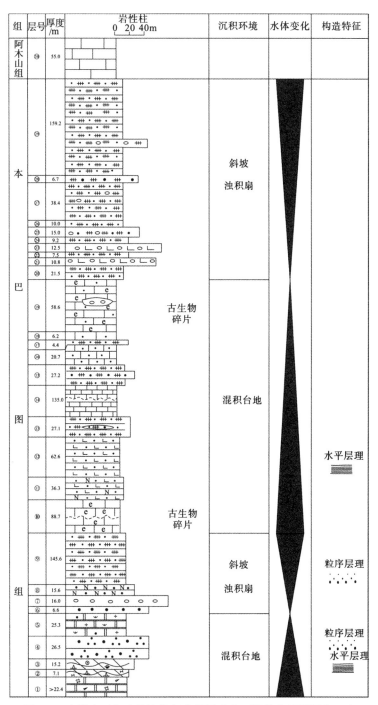

图 4-4　内蒙古西乌珠穆沁旗都贵玛尼吐上石炭统本巴图组（C_2bb）
地层剖面（PM008）岩性柱状图

注：图例同图 4-3

上覆：阿木山组第一段（C_2a^1）

———————断层接触———————

本巴图组（C_2bb）：　　　　　　　　　　　　　　　　　　　　　　　　　>1031.1m

未见顶

㉙以中细粒杂砂岩为主，夹含砾杂砂岩　　　　　　　　　　　　　　　　　159.2m

㉘灰黄色中粗粒含砾杂砂岩　　　　　　　　　　　　　　　　　　　　　　6.7m

㉗灰黄色中细粒含砾杂砂岩　　　　　　　　　　　　　　　　　　　　　　38.4m

㉖灰黄色中细粒杂砂岩　　　　　　　　　　　　　　　　　　　　　　　　10.0m

㉕灰色、灰绿色粗中粒杂砂岩，含砾-砾质杂砂岩　　　　　　　　　　　　15.0m

㉔灰黄色中细粒杂砂岩夹少量粉砂岩　　　　　　　　　　　　　　　　　　9.2m

㉓土黄色钙质砾岩　　　　　　　　　　　　　　　　　　　　　　　　　　12.5m

㉒以中细粒杂砂岩为主，夹灰色—灰绿色厚层状粗中粒杂砂岩，中细粒杂砂岩夹少量粉砂岩，
　及含砾-砾质杂砂岩　　　　　　　　　　　　　　　　　　　　　　　　　7.5m

㉑土黄色钙质砾岩　　　　　　　　　　　　　　　　　　　　　　　　　　10.8m

⑳灰色中细粒杂砂岩　　　　　　　　　　　　　　　　　　　　　　　　　21.5m

⑲深灰色砂质含生物屑粉晶状灰岩，局部含砾石团块　　　　　　　　　　58.6m

⑱灰色中厚层状砂屑灰岩　　　　　　　　　　　　　　　　　　　　　　　6.2m

⑰灰色中细粒杂砂岩　　　　　　　　　　　　　　　　　　　　　　　　　4.4m

⑯灰色中厚层状砂屑灰岩　　　　　　　　　　　　　　　　　　　　　　　20.7m

⑮灰色中细粒杂砂岩夹灰色、灰绿色厚层状粗中粒杂砂岩　　　　　　　　27.2m

⑭深灰色生物屑粉晶状灰岩，其间为粉晶状方解石　　　　　　　　　　135.0m

⑬中细粒杂砂岩夹灰色—灰绿色厚层状粗中粒杂砂岩，钙质灰岩，中细粒杂砂岩夹少量粉砂岩
　及含砾-砾质杂砂岩，层厚10～30cm，局部为透镜体　　　　　　　　　27.1m

⑫浅灰色钙质细粒岩屑长石砂岩　　　　　　　　　　　　　　　　　　　62.6m

⑪浅灰色钙质细中粒长石岩屑砂岩　　　　　　　　　　　　　　　　　　36.3m

⑩青灰色含生物屑粉晶灰岩，粉晶状方解石，生物屑构成　　　　　　　　88.7m

⑨灰黄绿色中细粒厚层状杂砂岩　　　　　　　　　　　　　　　　　　145.6m

⑧灰—浅绿色粗中粒长石岩屑砂岩　　　　　　　　　　　　　　　　　　15.6m

⑦灰色块状砾岩层，呈卵状，成分有变质砂岩、中基性火山岩　　　　　　16.0m

⑥灰白色厚层—块状中粗粒砂岩，变余中粗粒砂质结构　　　　　　　　　6.6m

⑤灰白色弱蛇纹石化含透闪石大理岩　　　　　　　　　　　　　　　　　25.3m

④变质中粗粒厚层—块状中粗粒石英砂岩　　　　　　　　　　　　　　　26.5m

③灰白—浅绿灰色绿帘石黝帘石钙硅角岩　　　　　　　　　　　　　　　15.2m

②淡绿色透辉石钙硅角岩　　　　　　　　　　　　　　　　　　　　　　7.1m

①浅灰色大理岩　　　　　　　　　　　　　　　　　　　　　　　　　　>22.4m

———————未见底———————

4.1.1.2　满都拉地区

本巴图组在满都拉地区主要见于忽舍、希勃、扎营图及阿尔乌苏及行格宝木太一带，与下泥盆统硅泥岩及下二叠统基性岩浆岩呈断层接触。在忽舍—希勃一带，岩性以灰—灰紫色长石岩屑砂岩、板岩、火山岩及灰岩为主，成分成熟度及结构成熟度较低且破碎，岩层中发育有断续分布的构造透镜状细碧岩、角斑岩及硅质岩，地层剖面图如图 4-5 所示，岩性柱状图如图 4-6 所示。

4.1.1.3　年代学

郭晓丹等(2011)应用 LA-ICP-MS 测年技术对出露于西乌珠穆沁旗阿拉腾敖包农队地区的本巴图组进行了碎屑锆石 U-Pb 测年，采样位置为 N44°15′58.4″、E117°49′57.9″，样品岩性为岩屑晶屑含砾砂岩，锆石年龄为 2505 Ma。最年轻的一颗锆石的 $^{207}Pb/^{206}Pb$ 年龄为 (319±4) Ma，限定了本巴图组的形成时代为晚石炭世。此外，锆石中存在两颗年龄为 (2469±33) Ma 和 (2505±32) Ma 的锆石，而 2.5Ga 的年龄通常被认为是华北板块基底的典型年龄，这也暗示在本巴图组沉积之前，华北板块已经成为西乌珠穆沁旗地区的沉积物源，二者之间不存在分隔物源的深大洋。

4.1.1.4　沉积环境

本巴图组所代表的沉积环境为浅海陆棚沉积到半深海斜坡沉积，由下至上，水体逐渐加深，碳酸盐岩含量逐渐降低，陆源碎屑含量也逐渐减少。本巴图组中、下段可见大理岩(灰岩变质而成)、含生物屑粉晶灰岩和砂屑灰岩等，可见明显的生物碎屑，且部分灰岩夹有砾石团块，代表着陆源碎屑-碳酸盐浑水沉积的混积台地相；本巴图组上段可见厚层的砾岩、杂砂岩、砂岩和长石砂岩，可见发育良好的粒序层理和平行层理，代表着半深海斜坡浊积岩相。该组地层以含砾为特征，砂岩及杂砂岩颗粒分选性和磨圆度都很差，长石含量较大，成熟度低，搬运距离短，反映裂谷沉积初期快速堆积特征。

4.1.2　阿木山组

阿木山组整体呈北东向出露于达尔罕茂名安联合旗北部—温都尔庙—苏尼特左旗—西乌珠穆沁旗的广大地区(图 4-1)。在西乌珠穆沁旗地区主要出露于米韩高巧高鲁、阿拉坦敖包西、都贵玛尼吐、查干超鲁特等地，出露面积约为 36.7km²。本书对出露于阿拉腾郭勒米韩高巧高鲁地区阿木山组进行详细研究，根据岩石组合特征，将该组分为三段，并测制了相应剖面控制每一段的厚度。

(1)内蒙古西乌珠穆沁旗哈达哈布塔盖上石炭统阿木山组一段 (C_2a^1) 实测地层剖面(PM004)。起点坐标为 ($X = 566466.00$, $Y = 4903794.00$)，终点坐标为 ($X = 567446.00$, $Y = 4903652.00$)，剖面方向为 99.30°，地层剖面图如图 4-7 所示，岩性柱状图如图 4-8 所示，分层描述如下。

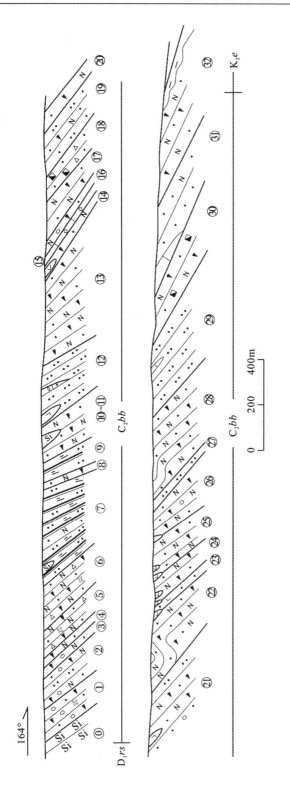

图 4-5　内蒙古满都拉地区上石炭统本巴图组地层剖面图

注：据满都拉幅 1 : 25 万报告修改；①~㉜对应地层岩性柱状图如图 4-6 所示，⑩层不属于本巴图组

单位	层号	厚度/m	柱状图 1∶10000	岩性描述	沉积环境
本巴图组 (C_2bb)	㉜	135	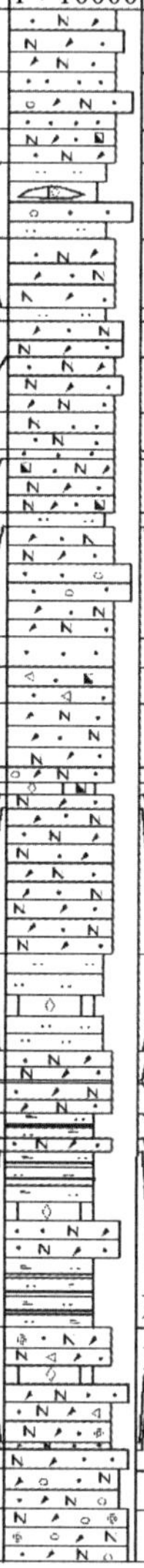	灰紫色、灰绿色中细粒长石岩屑砂岩夹粗粒长石岩屑砂岩	浅滨海
	㉛	125		灰紫色粉细砂岩夹灰绿色含砾中粗粒长石岩屑砂岩	
	㉚	72		灰紫色碳酸盐化中细粒长石岩屑砂岩夹透镜状粉晶灰岩	
	㉙	165		灰紫色粉砂岩夹含砾中粗粒砂岩及透镜状微晶灰岩	
	㉘	147		灰绿色中细粒长石岩屑砂岩	
	㉗	28		灰紫色粉砂岩夹灰紫色中粗粒长石岩屑砂岩	
	㉖	81		灰紫色中细粒长石岩屑砂岩夹含砾粗粒长石岩屑砂岩	
	㉕	119		灰绿色细粒长石岩屑砂岩夹中粗粒长石岩屑砂岩	
	㉔	81		灰紫色细粒长石砂岩	
	㉓	19		灰紫色钙质粉细砂岩	
	㉒	115		灰紫色碳酸盐化中细粒长石岩屑砂岩	
	㉑	27		灰紫色粉砂岩	
	⑳	243		灰紫色中细粒长石岩屑砂岩夹灰绿色、灰紫色含砾粗砂岩	
	⑲	64		灰绿色粉细砂岩夹灰紫色中粒长石岩屑砂岩	
	⑱	79		灰绿色碳酸盐化碎裂细砂岩	
	⑰	127		灰色、灰紫色细粒长石岩屑砂岩	
	⑯	40		灰紫色含砾细粒、中细粒岩屑长石砂岩	
	⑮	25		灰色碳酸盐化微晶灰岩	
	⑭	29		灰紫色细粒岩屑长石砂岩夹微晶灰岩	
	⑬	315		灰褐色—灰紫色中细粒长石岩屑砂岩	
	⑫	210		灰紫色粉砂岩夹透镜状含粉砂微晶灰岩	
	⑪	57		灰紫色中细粒岩屑长石砂岩	
	⑩	12		灰白色含泥砾中细粒长石岩屑砂岩	
	⑨	64		灰紫色中细粒岩屑长石砂岩夹微晶灰岩	
	⑧	56		灰紫色含粉砂绢云母板岩夹灰绿色中细粒长石岩屑砂岩	
	⑦	28		灰绿色细粒长石砂岩夹中粒长石岩屑砂岩	
	⑥	380		灰绿色—灰紫色粉砂泥质板岩夹中粗粒长石岩屑砂岩、微晶灰岩	
	⑤	247		灰紫色硅化碎裂中细粒岩屑长石砂岩夹中粗粒岩屑砂岩、微晶灰岩透镜体	
	④	15		淡绿色细粒长石岩屑砂岩	
	③	43		浅灰紫色、灰白色含砾中粗粒长石岩屑砂岩	
	②	87		灰色含砾中粗粒长石岩屑砂岩夹灰紫色粉细砂岩及灰色微晶灰岩	
	①	114		灰白色硅化含砾中粗粒岩屑砂岩	

图4-6 内蒙古满都拉忽舍—希勃地区上石炭统本巴图组岩性柱状图

(据满都拉幅1∶25万报告修改)

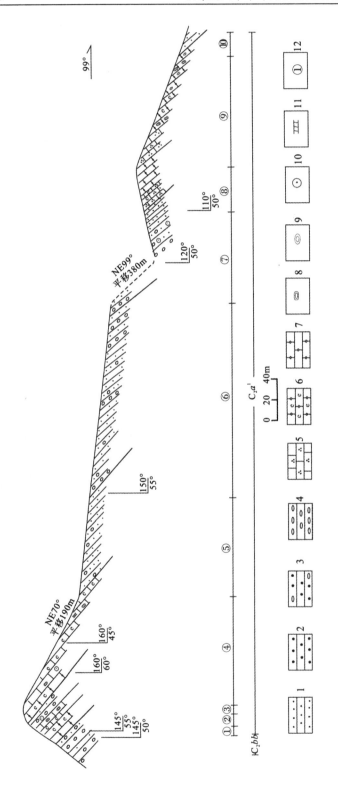

图4-7　内蒙古西乌珠穆沁旗哈达哈布塔盖上石炭统阿木山组（C_2a^1）实测地层剖面（PM004）

1. 细砂岩；2. 粗砂岩；3. 含砾砂岩；4. 砾岩；5. 砂质灰岩；6. 含生物碎屑微晶灰岩；7. 微晶灰岩；8. 缝合结核；9. 蜓类化石；10. 海百合茎；11. 藻类；12. 分层号

注：①~⑩地层岩性柱状图如图4-8所示

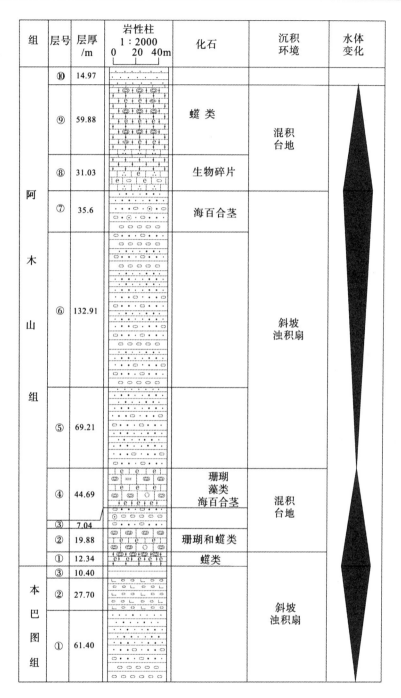

图 4-8　内蒙古西乌珠穆沁旗哈达哈布塔盖上

石炭统阿木山组一段(C_2a^1)实测地层剖面(PM004)岩性柱状图

注：图例同图 4-7

上石炭统本巴图组 　　　　　　　　　　　　　　　　　　　　　　　　　 >427.50m

————断层接触————

⑩黄绿色细砂岩 　　　　　　　　　　　　　　　　　　　　　　　　 14.97m

⑨灰—深灰色中薄层状微晶灰岩夹生物屑微晶灰岩、藻屑微晶灰岩及砂屑灰岩，产䗴类、藻类化石 　 59.88m

⑧底部为中薄层状含砾、生物屑砂屑灰岩、含粉细砂质条带中薄层状微晶灰岩，扁豆状微晶灰岩夹
　　砂屑灰岩，具水平纹层、条带状-扁豆状构造，含海百合茎 　　　　　　　　　　　　　　 31.03m

⑦灰—浅灰色砾岩、含砾不等粒砂岩、不等粒砂岩、细—粉砂岩，顶部夹深灰色含砾质条带团块状、
　　扁豆状微晶灰岩，含腕足碎片 　　　　　　　　　　　　　　　　　　　　　　　　　　 35.6m

⑥黄绿色灰色含砾中粗粒砂岩、中细粒砂岩夹砾岩 　　　　　　　　　　　　　　　　　　 132.91m

⑤黄绿色中厚层状中细粒砂岩夹灰绿色砾岩、含砾中粗粒砂岩，具平行层理 　　　　　　　　 69.21m

④中下部：深灰色中薄层状生物屑微晶灰岩夹中层状（生物屑）砂屑灰岩，局部见海百合茎、䗴化石；
　　上部灰—深灰色中厚层状藻凝块石灰岩夹生物屑灰岩，局部夹角砾状灰岩，产腕足、希瓦格䗴、
　　海百合茎、藻类、珊瑚等化石 　　　　　　　　　　　　　　　　　　　　　　　　　 44.69m

③灰黄色厚—块状（复成分）砾岩、含砾中粗粒砂岩夹中细粒砂岩 　　　　　　　　　　　　 7.04m

②灰—深灰色局部含燧石结核中厚层状藻凝块石灰岩夹生物屑灰岩，产腕足、希瓦格䗴、海百合茎、
　　藻类、珊瑚等化石 　　　　　　　　　　　　　　　　　　　　　　　　　　　　　 19.88m

①下部灰、深灰色薄层微晶灰岩、砾屑灰岩夹中薄层含生物屑灰岩、砂屑微晶灰岩，含藻类、海百
　　合生物碎片，上部灰到深灰色薄层状微晶灰岩、中层生物碎屑灰岩夹微晶灰岩和石灰岩 　　 12.34m

————断层接触————

下伏：上石炭统本巴图组

　　该剖面地层厚度大于427.5 m。岩性组合为灰、深灰色局部含燧石结核或薄层中薄层状微晶灰岩、砂屑灰岩夹中厚层状生物屑灰岩，与黄绿色中厚层状含砾（杂）砂岩、（杂）砂岩夹砾岩互层。砂砾岩具递变层理、平行层理、局部斜层理 [图4-9(a)] 及冲刷构造，局部灰岩具水平纹层、条带状-扁豆状构造 [图4-9(b)]，局部夹砾屑灰岩 [图4-9(c)] 和角砾状灰岩 [图4-9(d)]，产䗴类、海百合茎、藻类等化石。

　　(2) 内蒙古西乌珠穆沁旗查干超鲁特上石炭统阿木山组二段（C_2a^2）实测地层剖面(PM013)。起点坐标为($X = 566714$, $Y = 4920933$)，终点坐标为($X = 565970$, $Y = 4922295$)，剖面方向为335.95°，控制厚度大于977.8m，地层剖面图如图4-10

所示，岩性柱状图及分层描述如图 4-11 所示。

(3) 内蒙古西乌珠穆沁旗哈达哈布塔盖上石炭统阿木山组三段（C_2a^3）实测地层剖面（PM007）（图 4-12）及柱状图（图 4-13），起点坐标为（$X = 566738$，$Y = 4903185$），终点坐标为（$X = 567342$，$Y = 4902048$），剖面方向为 155.98°，控制厚度大于 187.15m，分层描述如下。

(a)阿木山组—段砂砾岩中发育的斜层理

(b)阿木山组—段中的薄层状含砂质条带状-扁豆状灰岩

(c)阿木山组—段中的砾屑灰岩

(d)阿木山组—段中的角砾状灰岩

图 4-9　内蒙古西乌珠穆沁旗阿木山组典型岩石及其野外地质特征

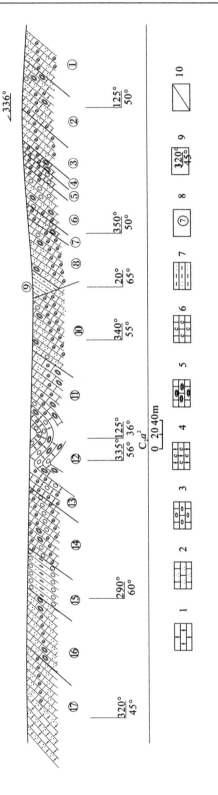

图 4-10　内蒙古西乌珠穆沁旗查干超鲁特上石炭统阿木山组二段 (C_2a^2) 实测地层剖面 (PM013)

1. 泥晶灰岩；2. 砂质灰岩；3. 砾状灰岩；4. 生物屑微晶灰岩；5. 含藻灰岩；6. 生物碎屑灰岩；7. 泥质粉砂岩；8. 分层号；9. 地层产状；10. 断层

注：①～⑰地层剖面如图 4-11 所示

组	层号	层厚/m	柱状图 0 40m	岩性描述	化石	沉积环境	水体变化
大石寨组	⑱	51.3		下二叠统大石寨组流纹岩，新鲜面灰白色，隐晶质结构，主要由长英质矿物组成。			
阿木山组二段	⑰	68.40		浅灰色砂屑灰岩，生物屑灰岩		混积台地	
	⑯	69.50		灰色、浅灰色生物屑灰岩	⊙ 珊瑚 ◎ 海百合 ⊜ 蜓类		
	⑮	136.30		浅灰、浅灰白色藻粒屑灰岩夹生物屑灰岩，富含藻粒屑			
	⑭	67.20		下部深灰色中层状局部含燧石团块微晶灰岩平少量砂屑灰岩，上部为灰色、浅灰色生物碎屑灰岩	◎ 海百合 ⊜ 蜓类		
	⑬	75.90		深灰色中层状砂屑灰岩夹生物屑灰岩，下部两者互层	蜓 ◎ 蜓类		
	⑫	25.40		灰色、深灰色中厚层状钙质含砾杂砂岩、杂砂岩，具粒序层理，平行层理，具鲍马序列AB组合		浊积扇	
	⑪	51.90		灰色—浅灰色砾屑灰岩夹生物碎屑灰岩，局部见竹叶状叠层石			
	⑩	67.60		灰色—深灰色中层状微晶灰岩、生物屑灰岩，局部夹砾屑灰岩	◎ 海百合 ⊜ 蜓类		
	⑨	49.70		灰色—浅灰色中厚层状生物屑灰岩、砂屑灰岩，生物屑质量分数约为25%		混积台地	
	⑧	33.20		浅灰色、浅灰白色中厚层状生物屑灰岩、砂屑灰岩			
	⑦	22.90		灰绿色硅化中细粒杂砂岩，砾屑灰岩			
	⑥	61.80		灰色—浅灰色中厚层局部块状生物屑灰岩夹砂屑灰岩、砾屑灰岩	⊙ 珊瑚 ⊜ 希瓦格蜓		
	⑤	45.30		顶部深灰色中层状微晶灰岩夹少量生物屑灰岩。底部为灰色—浅灰色生物屑灰岩夹砂屑灰岩			
	④	15.80		下部灰色—深灰色中层状微晶灰岩夹生物屑灰岩，中上部浅灰白色藻屑微晶灰岩			
	③	15.20		灰—浅灰色厚层状砂屑灰岩，生物屑灰岩			
	②	26.50		灰色—深灰色中层状微晶灰岩夹灰—浅灰色中厚层状砂屑灰岩，生物屑灰岩	◎ 海百合 ⊜ 蜓类		
	①	75.60		灰—浅灰色厚层状砂屑灰岩、生物碎屑灰岩，砂屑灰岩			

图 4-11　内蒙古西乌珠穆沁旗查干超鲁特上石炭统阿木山组二段（C_2a^2）

实测剖面（PM013）岩性柱状图

注：图例同图 4-10

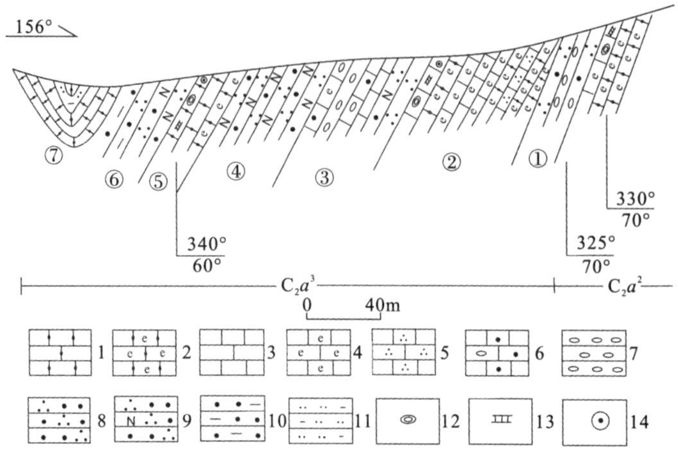
156°
⑦
⑥
⑤
④
③
②
①
340°
60°
325°
70°
330°
70°
C₂a³
C₂a²
0 40m
1
2
3
4
5
6
7
8
9
10
11
12
13
14

1. 微晶灰岩；2. 含生物碎屑微晶灰岩；3. 灰岩；4. 含生物碎屑灰岩；5. 砂质灰岩；6. 含砂砾灰岩；7. 砾岩；8. 石英砂岩；9. 长石石英砂岩；10. 含泥质砂岩；11. 泥质粉砂岩；12. 蜓类化石；13. 藻类化石；14. 海百合茎

图 4-12 内蒙古西乌珠穆沁旗哈达哈布塔盖上石炭统阿木山组三段(C_2a^3)实测地层剖面(PM007)

注：①～⑦地层剖面如图 4-13 所示

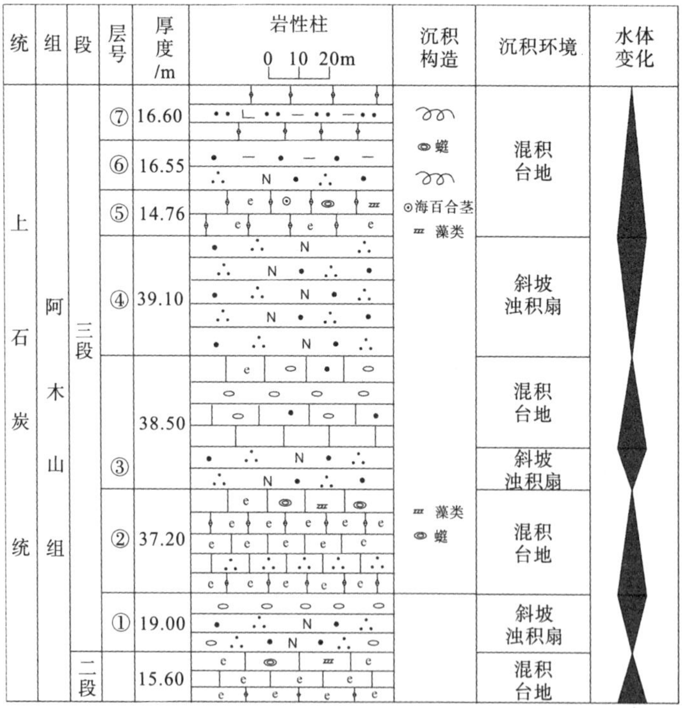
统
组
段
层号
厚度/m
岩性柱
0 10 20m
沉积构造
沉积环境
水体变化
上石炭统
阿木山组
三段
二段
⑦ 16.60
⑥ 16.55
⑤ 14.76
④ 39.10
③ 38.50
② 37.20
① 19.00
15.60
蜓
海百合茎
藻类
藻类
蜓
混积台地
斜坡浊积扇
混积台地
斜坡浊积扇
混积台地
斜坡浊积扇
混积台地

图 4-13 内蒙古西乌珠穆沁旗哈达哈布塔盖上石炭统阿木山组三段(C_2a^3)实测地层剖面(PM007)岩性柱状图

注：图例同图 4-12

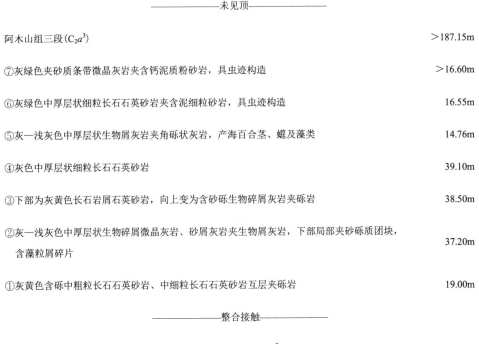

————————未见顶————————

阿木山组三段(C_2a^3)	>187.15m
⑦灰绿色夹砂质条带微晶灰岩夹含钙泥质粉砂岩，具虫迹构造	>16.60m
⑥灰绿色中厚层状细粒长石石英砂岩夹含泥细粒砂岩，具虫迹构造	16.55m
⑤灰—浅灰色中厚层状生物屑灰岩夹角砾状灰岩，产海百合茎、蜓及藻类	14.76m
④灰色中厚层状细粒长石石英砂岩	39.10m
③下部为灰黄色长石岩屑石英砂岩，向上变为含砂砾生物碎屑灰岩夹砾岩	38.50m
②灰—浅灰色中厚层状生物碎屑微晶灰岩、砂屑灰岩夹生物屑灰岩，下部局部夹砂砾质团块，含藻粒屑碎片	37.20m
①灰黄色含砾中粗粒长石石英砂岩、中细粒长石石英砂岩互层夹砾岩	19.00m

————————整合接触————————

阿木山组二段(C_2a^2)

(4) 锆石 U-Pb 测年。Zhao 等(2016)对西乌珠穆沁旗地区上石炭统阿木山组中的砂岩进行锆石测年，70 个测点的年龄为 2450 Ma～283 Ma，最年轻一组锆石的峰值年龄为 313Ma，限定了阿木山组的沉积时限不早于 313Ma。碎屑锆石中存在典型的兴蒙造山带早古生代岩浆岩年龄值，表明兴蒙造山带早古生代火成岩为阿木山组提供物源。此外，2450Ma 的锆石与华北板块基底年龄 2.5Ga 接近，暗示华北板块在阿木山组沉积时也为其提供物源，阿木山组沉积时具有南北两个物源区。

(5) 沉积环境。本区的阿木山组可以识别出三段，类似于下伏的本巴图组，为浅海陆棚混积台地相和半深海斜坡浊积岩相的相互转变。混积台地相所表现的岩性主要为砂屑灰岩、生物碎屑灰岩、砾屑灰岩和微晶灰岩等，发育有丰富的藻类、蜓类、海百合茎和珊瑚等生物化石，可见水平纹层、燧石团块和条带状-扁豆状构造。浊积岩相的代表岩性主要是砾岩、含砾砂岩、细—粉砂岩等，可见正粒序层理、递变层理、平行层理、局部斜层理及冲刷构造，部分含腕足化石碎片。综上所述，阿木山组的沉积环境转换迅速，受伸展作用影响明显，导致大量陆源碎屑的涌入，但由下至上，粒度逐渐减小，有逐渐远离物源区的趋势。

4.2　二　叠　系

研究区内出露的二叠系沉积地层主要包括寿山沟组、哲斯组及林西组。如图 4-14 所示，寿山沟组主要分布在锡林浩特南部、西乌珠穆沁旗等地；哲斯组出露范围较广，西起索伦山，经满都拉、苏尼特右旗北部、苏尼特左旗、阿巴嘎旗、锡林浩特、西乌珠穆沁旗向东一直延伸至林西盆地及霍林郭勒地区；林西组则主要发育在林西盆地及霍林郭勒南部地区。本次工作主要对出露于西乌珠穆沁旗地区的上述沉积地层进行详尽的剖面测量。

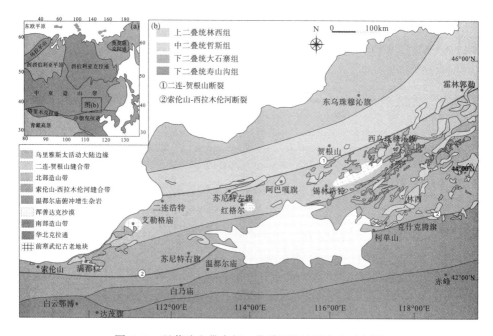

图 4-14　兴蒙造山带中部二叠系沉积地层分布示意图

4.2.1　寿山沟组

在西乌珠穆沁旗地区，寿山沟组主要出露于巴拉格尔图幅西北部、阿拉腾格勒幅东南及猴头庙幅中部地区。本次在巴拉格尔地区对寿山沟组进行了剖面测量。

（1）内蒙古西乌珠穆沁旗宝恩布特乌苏下二叠统寿山沟组（P_1ss）实测地层剖面（PM022）。剖面方向约为 347°，起点坐标为（$X = 542866$，$Y = 4916733$），控制厚度大于 2440.19m，地层剖面图如图 4-15 所示，岩性柱状图如图 4-16 所示，具体描述如下。

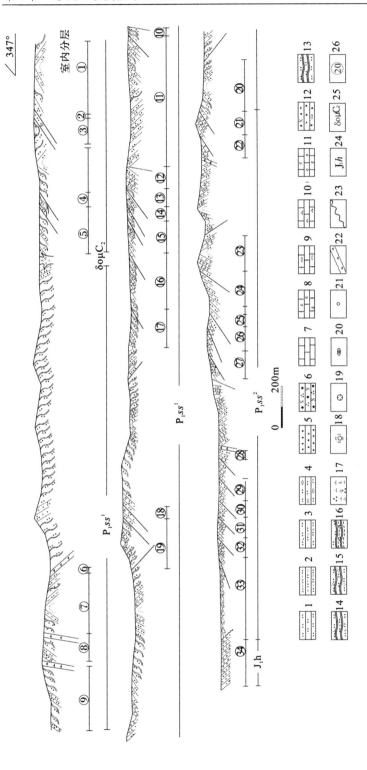

图 4-15　内蒙古西乌珠穆沁旗宝恩布特乌苏下二叠统寿山沟组（P₁ss）实测地层剖面

注：据徐文平（2014）修改；①～㉞地层剖面如图 4-16 所示

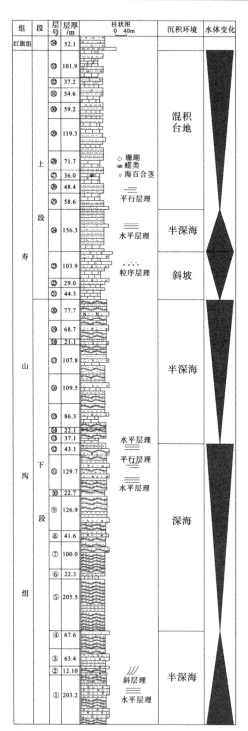

图 4-16　内蒙古西乌珠穆沁旗宝恩布特乌苏下二叠统寿山沟组(P_1ss)

实测地层剖面(PM022)岩性柱状图

上覆地层：下侏罗统红旗组（J₁h）

————————角度不整合————————

下二叠统寿山沟组上段（P₁ss²）　　　　　　　　　　　　　　　　　厚度：919.6m

㉝重结晶灰岩、角岩化粉砂岩、含砾灰岩　　　　　　　　　　　　　101.9m

㉜浅灰绿色硅化长石石英细砂岩、粉砂岩夹少量微晶灰岩　　　　　　37.2m

㉛浅土黄色—灰黄色中薄层粉砂岩夹灰色—深灰色灰岩　　　　　　　54.6m

㉚灰白色微晶灰岩夹灰黄色粉砂岩、泥质粉砂岩，局部夹硅质岩　　　59.2m

㉙底部为灰色薄层状砂岩、土黄色泥质粉砂岩夹微晶灰岩向上过渡为灰白色微晶灰岩夹粉砂
　　岩和泥质粉砂岩　　　　　　　　　　　　　　　　　　　　　119.3m

㉘灰色中薄层状泥质粉砂岩夹灰白色微晶灰岩　　　　　　　　　　　71.7m

㉗底部为灰黑色粉砂质板岩夹灰白色生物碎屑灰岩及少量粉砂岩，向上过渡为深灰色粉砂岩
　　含少量泥质岩　　　　　　　　　　　　　　　　　　　　　　36.0m

㉖底部以灰色—深灰色薄层状粉砂岩、泥质粉砂岩为主，夹细砂岩；中部为深灰色泥质粉砂
　　岩夹少量细砂岩；上部为深灰色中薄层状微晶灰岩、泥灰岩、含钙质粉砂质微晶灰岩及少　　48.4m
　　量砾屑灰岩夹薄层粉砂岩

㉕灰黄色薄层纹层状粉砂岩夹泥质粉砂岩、深灰色微晶灰岩、泥灰岩、含钙质粉砂质微晶灰
　　岩夹薄层粉砂岩　　　　　　　　　　　　　　　　　　　　　　58.6m

㉔底部以土黄色—深灰色粉砂岩、灰白色钙质泥质粉砂岩为主，夹细砂岩及灰岩透镜体；上
　　部以灰黄色薄层状粉砂岩为主，夹少量泥质粉砂岩及长石石英细砂岩　　156.3m

㉓深灰色硅质岩、灰白色中薄层状微晶灰岩、泥灰岩、含钙质粉砂质条带微晶灰岩、局部砾
　　屑灰岩夹薄层粉砂岩夹灰黄色粉砂岩、深灰色泥质粉砂岩夹少量长石石英砂岩　　103.9m

㉒灰黄色—深灰色粉砂岩、土黄色钙质粉砂岩夹微晶灰岩、中细粒长石石英砂岩及微晶灰岩　　29.0m

㉑灰色—青灰色中薄层微晶灰岩、土黄色含钙质粉砂质条带微晶灰岩、局部砾屑微晶灰岩，
　　夹薄层粉砂岩　　　　　　　　　　　　　　　　　　　　　　44.3m

————————整合接触————————

下二叠统寿山沟组下段（P₁ss¹）　　　　　　　　　　　　　　　　厚度＞1490.7m

⑳灰—深灰色粉砂质板岩、土黄色粉砂岩夹细粒长石石英砂岩　　　　77.7m

⑲灰色粉砂质板岩夹钙质粉砂质板岩、粉砂岩、长石石英砂岩　　　　68.7m

⑱灰黄色中薄层状粉砂岩、深灰色细粒长石石英砂岩夹灰—深灰色薄层状粉砂质板岩　　　21.1m

⑰以灰色、深灰色中层状粉砂质板岩、土黄色钙质粉砂质板岩为主，夹少量微晶灰岩、灰黄
　色长石石英砂岩　　　107.8m

⑯灰色粉砂质板岩、细粒长石石英砂岩、粉砂岩、钙质砂岩　　　109.5m

⑮灰色—深灰色粉砂质板岩、灰白色结晶灰岩夹少量薄—中层状粉砂岩及细粒长石石英砂岩　　　86.3m

⑭以灰色—深灰色薄层状粉砂质板岩为主，含少量粉砂岩及灰黄—灰绿色细粒长石石英砂岩　　　22.1m

⑬灰色—灰白色中薄层状微晶灰岩，局部片理化，少量粉砂质板岩　　　37.1m

⑫深灰色薄层状粉砂岩、浅土黄色钙质粉砂岩、长石石英砂岩夹深灰色板岩及薄层灰岩　　　43.1m

⑪灰—深灰色粉砂岩、灰黑色粉砂质板岩、中层状中细粒长石石英砂　　　129.7m

⑩灰黑色—灰色中薄层状千枚状粉砂质板岩　　　22.7m

⑨灰色中薄层状粉砂质板岩、灰黑色条带状粉砂岩　　　126.9m

⑧灰色中薄层状粉砂质板岩，夹少量长石石英砂岩　　　41.6m

⑦深灰色—灰色中薄层状条带状粉砂质板岩，局部夹灰绿色砂质板岩　　　100.0m

⑥下部为灰白色中薄层状灰岩夹薄层—条带状钙质粉砂岩及透镜状硅质岩；上部为灰黄色薄
　层状钙质粉砂岩板岩　　　22.3m

⑤灰—深灰色粉砂质板岩夹粉砂岩　　　205.5m

④灰色—灰黄色钙质粉砂质板岩夹灰色中厚层状细砂岩　　　67.6m

③灰色—深灰色粉砂质板岩、粉砂岩夹灰黄色长石石英砂岩　　　63.4m

②灰黄色中厚层状长石石英砂岩，夹灰色薄层状粉砂质板岩，局部夹含砾长石石英砂岩　　　12.1m

①灰色—深灰色粉砂质板岩、粉砂岩，夹钙质粉砂岩和长石石英砂岩　　　203.2m

————未见底————

　　根据岩性组合特征，西乌珠穆沁旗地区的寿山沟组可分为两段，上段以粉砂岩为主，以夹中薄层微晶灰岩、生物碎屑灰岩、砾屑微晶灰岩、泥灰岩、硅质岩团块及中细粒长石石英砂岩为特征，该段岩石硅化、重结晶作用强烈。下段以板岩、粉砂质板岩、粉砂岩夹少量钙质粉砂岩、长石石英砂岩为主，局部夹含硅质岩团块或薄层灰岩，劈理发育，表现为岩石遭受了较强的构造置换改造，多数地段层理不清楚。劈理倾向北西，倾角一般大于 50°，可能属北东向主体褶皱的轴面劈理。剖面测量过程中，可见多种类型的层理发育，可识别的有正粒序层理、平行层理、脉状层理、水平层理和 ADE 段组合的鲍马序列（图 4-17）。

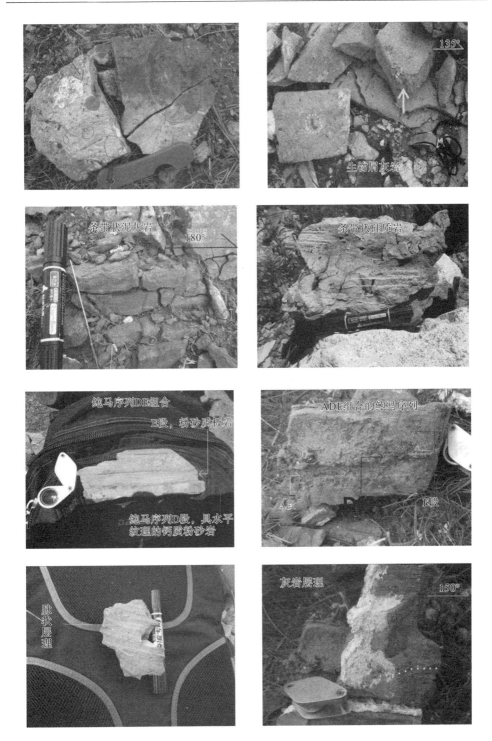

图 4-17　内蒙古西乌珠穆沁旗地区下二叠统寿山沟组野外露头及地质特征

（2）沉积环境。寿山沟组下段主要为深海相和半深海相的相互转变，半深海的沉积主要为砂质板岩、长石石英砂岩和细砂岩等，局部见含砾长石石英砂岩，发育水平层理和斜层理；深海沉积主要为粉砂质板岩，可见条带状粉砂岩及透镜状硅质岩，发育水平层理和平行层理，代表本区最深水体的沉积。上段的沉积环境发生变化，由半深海相到斜坡相再到混积台地相，体现水体逐渐变浅。斜坡相所代表的岩石主要为粉砂岩、长石石英砂岩和微晶灰岩等，可见砾屑，发育粒序层理。混积台地的沉积环境为微晶灰岩、粉砂质板岩、生物碎屑灰岩和粉砂岩的互层，纹层构造发育广泛，可见大量的䗴类、海百合茎和珊瑚等化石。由此可见，寿山沟组的沉积建造由最深的深海相沉积发展到混积台地沉积。

（3）锆石 U-Pb 测年结果。徐文平（2014）曾对西乌珠穆沁旗达青牧场寿山沟组中的含粉砂绢云板岩及粉砂质板岩进行过锆石 U-Pb 测年研究。对两件样品的 167 个测点进行分析，获得的年龄值为 2648 Ma～307 Ma，均包含约 1800 Ma 和约 2500 Ma 的锆石，为典型华北板块基底年龄信息。这些锆石具有良好的磨圆度，说明源区较远，暗示华北板块与西伯利亚板块之间的大洋可能在寿山沟组沉积之前就已经闭合。

4.2.2 哲斯组

哲斯组在西乌珠穆沁旗地区主要出露于巴拉格尔幅西北角、巴彦勒拉青西南部、阿拉腾敖包南部，出露面积相对较小。本书对出露于西乌珠穆沁旗阿拉腾敖包东南部的哲斯组进行了剖面测量，并讨论其沉积环境。

（1）内蒙古西乌珠穆沁旗阿拉腾敖包二叠系中统哲斯组（P_2zs）实测地层剖面（PM016）。剖面方位为 118°，起点坐标为（$X = 576363$, $Y = 4909159$），终点坐标为（$X = 578745$, $Y = 4907860$），控制厚度大于 396.2 m，地层剖面图如图 4-18 所示，岩性柱状图如图 4-19 所示。

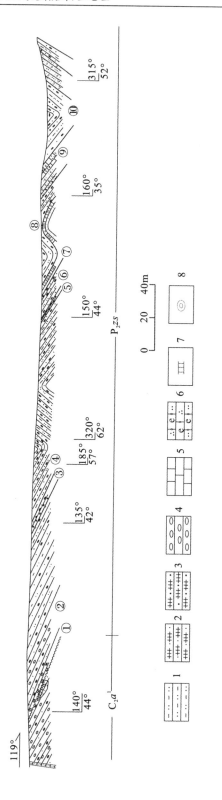

图 4-18　内蒙古西乌珠穆沁旗阿拉腾敖包二叠系中统哲斯组（P₂zs）实测地层剖面（PM016）

1. 泥质粉砂岩；2. 中细粒杂砂岩；3. 中粗粒杂砂岩；4. 砾岩；5. 灰岩；6. 砂质结晶灰岩/含砂质生物碎屑灰岩；7. 藻类；8. 蜓类

注：①～⑩地层剖面如图 4-19 所示

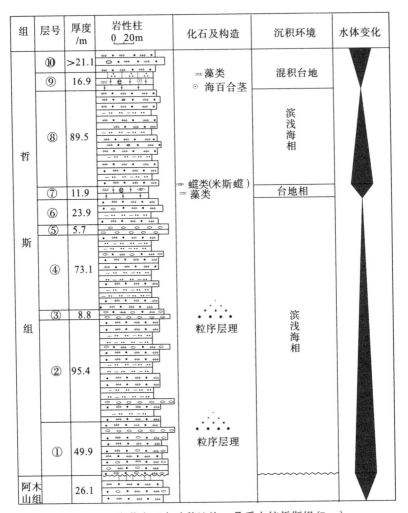

图 4-19　内蒙古西乌珠穆沁旗二叠系中统哲斯组(P_2zs)
实测地层剖面岩性柱状图(PM016)

注：图例同图 4-18

上覆地层：上二叠统林西组

—————————————— 整合接触 ——————————————

二叠系中统哲斯组(P_2zs)　　　　　　　　　　　　　　　　　　　　　　　　　　厚度：396.2m

⑩青灰色中厚层状中细粒杂砂岩、夹泥质粉砂岩，局部夹含砾中粗粒杂砂岩　　　　　　21.1m

⑨灰色夹深灰色薄—厚层状微晶灰岩、生物碎屑微晶灰岩、砂屑灰岩夹生物碎屑灰岩，底部
　夹砂砾质灰岩，含藻类及少量海百合茎化石　　　　　　　　　　　　　　　　　　16.9m

⑧青灰色中厚层状中细粒杂砂岩、夹泥质粉砂岩，夹含砾中粗粒杂砂岩 89.5m

⑦灰色—深灰色微晶灰岩、含生物碎屑微晶灰岩，含蜓、藻类化石 11.9m

⑥青灰色中厚层状中细粒杂砂岩、夹泥质粉砂岩，夹含砾中粗粒杂砂岩 23.9m

⑤灰绿色中厚层状砾岩、含砾中粗粒杂砂岩 5.7m

④青灰色中厚层状中细粒杂砂岩、夹泥质粉砂岩 73.1m

③灰绿色中厚层状砾岩、含砾中粗粒杂砂岩 8.8m

②灰绿色中厚层状中细粒杂砂岩与灰—深灰色薄层粉砂质泥岩互层，夹少量含砾粗中粒杂砂
　岩，局部可见砾岩 95.4m

①底部为灰绿色厚层状砾岩、含砾中粗粒杂砂岩夹少量中细粒杂砂岩，向上过渡为灰绿色中
　厚层中细粒杂砂岩夹含砾粗中粒杂砂岩及少量砾岩，具平行层理，局部发育正粒序层理 49.9m

—————————角度不整合—————————

下伏地层：石炭系上统阿木山组一段(C_2a^1)

（2）沉积环境。研究区哲斯组为一套滨浅海环境的沉积地层，整体表现为稳定的陆源碎屑沉积。识别的滨浅海相沉积主要是砾岩、含砾中粗粒杂砂岩、泥质粉砂岩和粉砂质泥岩，具有平行层理和粒序层理；台地沉积主要是微晶灰岩、生物碎屑微晶灰岩和砂屑灰岩，底部可见砂砾质灰岩，含藻类、珊瑚及少量海百合茎生物碎屑化石。岩石组合整体显示向上变浅的沉积序列。

4.2.3　林西组

林西组在西乌珠穆沁旗地区主要出露于阿拉腾郭勒地区，出露面积为 40km^2，本书对出露于阿拉腾郭勒金河农队地区的林西组进行了剖面测量。

（1）内蒙古西乌珠穆沁旗金河农队上二叠统林西组(P_3l)实测地层剖面(PM020)。起点坐标为($X = 579530$，$Y = 4903945$)，终点坐标为($X = 579673$，$Y = 4901915$)，剖面方向为 176.96°，控制厚度大于 1051.5m，地层剖面图如图 4-20 所示，岩性柱状图如图 4-21 所示，野外露头特征如图 4-22 所示，分层描述如下。

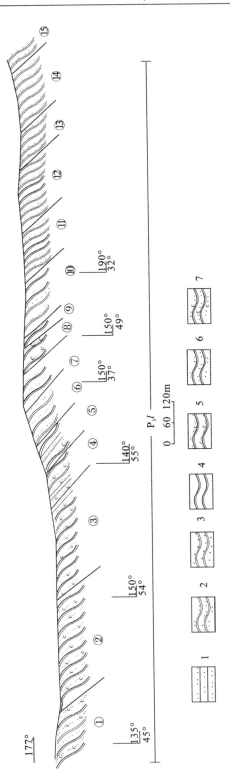

图 4-20　内蒙古西乌珠穆沁旗金河农队上二叠统林西四组 (P₃l) 实测地层剖面 (PM020)

1. 粉砂岩；2. 变质粉砂岩；3. 变质细砂岩；4. 板岩；5. 千枚状碳质板岩；6. 粉砂质板岩；7. 碳质粉砂质板岩

注：①～⑮地层剖面如图 4-21 所示

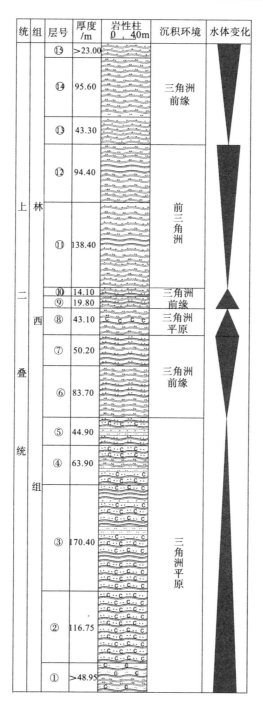

图 4-21　内蒙古西乌珠穆沁旗金河农队上二叠统林西组 (P_3l)

地层剖面（PM020）岩性柱状图

注：图例同图 4-20

上二叠统林西组（P₃*l*）　　　　　　　　　　　　　　　　　　　＞1010.50m

未见顶

⑮灰色—灰黑色中厚层状变质中细粒砂岩　　　　　　　　　　　＞23.00m

⑭灰色—紫红色中厚层状变质粉砂岩　　　　　　　　　　　　　95.60m

⑬灰色—灰黑色变质中细粒砂岩　　　　　　　　　　　　　　　43.30m

⑫灰黑色变质粉砂岩夹粉砂质板岩　　　　　　　　　　　　　　94.40m

⑪灰黑色中厚层状变质粉砂岩、变质细砂岩、板岩　　　　　　　138.40m

⑩灰黑色粉砂质板岩夹深灰色变质细砂岩　　　　　　　　　　　14.10m

⑨灰色—灰绿色变质细砂岩夹深灰色粉砂质板岩　　　　　　　　19.80m

⑧灰色—灰绿色变质粉砂岩夹灰黑色碳质板岩　　　　　　　　　43.10m

⑦深灰色粉砂质板岩、灰褐色板岩夹灰色变质粉砂岩　　　　　　50.20m

⑥灰色—灰绿色变质粉砂岩夹灰黑色粉砂质板岩　　　　　　　　83.70m

⑤深灰色—灰黑色碳质粉砂质板岩　　　　　　　　　　　　　　44.90m

④灰黑色碳质粉砂质板岩夹少量变质砂岩及粉砂岩　　　　　　　63.90m

③深灰色—灰黑色碳质粉砂质板岩、灰褐色板岩　　　　　　　　170.40m

②深灰色—灰黑色碳质粉砂质板岩　　　　　　　　　　　　　　116.75m

①灰黑色中厚层状碳质千枚状板岩夹少量粉砂质板岩　　　　　　＞48.95m

————————未见底————————

图 4-22　内蒙古西乌珠穆沁旗上二叠统林西组野外露头

（2）锆石 U-Pb 测年。徐文平（2014）报道了西乌珠穆沁旗达青牧场南侧林西组中红柱石变质粉砂岩的锆石年龄为 2585 Ma～109 Ma，其中 280Ma 为主要年龄峰期，约束了林西组的沉积时代不早于晚二叠世。锆石中最老的年龄属于太古代，年龄集中在 2.5Ga 左右。

此外，本书对出露于西拉木伦河以北克什克腾旗北东约 1.5 km 的一套变质粉砂岩进行了锆石 U-Pb 测年，该套变质粉砂岩曾被划归到于家北沟组或哲斯组中。样品 ZM028-TW 采自西拉木伦河以北克什克腾旗北东约 5 km 处，采样点坐标为 N43°18′47″、E117°34′50″。岩性为变质粉砂岩，变余粉砂状结构，层状构造，粉砂粒径约为 0.03～0.05 mm，由次棱角状长英质和不透明铁矿物组成粉砂级碎屑，泥质胶结物变质为雏晶绢云母及黑云母，变余粉砂质量分数约为 85%，泥质、变质绢云母和黑云母质量分数约为 15%。

变质粉砂岩样品 ZM028-TW 的锆石 CL 图像（图 4-23）显示，锆石多为圆形—次圆形，个别为短柱状，粒径为 50～100 μm，多数锆石具有清晰的岩浆振荡环带，个别具有扇形分带（如测点 1、测点 65），为岩浆成因。少数锆石无岩浆振荡环带，具有弱分带、云雾状分带、白色熔蚀边或变质增生边，个别锆石中含有继承锆石的残留核，显示变质锆石特征。68 颗锆石中有 55 颗锆石的 Th/U>0.4，平均值为 0.75，表明多数锆石为岩浆成因，这与 CL 图像分析结果一致，剩余 13 颗除一颗的 Th/U 为 0.06，其余为 0.24～0.38，显示变质成因。

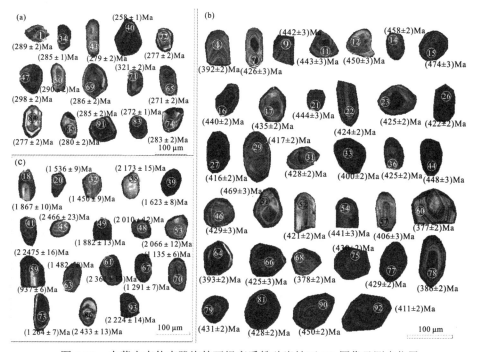

图 4-23　内蒙古克什克腾旗林西组变质粉砂岩锆石 CL 图像及测点位置

如附表 1 所示，93 个测点中有 66 个测点具有良好的谐和性，$^{206}Pb/^{238}U$ 和 $^{207}Pb/^{235}Pb$ 年龄为 2513 Ma～258 Ma（图 4-24），分为 4 个区间：298 Ma～258 Ma [n=14，峰值年龄约为 285 Ma，如图 4-25(a)、图 4-25(b)所示]、474 Ma～377 Ma [n=35，峰值年龄约为 430 Ma，如图 4-25(c)、图 4-25(d)所示]、1727 Ma～1261 Ma [n=6，如图 4-25(e)所示]、2513 Ma～1853 Ma[n=11，如图 4-25(f)所示]。最年轻一组的锆石年龄将该变质粉砂岩的年龄约束至晚二叠世。

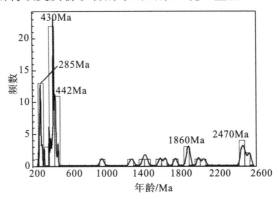

图 4-24　内蒙古克什克腾旗林西组变质粉砂岩锆石 U-Pb 谐和年龄频率曲线图

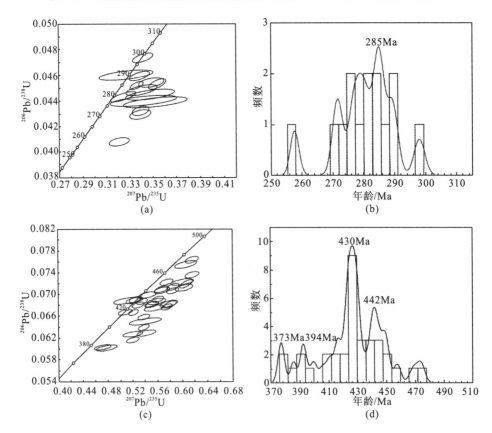

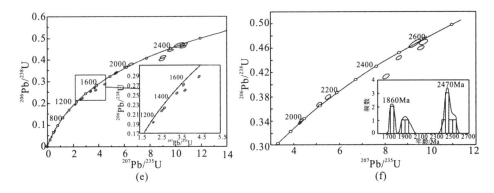

图 4-25　内蒙古克什克腾旗林西组变质粉砂岩锆石 U-Pb 谐和年龄频率曲线图

298 Ma～258 Ma 的年龄与大兴安岭中南段广泛出露的大石寨组火山岩的形成时代(285～275 Ma)吻合(高德臻 等，1998；Zhang et al.，2008；李红英 等，2013；陈彦 等，2015)。

474 Ma～377 Ma 的锆石峰值年龄约为 430 Ma。该组年龄记载了兴蒙造山带内奥陶纪—泥盆纪岩浆岩的年龄信息。其中，奥陶纪以中晚奥陶世岩浆活动为代表，可分为南、北、中三条带。南带出露于温都尔庙早古生带岛弧杂岩带和白乃庙岛弧中(徐备 等，1997；徐备 等，2001；Xiao et al.，2003；许立权 等，2003；尚恒胜 等，2003；石玉若 等，2004；石玉若 等，2005a；Jian et al.，2008；张维 等，2008；Li et al.，2015)；中带出露于苏尼特左旗的白音宝力道、锡林浩特一线(Chen et al.，2000；陈斌 等，2001；石玉若 等，2005a；葛梦春 等，2011；Li et al.，2016)；北带出露于阿巴嘎旗北部(赵利刚 等，2012)、东乌珠穆沁旗(Li et al.，2016)。

1727 Ma～1261 Ma 的锆石应当来自锡林郭勒杂岩或宝音图群，二者均被认为是前寒武纪地块，包含大量年龄为 1500 Ma～1000 Ma 的岩石(郝旭 等，1997；朱永峰 等，1997；葛梦春 等，2011；孙立新 等，2013)。葛梦春等(2011)将锡林郭勒杂岩解体为表壳岩(锡林浩特岩群)、基性—超基性岩和中酸性侵入岩三部分，本次获得的林西组中 1727 Ma～1261 Ma 的锆石可能来源于解体后的锡林浩特岩群。

2513 Ma～1853 Ma 的锆石与华北板块基底的典型年龄信息吻合。2.5Ga 左右的锆石年龄与华北克拉通广泛出露的 TTG 片麻岩形成时代一致(Guan et al.，2002；Zhao et al.，2002)。1.8 Ga 左右的年龄是华北板块在中元古代初发生伸展—裂解事件的时间(Zhao et al.，2002；翟明国 等，2014)。

综上所述，克什克腾旗和西乌珠穆沁旗地区的林西组兼具华北板块与兴蒙造山带的年龄信息，表明其形成时具有南北两个物源区。

(3)沉积环境。林西组沉积初期为海陆交互相，岩石中碳质板岩的出现标志着沉积环境转为陆相。其中，海陆交互相主要为三角洲沉积环境，可识别出前三角洲、三角洲前缘，陆相环境主要为三角洲平原或湖泊相。前三角洲沉积主要为板岩（泥岩变质）和粉砂岩的细粒沉积物；三角洲前缘主要为细砂岩和粉砂岩；三角洲平原或湖泊相主要为碳质粉砂质板岩、中细粒变质砂岩和砂岩等，碳质含量较高。在西乌珠穆沁旗以南的林西地区，林西组中产淡水双壳类化石、安加拉植物化石及黄河叶肢介属化石（张永生 等，2012；郑月娟 等，2013），显示林西地区的林西组以陆相淡水河湖相为主（张永生 等，2012；李福来 等，2013）。因此，研究区晚二叠世的沉积环境已转为海陆交互相和陆相。

第5章　晚古生代晚期构造岩浆岩带

　　研究区晚古生代晚期的岩浆活动集中在晚石炭世和早二叠世，两期岩浆岩空间展布上均呈带状展布。晚石炭世岩浆岩主要出露于贺根山断裂以北的二连—东乌珠穆沁旗一带以及研究区中部苏尼特左旗—锡林浩特—西乌珠穆沁旗一带，华北板块北缘晚石炭世岩浆活动相对较弱，露头零星(图4-1、图5-1)。早二叠世是研究区岩浆活动最强烈的时期，按照展布特征分为三条带，南带出露于华北板块北缘及华北板块北部广大地区，中带见于苏尼特左旗—锡林浩特—西乌珠穆沁旗一线，北带出露于二连—阿巴嘎旗—东乌珠穆沁旗一线(图5-2)。从空间分布上看，二连—东乌珠穆沁旗一线与贺根山断裂展布方向一致，苏尼特左旗—锡林浩特—西乌珠穆沁旗一线的岩浆岩与锡林浩特断裂走向一致，而华北板块北缘的岩浆岩则受索伦山-西拉木伦河断裂控制。

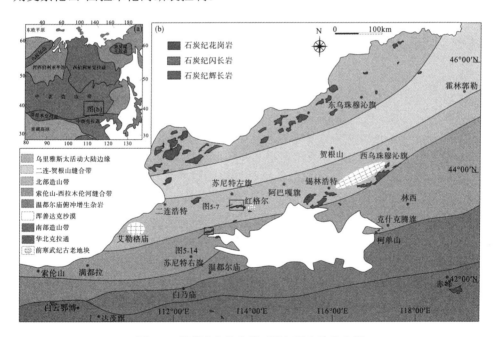

图 5-1　兴蒙造山带中段石炭纪侵入岩分布图

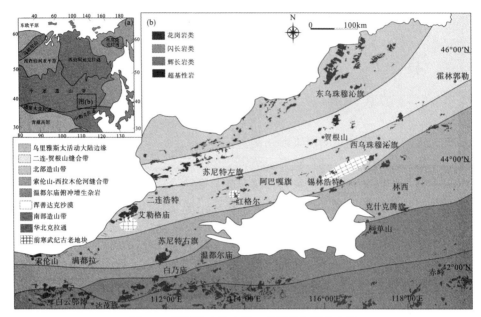

图 5-2　兴蒙造山带中段二叠纪侵入岩分布图

　　本书重点对出露于满都拉、苏尼特右旗、苏尼特左旗、西乌珠穆沁旗等地的晚石炭世—早二叠世岩浆岩进行研究。

5.1　晚石炭世火山岩

　　如图 4-1 所示，内蒙古中部地区的晚石炭世火山岩呈带状展布，分为南、中、北三条带。南带以出露于西拉木伦河以南赤峰北部地区的八当山组火山岩为代表；中带出露于苏尼特右旗—锡林浩特—西乌珠穆沁旗地区，以本巴图组中的火山岩夹层为代表(刘建峰，2009；汤文豪 等，2011；潘世语 等，2012；李瑞杰，2013)，内蒙古自治区地质矿产局(1996)曾将其单独划为查干诺尔火山岩；北带出露于贺根山以北二连北部—阿巴嘎旗—东乌珠穆沁旗一带，以格根敖包组(邵济安 等，2014；朱俊宾 等，2015)和宝力高庙组为代表(辛后田 等，2011；李可 等，2015；武跃勇 等，2015)。

　　本巴图组中的火山岩夹层主要见于苏尼特右旗的浩勒图音呼都格、查干诺尔、敦图，西乌珠穆沁旗达青牧场地区。本书搜集汤文豪等(2011)、潘世语等(2012)和李瑞杰(2013)分别在苏尼特右旗及西乌珠穆沁旗达青牧场地区所采样品，对样品的岩石地球化学数据进行综合对比分析。

　　1. 岩石学特征

　　苏尼特右旗地区该火山岩产自本巴图组上段，与下部碎屑岩整合接触，岩石类型主要为玄武岩，含少量玄武质安山岩和安山岩。西乌珠穆沁旗地区以玄武质安山岩和流纹岩为主。

玄武岩为灰色，具有斑状结构和块状构造，斑晶主要为斜长石、辉石和角闪石，质量分数约为 8%，基质为斜长石微晶及由暗色矿物或玻璃质蚀变而成的绿泥石和绿帘石。

玄武质安山岩为灰黑色，具有斑状结构和杏仁构造，斑晶以斜长石为主，含少量绿帘石化单斜辉石，质量分数约为 5%；基质具有交织结构，由斜长石和单斜辉石微晶组成；杏仁体主要为方解石，直径为 0.5～1 mm，质量分数约为 5%。

安山岩为灰黑色，具有斑状结构和块状构造。斑晶为斜长石，粒径为 0.5～1.5 mm，质量分数约为 20%，基质为斜长石微晶和玻璃质，质量分数约为 75%，含少量不透明矿物。

流纹岩为浅灰色—灰紫色，具有斑状结构，流纹构造、块状构造。斑晶由斜长石和钾长石组成，粒径为 0.2～0.5 mm，质量分数约为 5%；基质由板条状长石微晶和长英质集合体组成。部分流纹岩露头发生明显的片理化和糜棱岩化。片理化流纹岩具有霏细结构和斑状结构(图 5-3)，斑晶为石英，粒径为 1～2 mm，明显被拉长，弱定向排列。基质为霏细状长英质(70%)和次生绢云母(15%)。糜棱岩化流纹岩，具有糜棱碎斑状结构，眼球状构造，石英碎斑为次圆或拉长球粒状，质量分数约为 20%，基质由霏细状长英质(55%)及铁染绢云母(20%)组成。

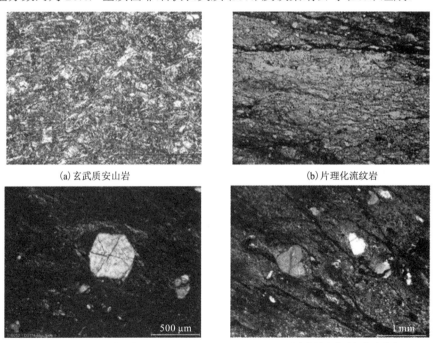

(a) 玄武质安山岩　　　　　　　　　　　　(b) 片理化流纹岩

(c) 片理化霏细状流纹岩　　　　　　　　(b) 糜棱岩化霏细状流纹岩

图 5-3　兴蒙造山带内西乌珠穆沁旗地区本巴图组火山岩显微图片

2. 岩石地球化学特征

西乌珠穆沁旗与苏尼特右旗地区本巴图组火山岩的烧失量较大(样品的烧失量为 1.57~9.74),表明岩石受蚀变影响程度较大。剔除水和二氧化碳,将主量元素重新计算后,获得所有样品的 SiO_2 的质量分数为 50.96%~77.23%,整体以中基性岩和酸性岩为主。在火山岩分类全碱-硅图解(total alkalis-silica diagram, TAS)中,3 件样品落入玄武岩区域内,4 件落入玄武质安山岩区域内,6 件落入玄武质粗面岩区域内,2 件落入安山岩区域内,6 件落入英安岩区域内,4 件落入流纹岩区域内[图 5-4(a)]。

考虑到蚀变因素对样品主量元素的影响较大,因此选择受蚀变影响较小的大离子亲石元素对岩石类型进行进一步约束,样品在 Nb/Y-Zr/TiO$_2$×0.001 图解中[图 5-4(b)],由于中基性岩样品 Ti 含量偏低,TAS 中的基性端元也落入中酸性岩类区域内,投图结果显示本巴图组中的火山岩以英安岩及流纹岩为主。综合两个判别图解并结合样品矿物含量,本巴图组火山岩样品整体以中基性火山岩和酸性火山岩为主,显示拉斑玄武系特征[图 5-4(c)、图 5-4(d)]。为便于后文讨论,TAS 中的玄武岩、玄武质安山岩、安山岩以及粗面安山岩被称为中基性火山岩;英安岩及流纹岩被称为酸性火山岩。

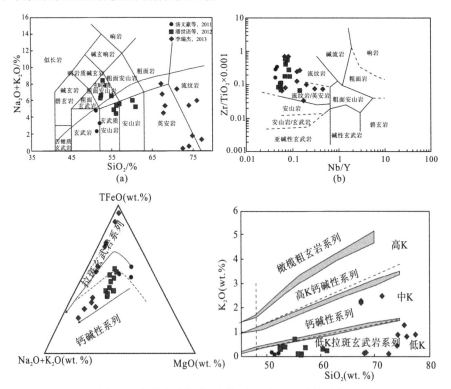

图 5-4　内蒙古中部本巴图组火山岩 TAS 图解(a)、
Nb/Y-Zr/TiO$_2$×0.001 图解(b)、AFM(碱-Fe 氧化物-MgO 图解)图解(c)、SiO$_2$-K$_2$O 图解(d)

酸性火山岩中 SiO_2 的质量分数为 67.16%～77.23%，TiO_2 质量分数为 0.31%～1.3%，TFe_2O_3 质量分数为 3.07%～8.45%，均值为 5.41%，MgO 质量分数为 0.23%～2.19%，碱质量分数（K_2O+Na_2O）为 0.13%～7.88%，Na_2O/K_2O 多为 0.04～4.46，σ 为 0.01～2.04，均值为 1.1，岩石为钙碱性，全岩 A/CNK 为 0.75～8.12，均值为 2.6，A/NK 为 1.26～10.74，均值为 3.5，属于过铝质岩石。

中基性岩中 SiO_2 的质量分数为 50.96%～60.88%，TiO_2 质量分数为 0.95%～2.62%，TFe_2O_3 质量分数为 7.68%～10.93%，均值为 8.81%，MgO 质量分数为 4.09%～5.91%，$Mg^{\#①}$ 为 42.71～52.76，低于原始岩浆的 $Mg^{\#}$（60～71，Langmuir et al.，1977）；碱质量分数（K_2O+Na_2O）为 2.2%～8.09%，Na_2O/K_2O 为 5.84～72.33，σ 为 0.93～8.5，均值为 5；全岩 A/CNK 为 0.54～0.86，均值为 0.77，A/NK 为 1.36～3.75，均值为 2。

本巴图组火山岩基性岩的稀土元素总量较低，为 $71.49×10^{-6}$～$118.518×10^{-6}$，$(La/Yb)_N$ 为 0.68～7.83，多数集中在 1.07～2.3，轻重稀土分异不明显，$(La/Sm)_N$ 为 0.59～1.17，平均值为 0.94，表明轻稀土元素内部几乎无分异，$(Gd/Yb)_N$ 为 0.91～1.81，平均值为 1.1，表明重稀土元素内部也同样几乎无分异，δEu 为 0.98～1.08，几乎无异常，稀土配分曲线平缓[图 5-5(a)]，Nb/La 为 0.08～0.27，暗示岩石受到上地壳物质混染。

酸性岩稀土元素总量也较低，为 $34.9×10^{-6}$～$317.06×10^{-6}$，$(La/Yb)_N$ 为 0.67～7.38，多数集中在 1.08～2.38，轻重稀土分异不明显，$(La/Sm)_N$ 为 0.94～3.39，平均值为 1.72，表明轻稀土元素内部弱分异，$(Gd/Yb)_N$ 为 0.60～1.56，平均值为 1.11，表明重稀土元素内部无分异，δEu 为 0.47～1.06，平均值为 0.77，显示弱异常，稀土配分曲线整体平缓[图 5-5(c)]，Nb/La 为 0.09～0.46，暗示岩石受到上地壳物质混染。

在原始地幔标准化蛛网图中[图 5-5(b)]，基性岩相对富集大离子亲石元素 Sr、Zr、Hf，亏损高场强元素 Nb、Ta、Ti。酸性岩富集 K、Rb、Ba、Th、U、Zr、Hf，亏损 Nb、Ta、Sr、P、Ti[图 5-5(d)]。

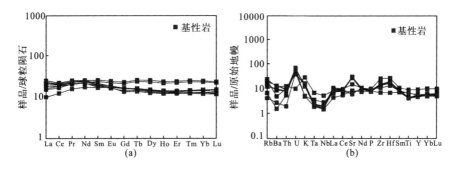

① 注：$Mg^{\#} = 100×Mg/(Mg+TFe^{+2})$。

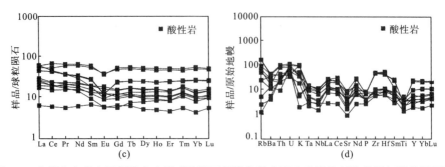

图 5-5　内蒙古中部本巴图组火山岩球粒陨石标准化稀土配分曲线及标准地幔标准化蛛网图

注：球粒陨石标准化值和原始地幔标准化值分别引自 Boynton（1984）和 McDonough 等（1992）

3. 受陆壳混染程度

受陆壳或岩石圈混染的板内玄武质岩类会显示类似俯冲的特征，在判别构造环境时会将其误判为与岛弧有关的玄武岩（Xiao et al.，2015）。未受陆壳或岩石圈混染的，通常具有较高的 Nb/La。Bienvenu 等（1990）指出 Ti 元素是抗蚀变元素较弱的元素之一，在原始地幔标准化的蛛网图解中，相对于元素 Eu 和 Y，受大陆地壳混染的岩石 Ti 元素会显示负异常，除 Ti 负异常外，轻稀土元素和大离子元素富集、重稀土元素相对亏损，以及 Nb、Ta 负异常也常被用来判断岩石是否受到大陆地壳混染或是否为陆壳来源的重要依据（Rudnick et al.，2003）。

本巴图组基性岩的球粒陨石标准化稀土配分曲线平缓，轻重稀土未分异，在原始地幔标准化蛛网图中可以看出多数基性岩样品具有明显的 Nb、Ta、Ti 异常，所有的酸性岩样品同样也都亏损 Nb、Ta、Ti。Nb/La 均较低（0.19～1.06，多数小于 1）。查干诺尔地区的本巴图组基性火山岩的 $^{87}Sr/^{86}Sr$ 初始值为 0.704330～0.704471，εNd（t）为 8.33～8.43，显示幔源岩浆特征，酸性火山岩的 $^{87}Sr/^{86}Sr$ 初始值为 0.704352，εNd（t）为 4.43，基性岩与酸性岩具有相同的岩浆岩区（汤文豪 等，2011）。综合以上特征分析，岩石圈地幔部分熔融形成的基性岩浆在喷发形成本巴图组火山岩之前受到陆壳物质的混染。

4. 锆石 U-Pb 及 Lu-Hf 同位素

李瑞杰（2013）报道了西乌珠穆沁旗地区的晚石炭世本巴图组火山岩的锆石 $^{206}Pb/^{238}U$ 加权平均年龄为（336.2±1.9）Ma，结合达青牧场本巴图组火山岩的锆石 U-Pb 年龄（318.4±3.4）Ma 和（315.4±4.4）Ma（刘建峰，2009）以及苏尼特右旗查干诺尔地区该火山岩的形成年龄 308 Ma～300 Ma（汤文豪 等，2011；潘世语 等，2012），本巴图组火山岩的形成时代应为晚石炭世。

本次对西乌珠穆沁旗地区的本巴图组火山岩中的安山岩进行锆石 Hf 同位素分析（附表 2），样品 PM006-11TW 两个测点的 $^{176}Hf/^{177}Hf$ 较高，分别为 0.283105 和 0.282740，测点 1 的 εHf（t）为 18.73，模式年龄 T_{DM}=214Ma，小于其锆石的形成年龄（337Ma），测试结果的可靠性值得商榷。而测点 2 的 εHf(t) 为 5.69，T_{DM}=740Ma，T_{DM}^C 二阶段模式年龄为 974Ma，与研究区南部新元古代岩浆活动时间吻合，暗示岩石成因与岩石圈地幔部分熔融及地壳物质的混染有关。

5. 构造背景

相对不活泼的高场强元素常被用来判别岩浆岩的构造环境。在 La-Y-Nb 构造判别图解中[图 5-6(a)]，本巴图组基性岩主体落入火山弧区域内，少数落在弧后盆地区域内；在 Th-Hf-Ta 判别图解中[图 5-6(b)]，样品均落入岛弧拉斑玄武岩区域内；Pearce（1982）提出利用 Th/Yb 和 Ta/Yb 之间的差异来判别岩浆是否形成于火山弧环境，在 Ta/Yb-Th/Yb 图解中[图 5-6(c)]，基性岩样品均落在火山弧范围内；而在 Zr-Zr/Y 图解内[图 5-6(d)]，样品均落在板内玄武岩范围内。造成投图结果不一致

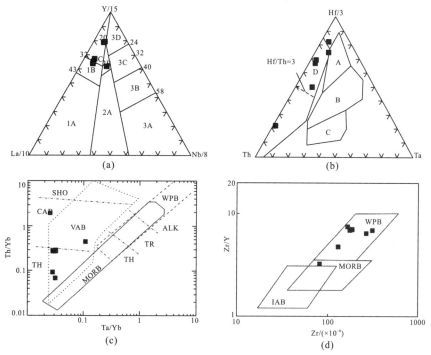

图 5-6　内蒙古中部本巴图组基性火山岩 La-Y-Nb 图解(a) (Cabanis et al.，1989)、Th-Hf-Ta 图解(b) (Wood，1980)、Ta/Yb-Th/Yb 图解(c) (Pearce，1982) 及 Zr-Zr/Y 图解(d) (Pearce et al.，1979)

1A：钙碱性玄武岩；1C：火山弧拉斑玄武岩；1B：1A 区和 1C 区间的重叠区域；2A：大陆玄武岩；

2B：弧后盆地玄武岩；3A：大陆内裂谷区的碱性玄武岩；3B 及 3C：E 型 MORB；3D：N 型 MORB；

A：N 型 MORB　B：E 型 MORB 和板内拉斑玄武岩　C：碱性板内玄武岩

D：火山弧玄武岩，Hf/Th＞3 时为岛弧拉斑玄武岩，Hf/Th＜3 时为钙碱性玄武岩

VAB：火山弧玄武岩；CAB：钙碱性玄武岩；SHO：橄榄粗玄岩；TH：拉斑玄武岩；

TR：过渡型；ALK：碱性；IAB：岛弧玄武岩；MORB：大洋中脊玄武岩；WPB：板内玄武岩

的原因在于所使用的元素不同，样品落入火山弧区域内的图解均采用 Nb、Ta、Th 等元素，这些元素受陆壳混染影响，含量会出现明显的差异，而 Zr 和 Y 则受陆壳混染影响程度低，Zr-Zr/Y 图解的投图结果相比之下更接近岩石形成的原始背景。投图结果证实本巴图组火山岩应当形成于伸展背景之下，而并非俯冲背景。

5.2　晚石炭世侵入岩

本次工作对出露于苏尼特左旗满都拉图镇南的二长花岗岩及花岗闪长岩和苏尼特右旗查干诺尔碱厂附近的英云闪长岩进行岩石学及岩石地球化学研究。

5.2.1　苏尼特左旗地区花岗岩类

1. 地质概况

从大地构造位置上来看，苏尼特左旗位于华北板块与西伯利亚板块之间的北部二道井造山带中 (Jian et al.，2008)，Xiao 等 (2003)的构造划分则更为细致，认为苏尼特左旗应处于白音宝力道岛弧内。区内出露的前中生代地质体主要包括前寒武纪结晶基底、寒武纪—奥陶纪变质火山岩及浅变质岩、二叠系火山岩及碎屑岩、奥陶纪侵入岩、志留纪侵入岩、石炭纪侵入岩及二叠纪侵入岩。

苏尼特左旗地区出露的最古老的地层单元为锡林浩特岩群(原锡林郭勒杂岩)，由一套变质程度很强的片麻岩、石英片岩、黑云母石英片岩、斜长片麻岩组成(葛梦春 等，2011)，被奥陶纪及二叠纪侵入岩侵入，发育 NE 走向的韧性剪切带。寒武纪—奥陶纪地层单元为温都尔庙群，下部称为桑达来呼都格组，以绿片岩为主，原岩为玄武岩，局部夹碳酸盐岩透镜体；上部称为哈尔哈达组，为含铁变质碎屑岩，变质程度较浅，以含铁石英岩、绢云石英片岩及大理岩为主(李承东等，2012)，被晚奥陶世和石炭纪侵入岩侵入。下二叠统大石寨组火山岩是区内出露面积最大的地层单元，被二叠纪侵入岩侵入，发育 NE-NEE 向的韧性剪切带。中二叠统哲斯组底部为一套冲积扇相的复成分砾岩，向上过渡为漫流和辫状河沉积的含砾砂岩、长石砂岩夹粉砂岩和板岩(高德臻 等，1998)。

奥陶纪侵入岩以白音宝力道岩体为代表，是苏尼特左旗地区出露面积最大的岩体，主要为英云闪长岩和石英闪长岩，岩体出露面积较大，被认为是古亚洲洋早期沿着苏尼特左旗南部向北侧西伯利亚板块之下俯冲的产物(Xiao et al.，2003；刘敦一 等，2003；Jian et al.，2008；Xu et al.，2013；徐备 等，2014；Li et al.，2016)。志留纪侵入岩出露面积较小，侵入锡林浩特岩群之中，后期被二叠纪花岗岩侵入。石炭纪花岗岩类出露面积仅次于奥陶纪岩体，岩性主要包括花岗岩、二长花岗岩和花岗闪长岩，侵入温都尔庙群的哈尔哈达组和奥陶纪侵入岩之中。二叠纪侵入岩呈岩枝侵入锡林浩特岩群、寒武系—奥陶系温都尔庙群桑达来呼都格组以及早期侵入岩之中(图 5-7)。

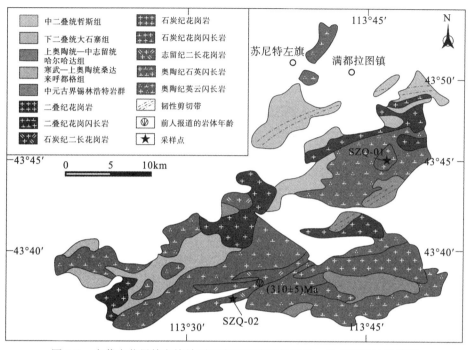

图 5-7　内蒙古苏尼特左旗地区石炭纪花岗闪长岩及二长花岗岩地质简图

2. 岩石学特征

苏尼特左旗地区石炭纪花岗岩类出露于满都拉图镇南东约 5～17km 处，呈岩枝侵入奥陶纪白音宝力道岩体之中。花岗闪长岩的野外露头较差，多为碎石，局部被花岗细晶岩脉、闪长玢岩脉侵入。二长花岗岩野外露头较好，山顶处可见新鲜岩石，发育三组节理(355°∠42°，153°∠45°，252°∠74°)，被石英脉侵入。特征描述如下。

花岗闪长岩：灰白色，细中粒花岗结构、轻碎裂状结构，块状构造。岩石主要由斜长石(质量分数为65%)、钾长石(质量分数为5%～10%)、石英(质量分数为25%)及少量黑云母(质量分数为 1%～5%)组成。斜长石：半自形板状，杂乱分布，粒度一般为 2～5mm，部分为 0.5～2mm，具高岭土化、少绢云母化等，表面显脏，粒内局部见微裂隙，双晶错位、弯曲等现象可见，有的聚片双晶发育，根据⊥(010)晶带的最大消光角法测得 NP′∧(010)=15，斜长石牌号 An=31，属于中长石。钾长石：为歪长石，半自形板状，星散分布，粒度一般为 0.5～2mm，少数为 2～3mm，轻微高岭土化。石英：他形粒状，呈细粒集合体杂乱分布，粒度一般为 0.2～2mm，具波状消光，颗粒间齿状镶嵌。黑云母：叶片状，褐色，零星分布，片径一般为 0.2～

1.2mm，常见被绿泥石、绿帘石不均匀交代，少数呈假象，个别变为细粒集合体。岩石后期受构造作用轻碎裂具不规则裂隙，硅质及绢云母等沿裂隙填充[图 5-8(a)、图 5-8(b)]。

二长花岗岩：风化面呈灰白色，新鲜面呈浅粉色，变余细中粒花岗结构，定向构造。岩石由斜长石(质量分数为 30%～35%)、钾长石(质量分数为 40%)、石英(质量分数为 20%～25%)及白云母(质量分数为 5%)组成。斜长石：半自形板状，杂乱分布，略显定向，粒度一般为 2～4mm，部分为 0.5～2mm，具不均匀高岭土化、绢云母化等，多数表面显脏，隐约见环带结构，局部与钾长石接触部位具交代净边结构，少数被钾长石补片状交代，聚片双晶不发育。钾长石：为微斜长石，半自形板状，杂乱分布，长轴定向，粒度一般为 2～5mm，部分为 0.5～2mm，少数为 5～9mm，轻微高岭土化，粒内局部见斜长石包体，微裂纹较发育，局部交代斜长石。石英：他形粒状，细粒集合体呈条带状、似透镜状定向分布于长石间，颗粒间齿状镶嵌，多变为小于 0.2mm 的糜棱物，局部见 0.3～2.5mm 的残斑，具波状消光，边缘被新晶粒环绕构成核幔构造。白云母：叶片状，相对聚集条纹状定向分布，片径一般为 0.2～0.8mm，具波状消光[图 5-8(c)、图 5-8(d)]。副矿物为磷灰石和锆石，次生矿物为高岭土、绢云母及铁质。

(a)　　　　　　　　　　　　　　　(b)

(c)　　　　　　　　　　　　　　　(d)

图 5-8　内蒙古苏尼特左旗地区石炭纪花岗闪长岩(a、b)、

二长花岗岩(c、d)露头及显微照片

Qz. 石英；Pl. 斜长石；Kf. 钾长石

3. 岩石地球化学特征

苏尼特左旗地区花岗闪长岩及二长花岗岩主量元素数据如附表 3 所示。3 件花岗闪长岩的 SiO_2 的质量分数为 71.71%～77.13%，TiO_2 的质量分数为 0.05%～0.15%，TFe_2O_3 的质量分数为 0.52%～1.44%，MgO 的质量分数为 0.18%～0.62%，K_2O 的质量分数为 2.10%～2.64%，碱的质量分数（K_2O+Na_2O）为 7.03%～7.68%，Na_2O/K_2O 多为 1.91～2.4，σ 为 1.59～2.04，均小于 3.3，岩石为中钾钙碱性[图 5-9(a)]，全岩 A/CNK 为 1.02～1.07，A/NK 为 1.18～1.46，属于过铝质岩石[图 5-9(b)]。

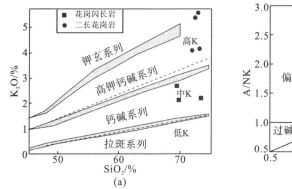 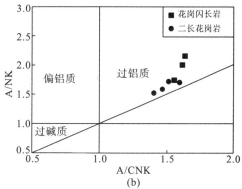

图 5-9 内蒙古苏尼特左旗地区晚石炭世花岗闪长岩
及二长花岗岩 SiO_2-K_2O 图解(a)；A/CNK-A/NK 图解(b)

4 件二长花岗岩样品的全岩成分均一，SiO_2 的质量分数均较高，为 75.06%～76.53%，TiO_2 的质量分数为 0.11%～0.14%，TFe_2O_3 的质量分数为 0.78%～1.01%，MgO 的质量分数为 0.24%～0.36%，K_2O 的质量分数为 4.03%～5.51%，碱的质量分数（K_2O+Na_2O）为 7.47%～8.18%，Na_2O/K_2O 多数为 0.48～0.93，σ 为 1.66～2.01，小于 3.3，在 SiO_2-K_2O 图中，落在高钾钙碱性和钾玄岩系列范围内[图 5-9(a)]，全岩 A/CNK 为 1.07～1.12，A/NK 为 1.2～1.28，属于过铝质岩石[图 5-9(b)]。

苏尼特左旗花岗岩类稀土元素数据如附表 4 所示。花岗闪长岩的稀土元素含量低，为 51.79×10^{-6}～70.65×10^{-6}，均值为 62.77×10^{-6}，远低于 Vinogradov(1962) 报道的世界花岗岩的平均值（254.3×10^{-6}）。3 件样品的 $(La/Yb)_N$ 为 2.85～6.79，轻重稀土元素分异明显；$(La/Sm)_N$ 为 2.64～4.24，轻稀土分异强烈；$(Gd/Yb)_N$ 为 0.78～1.11，重稀土元素内部几乎无分异；δEu 为 0.68～0.86，具有轻微的 Eu 负异常。在稀土元素球粒陨石标准化图解中，稀土配分曲线呈明显右倾[图 5-10(a)]，轻稀土元素呈较陡的右倾趋势，重稀土元素曲线整体较平缓，显示微弱的左倾趋势。在微量元素原始地幔标准化图解中[图 5-10(b)]，3 件样品具有一致的分布曲线，相对富集大离子亲石元素 K、Rb、Sr、Ba，亏损 P 和 Ti。

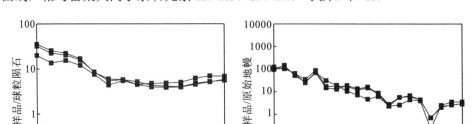

图5-10 内蒙古苏尼特左旗地区晚石炭世花岗闪长岩球粒
陨石标准化稀土配分曲线(a)及原始地幔标准化蛛网图(b)

注：球粒陨石标准化值和原始地幔标准化值分别引自 Boynton(1984) 和 McDonough 等(1992)

4 件二长花岗岩样品的稀土含量略有差异（ΣREE 为 $18.15\times10^{-6}\sim35.23\times10^{-6}$），均值为 26.7×10^{-6}，重稀土元素的含量差异较大。$(La/Yb)_N$ 为 $6.99\sim17.56$，轻重稀土元素分异明显；$(La/Sm)_N$ 为 $3.56\sim8.03$，轻稀土元素内部分异明显；$(Gd/Yb)_N$ 为 $0.88\sim1.42$，重稀土元素内部分异不明显，球粒陨石标准化稀土配分曲线呈现明显的右倾式[图5-11(a)]。δEu 为 $1.48\sim3.90$，具有明显的 Eu 正异常（附表4）。

样品微量元素数据如附表5所示。在原始地幔标准化图解中，4 件二长花岗岩样品的分布曲线一致，具有明显的 K、Zr、Hf 峰值，同时富集 Rb、Ba、Th 和 U，相对亏损 Nb、Ta、P、Ti[图5-11(b)]。样品 SZQ02-YQ1 还显示出 Ce 负异常。

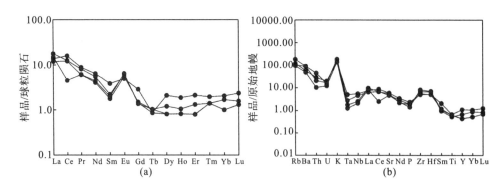

图5-11 内蒙古苏尼特左旗地区晚石炭世二长花岗岩岩球粒
陨石标准化稀土配分曲线(a)及标准地幔标准化蛛网图(b)

注：球粒陨石标准化值和原始地幔标准化值分别引自 Boynton(1984) 和 McDonough(1992)

4. 岩石成因

使用 Ga/Al 与其他微量元素协变图解可以区分 I&S 型花岗岩与 A 型花岗岩。如图 5-12 所示，A 型花岗岩通常具有较高的 Nb 和 Zr 以及较高的 Ga/Al，而苏尼特左旗地区的花岗岩类均落在 I&S 型花岗岩区域内。I 型花岗岩与 S 型花岗岩具有不同的岩浆岩区，I 型花岗岩母岩为变质中基性火成岩，而 S 型花岗岩母岩为变质沉积岩(Chappell et al.，1974；张旗 等，2008)，因此 S 型花岗岩化学成分具有富铝特征(徐夕生 等，2010)。矿物组成方面，苏尼特左旗地区的花岗闪长岩及二长花岗岩中均出现了富铝矿物，如黑云母、白云母。主量元素特征显示黑云母和白云母均具有较高含量的 SiO_2、K_2O 和 Al_2O_3，属于强过铝质岩石(A/CNK 为 1.4～1.63)。强过铝花岗岩在早期的研究中被认为与碰撞有关，是在同碰撞早期地壳收缩与堆叠阶段形成的(Harris et al.，1986)，然而研究发现，早先认为与同碰撞有关的强过铝花岗岩类实际上是后碰撞阶段的产物(肖庆辉 等，2002；Yu et al.，2015)，主要定位在两个大陆岩石圈汇聚使地壳加厚的地方，由加厚地壳部分熔融形成(Harris et al.，1986；Wu et al.，2002；Yu et al.，2015)。

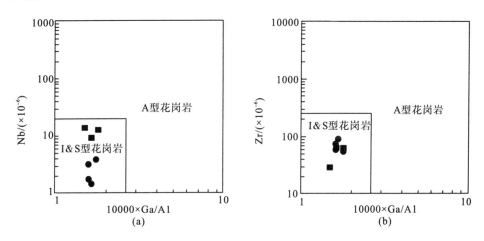

图 5-12　内蒙古苏尼特左旗地区晚石炭世花岗岩类

10000×Ga/Al-Nb 图解(a)和 10000×Ga/Al-Zr 图解(b)(Whalen et al.，1987)

源自陆壳熔融或受大陆地壳混染的岩石除 Ti 负异常外，轻稀土元素和大离子元素富集、重稀土元素相对亏损，并通常具有 Nb、Ta 负异常(Bienvenu et al.，1990；Rudnick et al.，2003)。未受地壳混染的岩石均有较高的 Nb/La，而苏尼特左旗地区的晚石炭世花岗闪长岩的 Nb/La 为 0.71～1.9，二长花岗岩的 Nb/La 为 0.26～0.76。花岗闪长岩和二长花岗岩样品均富集 LREE，相对亏损 HREE，在原始地幔标准化蛛网图解中，花岗闪长岩具有明显的 Ti 异常，英云闪长岩具有明显的 Nb、Ta 负异常，表明岩浆来自地壳的部分熔融。

5. 构造环境

花岗闪长岩作为 TTG 岩类的重要组成部分，通常被认为是地壳增生事件的指示标志，也是造山带中不可缺少的岩石类型之一（Osterhus et al.，2014）。花岗质岩浆以水不饱和为特征，因此大规模花岗岩类侵位通常与板块俯冲或造山带的后造山（post-collisional）伸展作用有关（Barbarian，1999）。俯冲背景下，压力和温度变化较大，加上挥发份的加入，岩石熔点降低，因此岩浆活动频繁。而后造山的伸展作用会使地壳变薄，深部软流圈地幔上涌导致幔源岩浆底侵，幔源岩浆所带来的热量加剧了地壳的部分熔融，形成大规模花岗岩（Bonin，1990；Bonin et al.，1998；Barbarian，1999；吴福元 等，2007）。研究认为与俯冲有关的花岗岩类多具有 I 型花岗岩特征，以钙碱性系列为主（Pitcher，1997）；后造山伸展背景下的岩浆岩总体上以钾含量高为特征，包括过铝质长英质岩类和准铝质中钾—高钾钙碱性岩系和橄榄安粗岩系（Turner et al.，1992；吴福元 等，2007；Yu et al.，2015）；而板内环境形成的花岗岩则以 A 型花岗岩为主，多为碱性过铝质（Sylvester，1989；Hong et al.，1996）。

如前所述，苏尼特左旗地区的花岗岩类为中钾—高钾钙碱性系列，属 S 型过铝质。而且在（Yb+Ta）-Rb 图解［图 5-13（a）］和（Yb+Nb）-Rb 图解［图 5-13（b）］中，花岗闪长岩样品落在火山弧花岗岩和后碰撞花岗岩交界区域内，但更靠近代表后碰撞环境的椭圆，而二长花岗岩样品都落在火山弧花岗岩区域内。苏尼特左旗—锡林浩特—西乌珠穆沁旗地区同时期的花岗岩类分布广泛，岩石类型以花岗岩、二长花岗岩等为主，中基性岩报道罕见。鉴于挤压背景下形成的花岗岩规模有限，大规模的花岗岩出露更有可能暗示拉张背景（吴福元 等，2007）。

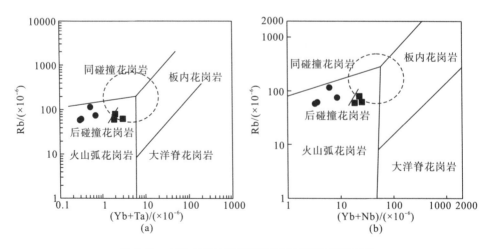

图 5-13　内蒙古苏尼特左旗地区晚石炭世花岗岩类

（Yb+Ta）-Rb 图解（a）和（Yb+Nb）-Rb 图解（b）（Pearce et al.，1984；Pearce，1996）

　　结合苏尼特左旗地区花岗岩类的岩石地球化学特征推断，苏尼特左旗地区的晚石炭世花岗岩类形成于造山后伸展背景的可能性更大。

5.2.2　苏尼特右旗地区石炭纪英云闪长岩

1. 地质概况

　　苏尼特右旗处于西伯利亚板块与华北板块之间的索伦缝合带内，按照 Xiao 等(2003)构造单元划分原则，该地区处于二道井增生混杂岩带之内，而徐备等(2014)则认为晚石炭世该地区所在的兴蒙造山带中部均处于陆表海盆地之中。

　　区内出露最老的地层单元为温都尔庙群，见于研究区西北部，出露面积较小，主要岩性包括绿泥石片岩、石英片岩以及大理岩，哈尔哈达组被石炭纪闪长玢岩侵入，并被石炭纪本巴图组碎屑岩角度不整合覆盖；桑达来呼都格组与本巴图组呈断层接触。上石炭统本巴图组为一套海相的泥质板岩、碳酸盐岩及火山岩，其中火山岩在浩勒图音呼都格以及敦图一带出露较广，岩石组合为玄武岩、玄武质安山岩、安山岩和英安岩(汤文豪 等，2011；潘世语 等，2012)。上石炭统阿木山组为一套海相碳酸盐岩夹碎屑岩地层，含丰富的蜓、珊瑚和腕足类化石，与本巴图组为整合接触，被白垩纪侵入岩侵入。哲斯组出露于研究区南部，为一套浅海相碎屑岩夹灰岩透镜体，含腕足类、珊瑚、蜓类化石，被二叠纪花岗岩侵入(图 5-14)。

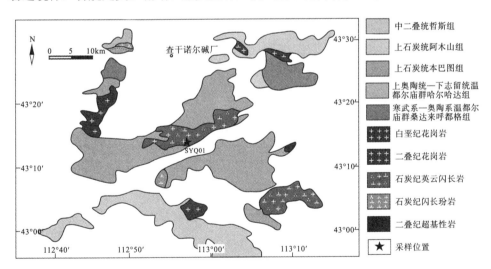

图 5-14　内蒙古苏尼特右旗地区石炭纪英云闪长岩地质简图

2. 岩石学特征

　　苏尼特右旗石炭纪英云闪长岩出露于查干诺尔碱厂正南约 20km 处，植被覆盖较好，地形平缓之处很难见到露头，野外未能见到与其他地质体的直接接触关系，仅在低缓的山坡顶部见到零星露头，周围可见英云闪长岩碎石。特征描述如下。

中粒英云闪长岩：风化面呈灰白色，新鲜面呈浅灰紫色，中粒花岗结构、块状构造，岩石由斜长石（70%～75%）、石英（20%～25%）及少量黑云母假象（5%）组成（图 5-15）。斜长石：半自形板状，杂乱分布，粒度一般为 2～5mm，少部分为 5～6.5mm，粒内碎裂明显，具不规则状裂隙，硅质、黝帘石等沿裂隙填充，局部碎裂呈细粒集合体，双晶错位、弯曲等现象较发育，具高岭土化、黏土化等特征，表面显脏。石英：他形粒状，杂乱分布，粒度一般为 2～5mm，部分为 0.5～2mm，强波状、带状消光，粒内裂纹发育，常见被微粒状石英填充。黑云母假象：叶片状，零星分布，片径一般为 0.2～1mm，均被绿泥石及少量绿帘石交代，呈假象，局部见晶体弯曲、扭折现象。副矿物为不透明矿物、磷灰石，次生矿物为黝帘石、绿帘石、高岭土、绿泥石及黏土等。岩石后期受构造作用碎裂，不规则网脉状裂隙发育，局部碎裂呈角砾、碎斑、碎粒及碎粉等，碎粒、碎粉及绿帘石、硅质等沿裂隙填充。

 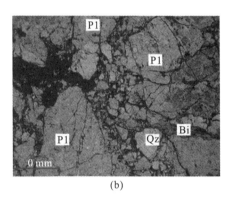

| (a) | (b) |

图 5-15　内蒙古苏尼特右旗石炭纪英云闪长岩显微图像正交偏光（a）与单偏光（b）

Pl. 斜长石；Qz. 石英；Bi. 黑云母

3. 岩石地球化学特征

3 件英云闪长岩样品具有相似的岩石地球化学特征。SiO_2 的质量分数为 71.47%～71.64%，岩石为酸性，Al_2O_3 的质量分数较高，为 15.82%～16.02%，P_2O_5 的质量分数较低，为 0.05%～0.08%，TiO_2 的质量分数为 0.24%，TFe_2O_3 的质量分数为 1.68%～1.72%，MgO 的质量分数为 0.75%～0.81%，$Mg^\#$ 为 0.44～0.46，富钠贫钾，Na_2O 质量分数为 6.45%～6.50%，K_2O 含量低，质量分数为 0.94%～0.98%，Na_2O/K_2O 多为 6.74～8.37，碱质量分数（K_2O+Na_2O）为 7.12%～7.35%，σ 为 1.59～2.45，均小于 3.3，仍属于钙碱性系列。在 SiO_2-K_2O 图中，样品均落在低钾拉斑系列区域内［图 5-16（a）］。全岩 A/CNK 为 1.81～1.89，A/NK 为 2.14～

2.2，在 A/CNK-A/NK 图解中，岩石落在过铝质区域内 [图 5-16(b)]。使用 Ga/Al 与其他微量元素协变图解可以区分 I&S 型花岗岩与 A 型花岗岩。如图 5-17 所示，A 型花岗岩通常具有较高的 Nb 和 Zr 以及较高的 Ga/Al，而苏尼特右旗地区的英云闪长岩落在 I&S 型花岗岩区域内(图 5-18)。

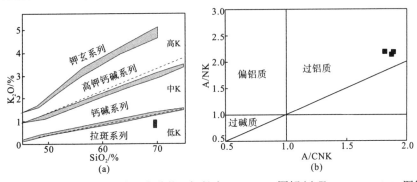

图 5-16　内蒙古苏尼特右旗晚石炭世英云闪长岩 SiO_2-K_2O 图解(a)及 A/CNK-A/NK 图解(b)

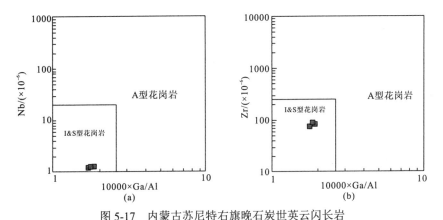

图 5-17　内蒙古苏尼特右旗晚石炭世英云闪长岩

$10000 \times$ Ga/Al-Nb 图解(a)和 $10000 \times$ Ga/Al-Zr 图解(b)(Whalen et al.，1987)

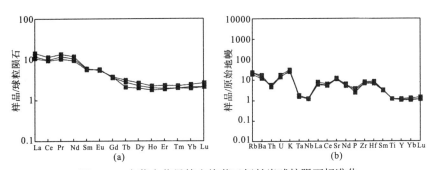

图 5-18　内蒙古苏尼特右旗英云闪长岩球粒陨石标准化

稀土元素配分图解(a)及原始地幔标准化微量元素蛛网图(b)

苏尼特右旗石炭纪英云闪长岩样品的稀土元素含量均一，各样品稀土元素总量较低，ΣREE 为 $30.97\times10^{-6}\sim36.43\times10^{-6}$，均值为 33.76×10^{-6}，远低于世界花岗岩的平均值 (254.3×10^{-6}) (Vinogradov，1962)。3 件样品的 $(La/Yb)_N$ 为 $4.94\sim7.84$，轻重稀土元素分异明显；$(La/Sm)_N$ 为 $1.92\sim2.41$，轻稀土元素分异较明显；$(Gd/Yb)_N$ 为 $1.55\sim1.92$，重稀土元素之间也存在较明显的分异；δEu 为 $0.47\sim1.29$，样品 SYQ01-YQ1 存在明显的 Eu 负异常 $(\delta Eu=0.47)$，剩余两件样品具有微弱的 Eu 正异常 $(\delta Eu$ 分别为 1.14 和 1.29)，可能与斜长石的分离结晶有关。δCe 为 $0.38\sim0.41$，样品均具有明显的 Ce 负异常。在稀土元素球粒陨石标准化图解中，稀土配分曲线呈明显右倾，轻稀土元素呈较平缓的右倾趋势，出现明显的 Ce"谷"，而重稀土元素曲线整体较平缓，显示右倾趋势[图 5-18(a)]。样品的微量元素数据见附表 5。在微量元素原始地幔标准化图解中，3 件样品具有一致的分布曲线，相对富集大离子亲石元素 K、Rb、Sr、Ba，亏损 Th、Nb、Ta、P、Ti 和重稀土元素[图 5-18(b)]。

4. 岩石成因

花岗岩成因类型包括三种：①由洋中脊玄武质岩浆结晶分异形成 (Coleman et al.，1975)；②洋壳本身在含水条件下部分熔融 (吴才来 等，2010；France et al.，2010；李武显 等，2003)；③洋壳俯冲过程中高温剪切带中岩石部分熔融 (Pedersen et al.，1984；Flagler et al.，1991)。

苏尼特右旗石炭纪英云闪长岩具有较高含量的 SiO_2，贫钾富钠，与典型大洋斜长花岗岩 (Coleman et al.，1975)的特征相似。Al_2O_3 含量高，为过铝质岩类。但是稀土及微量元素特征与已报道的大洋斜长花岗岩类却明显不同。轻稀土元素相对富集，重稀土元素亏损，富集大离子亲石元素 K、Rb、Sr、Ba，而明显亏损 Nb、Ta，显示俯冲带岩浆岩特征，在构造环境判别图解[图 5-19(a)，5-19(b)]中也落在了火山弧花岗岩区域内。但与俯冲型花岗岩相比，La/Yb 远小于 20，且未见明显的正异常，并且微量元素中 Th 负异常和 Sr 正异常与岛弧型花岗岩明显不同(裴先治 等，2009)，表明英云闪长岩成因复杂。结合区域地质资料，既然晚石炭世研究区已不存在洋壳的俯冲，那么苏尼特右旗地区的英云闪长岩不可能形成于洋壳俯冲的部分熔融。

苏尼特右旗地区的英云闪长岩的 Lu/Yb 为 $0.15\sim0.16$，与大陆地壳具有高 Lu/Yb$(0.16\sim0.18)$的特征相符 (Rudnick et al.，2003)，表明源岩可能来自大陆地壳 (Rollinson，1993；Rudnick et al.，2003)。实验岩石学表明，在一定的温度和压力条件下，多种源岩均可以形成过铝质花岗质熔体 (吴才来 等，2010；徐夕生 等，2010)，如泥质沉积岩部分熔融产生的熔体通常富铝和钾，硬砂岩的部分熔融形成富铝的花岗质熔体，玄武岩的部分熔融则可以形成 TTG 岩类。Na_2O/K_2O 为 $6.74\sim8.36$，表明岩浆源自基性火成岩(李武显 等，2003)，可能是新增生的下地壳部分熔融形成的。

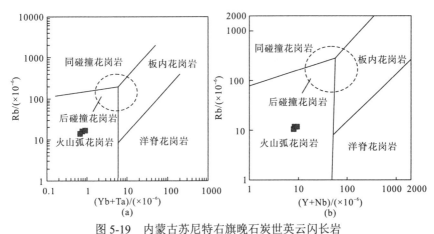

图 5-19 内蒙古苏尼特右旗晚石炭世英云闪长岩
(Yb+Ta)-Rb 图解(a)和(Y+Nb)-Rb 图解(b)(Pearce et al.，1984；Pearce，1996)

5.3 早二叠世火山岩

研究区出露的早二叠世火山岩，以大石寨组为代表。按照岩石组合和空间分布情况，可分为北、中、南三带。北带出露于达尔罕茂明安联合旗—西乌珠穆沁旗—霍林郭勒一线。中带出露于哈尔呼舒—黄岗梁—同兴—浩尔图—大石寨一线。南带则分布在西拉木伦河—阿鲁科尔沁旗一线(内蒙古自治区地质矿产局，1996)(图 5-20)。赵芝(2008)按照岩石系列将大石寨组火山岩分为南北两带，

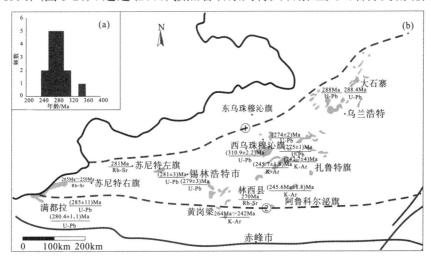

①贺根山缝合线；②西拉木伦河缝合线

图 5-20 大石寨组火山岩年龄频数分布图(a)和大石寨组火山岩分布简图(b)(据李红英，2013)
大石寨数据来源：郭峰(2009)；曾维顺(2011)；张健(2012)。苏尼特左旗数据来源：高德臻等(1998)。赤峰数据来源：汪润洁(1987)。林西数据来源：Zhu 等(2001)；吕志成等(2002)。满都拉数据来源：陶继雄等(2003)。锡林浩特数据来源：Zhang 等(2008)。西乌珠穆沁旗数据来源：Zhang 等(2008)；刘建峰(2009)；李红英(2013)

南带分布于西拉木伦河断裂以北的满都拉—林西—阿鲁科尔沁旗一带，岩石系列以低钾拉斑系列-拉斑系列为主，包括少量的钙碱性系列火山岩。北带分布于大石寨—西乌珠穆沁旗—苏尼特左旗一带，岩石属钙碱性系列。本节对出露于西乌珠穆沁旗地区的大石寨组火山岩进行了详尽的研究。

5.3.1　西乌珠穆沁旗地区大石寨组火山岩

1. 地质概况

西乌珠穆沁旗地区处于贺根山缝合带和索伦山-西拉木伦河缝合带之间。大石寨组主要出露于巴拉格尔乌里雅斯太达郎—巴彦青敖包一带，北东向展布，延伸约 25km[图 5-21(a)]。巴拉格尔地区出露的地层主要有上石炭统本巴图组和阿木山组、下二叠统寿山沟组和大石寨组、上三叠统火山岩、上侏罗统玛尼吐组和下白垩统梅勒图组。上石炭统本巴图组与阿木山组是巴拉格尔地区出露的最老的地层单元，上石炭统本巴图组为一套碎屑岩夹灰岩透镜体沉积物，阿木山组以碳酸盐岩为主，含丰富的珊瑚、海百合茎等化石，二者为断层接触。大石寨组火山岩与阿木山组呈正断层接触，与下二叠统寿山沟组碎屑岩亦呈正

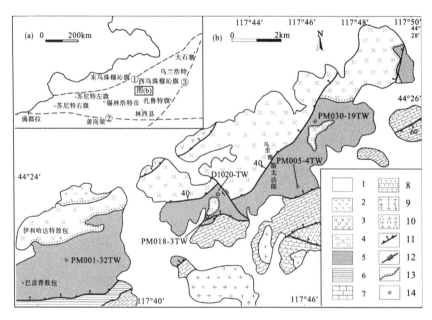

①二连-贺根山断裂；②索伦山-西拉木伦河断裂；③嫩江-开鲁断裂；

1. 第四系；2. 下白垩统梅勒图组玄武岩；3. 上侏罗统玛尼吐组安山岩；4. 上三叠统火山岩；5. 下二叠统大石寨组火山岩；6. 下二叠统寿山沟组碎屑岩；7. 上石炭统阿木山组碳酸盐岩；8. 上石炭统本巴图组碎屑岩；9. 晚二叠世正长花岗岩；10. 晚石炭世石英闪长岩；11. 正断层；12. 平移断层；13. 角度不整合界线；14. 同位素样品采样点

图 5-21　研究区大地构造位置图(a)和研究区地质简图(b)

断层接触，被晚侏罗世火山岩角度不整合覆盖，局部地区可见二者呈正断层接触。上三叠统火山岩与上侏罗统玛尼吐组呈正断层接触，被下白垩统梅勒图组火山岩角度不整合覆盖[图 5-21(b)]。石炭系上统本巴图组碎屑岩与阿木山组碳酸盐岩分别被晚石炭世石英闪长岩和晚二叠世正长花岗岩侵入。

2. 岩石学特征

西乌珠穆沁旗巴拉格尔地区的大石寨组根据其岩石组合可分为上下两段，下段以安山岩为主，含少量英安岩、安山质晶屑岩屑熔结凝灰岩和流纹岩；上段以流纹岩为主，含少量霏细状英安岩；整体以酸性岩占主导为特征。

中性岩主要为安山岩[图 5-22(a)]，具有斑状结构、块状构造，斑晶主要为斜长石(5%～10%)和少量暗色矿物假象，斜长石半自形板状，部分发生绢云母化、碳酸盐化、高岭土化，粒径约为 0.2～1.8mm，偶见环带构造。基质主要为微晶板条状斜长石(50%)、长英质(25%)和暗色矿物假象(10%)，粒度小于 0.2mm。岩内发育少量杏仁体(小于 3%)，呈不规则状，大小约为 0.05～0.8mm，充填沸石、次生石英及褐铁矿等。

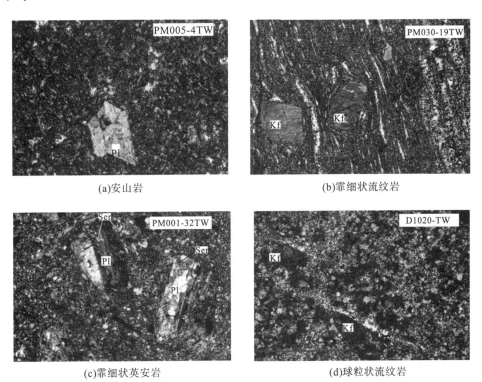

(a)安山岩　　　　　　　　　　　　　(b)霏细状流纹岩

(c)霏细状英安岩　　　　　　　　　　(d)球粒状流纹岩

图 5-22　内蒙古西乌珠穆沁旗地区早二叠世大石寨组火山岩显微照片

Kf：钾长石；Pl：斜长石；Ser：透闪石

酸性岩主要包括灰白色流纹岩、霏细状流纹岩、球粒状流纹岩及霏细状英安岩[图 5-22(b)、图 5-22(c)、图 5-22(d)]。流纹岩多为斑状结构、块状构造，斑晶为斜长石和钾长石，粒度为 0.3～1.5mm，质量分数大于 5%；基质主要由霏细状长英质(50%)、隐晶状长英质(40%)及次生显微鳞片状绢云母(小于 5%)构成。英安岩为斑状结构、块状构造，斑晶为半自形厚板状斜长石(5%)，粒径为 0.3～0.5mm，绢云母化。基质由霏细状长英质(60%)、微嵌晶状长英质(30%)构成，含少量次生绢云母。球粒状流纹岩为少斑状结构、基质为球粒-微嵌晶状结构，块状构造。斑晶为钾长石(小于 5%)和少量斜长石，钾长石粒径为 0.5～1.5mm，半自形板状，高岭土化。基质由 0.2～0.5mm 球粒状长英质集合体(50%)、微嵌晶状长英质(30%)和隐晶状长英质(15%)构成。

3. 岩石地球化学特征

如附表 6 所示，除样品 PM018-3(安山质岩屑晶屑熔结凝灰岩)因发生碳酸盐化，烧失量较大，不适合用 TAS 图解进行岩石分类，剩余样品的 SiO_2 的质量分数为 56.49%～78.17%，为中酸性岩。在 TAS 图解[图 5-23(a)]中主要落入安山岩和流纹岩区域，仅一个样品落入英安岩区域内，属亚碱性系列，与 Nb/Y-Zr/TiO_2 岩石分类图解[图 5-23(b)]的投图结果基本一致。中性岩 SiO_2 的质量分数较高(56.94%～63.67%)，具有富钙(质量分数为 2.15%～8.64%，PM005-9 除外)贫镁(质量分数为 1.26%～2.67%)的特征。酸性岩具有 SiO_2 含量高(质量分数为 75.14%～78.17%)和 K_2O 含量高(质量分数为 3.45%～7.48%)，CaO 含量低(质量分数为 0.1%～0.41%)和 MgO 含量低(质量分数为 0.06%～0.42%)特征。在 SiO_2-(K_2O+Na_2O-CaO) 图解[图 5-23(c)]中，样品主体落入钙碱性-碱钙性区域内。在 SiO_2-K_2O 图解中[图 5-23(d)]，中性岩样品主体落入钙碱性系列区域内，酸性岩样品主要落入高钾钙碱性系列和钾玄岩系列区域内。

中性火山岩稀土总量 ΣREE 为 74.15×10^{-6}～155.12×10^{-6}，LREE/HREE 为 3.08～3.95，$(La/Yb)_N$ 为 2.36～3.67，轻稀土富集，重稀土相对亏损，稀土配分曲线呈弱右倾型[图 5-24(a)]；δEu 为 0.76～0.93，具有弱 Eu 负异常。酸性岩稀土元素含量比中性火山岩高(137.01×10^{-6}～277.56×10^{-6})，LREE/HREE 为 3.83～5.10，轻重元素分异明显，$(La/Yb)_N$ 为 3.18～4.75，δEu 为 0.30～0.49，Eu 强烈亏损，反映了岩浆演化过程中斜长石等矿物的分离结晶(Rollinson，1993)。

在微量元素组成方面，中性火山岩富集 K、Rb、Ba、Th、U 等大离子亲石元素，相对亏损 Nb、Ta 等元素。酸性火山岩富集 K、Rb、Ba、Th、U 等大离子亲石元素，强烈亏损 Nb、Ta、Sr、P、Ti 等元素[图 5-24(b)]。微量元素 Sr 在酸性熔体体系的矿物/熔体分配系数中对于斜长石高达 13 或 15.633(Nash et al.，1985；Nabelek et al.，1998)；而 Ti 在普通角闪石和磁铁矿中的分配系数较高(Pearce et al.，1979)。酸性火山岩 Sr、Ti 和 P 的强烈亏损，反映岩浆演化过程中斜长石、普通角闪石、磁铁矿以及富 P 矿物(如磷灰石)的分离结晶作用。

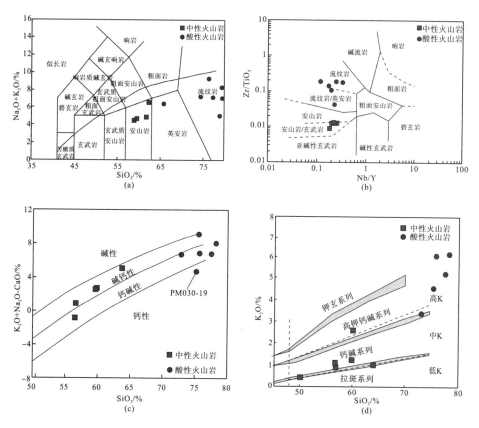

图 5-23 西乌珠穆沁旗地区大石寨组火山岩 TAS 图解(a) (Le Maitre, 1989)、(Nb/Y) - (Zr/TiO$_2$) 图解(b)(Winchester et al.,1977)、SiO$_2$- (K$_2$O+Na$_2$O-CaO) 图解(c)和 SiO$_2$-K$_2$O 图解(d) (Le Maitre, 1989)

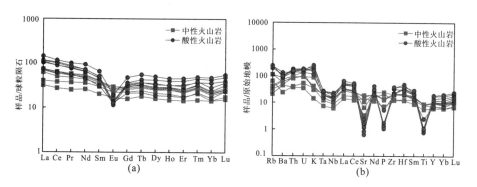

图 5-24 西乌珠穆沁旗地区大石寨组火山岩球粒陨石标准化稀土配分曲线(a) (Boynton,1984)和原始地幔标准化蛛网图(b)(Sun et al.,1989)

4. 锆石 U-Pb 年代学和 Lu-Hf 同位素特征

前人曾对西乌珠穆沁旗地区的大石寨组进行了年代学研究，获得一些精确的火山岩年龄，主要集中在 280 Ma～275 Ma（Zhang et al.，2008；刘建峰，2009；李红英，2013；陈彦 等，2014）。

本书在西乌珠穆沁旗巴拉格尔地区采集了 3 件火山岩样品进行锆石 U-Pb 测年，并对样品 PM005-4TW、D1020 和 PM030-19TW 进行了锆石 Lu-Hf 同位素分析。锆石阴极发光图、测点位置及锆石 U-Pb 谐和年龄如图 5-25 所示，锆石 U-Pb 测年结果如附表 7 所示，Lu-Hf 同位素测年分析结果如附表 8 所示。

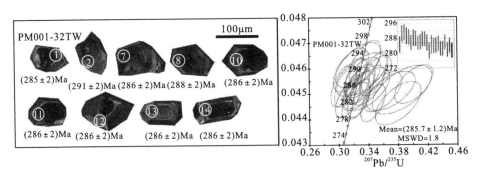

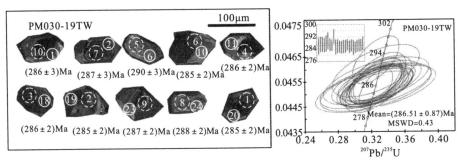

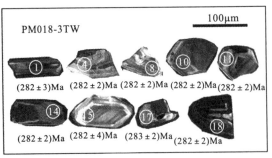
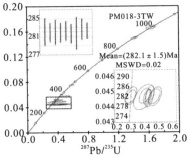

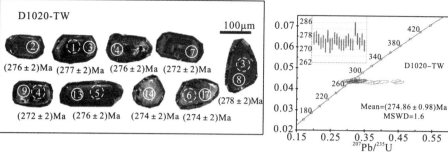

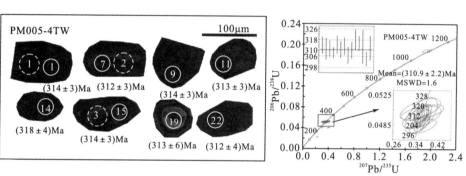

图 5-25　内蒙古西乌珠穆沁旗早二叠世大石寨组火山岩锆石阴极发光图及 U-Pb 年龄谐和图

注：实线圆圈代表锆石 U-Pb 测点位置，虚线圆圈代表 Hf 同位素测年点位

　　样品 PM001-32TW（N44°22′24″，E117°37′20″）为霏细状英安岩，锆石为短柱—长柱状，粒径为 50～100μm，具有清晰的振荡环带。25 个测点的 Th/U 为 0.06～0.79，18 个测点的 Th/U 大于 0.4。除测点 4，其余 24 个测点均在谐和线上及附近，$^{206}Pb/^{238}U$ 加权平均年龄为（285.7±1.2）Ma（$n=24$），MSWD=1.8。

　　样品 PM030-19TW（N44°25′29″，E117°46′29″）为霏细状流纹岩，锆石为半自形—自形，短柱状，粒径为 40～100μm，多数具有清晰的振荡环带。24 个测点的 Th/U 为 0.44～0.76，显示岩浆成因特征。24 个测点均落在谐和线上，$^{206}Pb/^{238}U$ 加权平均年龄为（286.51±0.87）Ma（$n=24$），MSWD=0.43。

　　样品 PM018-3TW（N44°23′09″，E117°42′34″）为安山质晶屑岩屑熔结凝灰岩，锆石为短柱—长柱状，粒径为 50～100μm，具有清晰的振荡环带。20 个测点的 Th/U 为 0.33～1.31，18 个测点的 Th/U>0.4。20 个测点分成多个区间，其中 283 Ma～282 Ma 有 9 个，330 Ma～305 Ma 有 6 个，为两个主要年龄峰值，此外还包括早石炭世（$n=2$）、早奥陶世（$n=1$）及新元古代（$n=2$），最小一组年龄的 $^{206}Pb/^{238}U$ 加权平均值为（282.1±1.5）Ma（$n=9$），MSWD=0.02。

　　5. 锆石 Lu-Hf 同位素分析

　　如图 5-26 所示，流纹岩样品 D1020-TW 锆石 6 个测点的 $^{176}Yb/^{177}Hf$ 为

$0.064574 \sim 0.142486$，$^{176}Lu/^{177}Hf$ 为 $0.001377 \sim 0.002867$，$^{176}Hf/^{177}Hf$ 为 $0.282830 \sim 0.282987$，$\varepsilon Hf(t)$ 为 $7.83 \sim 13.07$，T_{DM} 模式年龄为 604 Ma $\sim$ 395Ma，$T_{DM}{}^{C}$ 为 796 Ma $\sim$ 459 Ma。

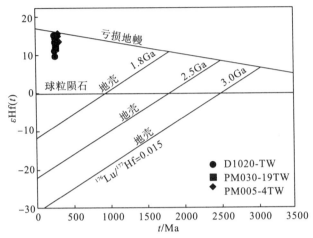

图 5-26   内蒙古西乌珠穆沁旗早二叠世大石寨组火山岩 $\varepsilon Hf(t)$-t 图解

流纹岩样品 PM030-19TW 锆石 10 个测点的 $^{176}Yb/^{177}Hf$ 为 $0.040403 \sim 0.107337$，$^{176}Lu/^{177}Hf$ 为 $0.000846 \sim 0.002155$，$^{176}Hf/^{177}Hf$ 为 $0.282711 \sim 0.282952$，$\varepsilon Hf(t)$ 为 $4.0 \sim 12.34$，T_{DM} 模式年龄为 769Ma $\sim$ 435Ma，$T_{DM}{}^{C}$ 为 1052 Ma $\sim$ 517 Ma。

安山岩样品 PM005-4TW 锆石 3 个测点的 $^{176}Yb/^{177}Hf$ 为 $0.041381 \sim 0.087486$，$^{176}Lu/^{177}Hf$ 为 $0.001022 \sim 0.002038$，$^{176}Hf/^{177}Hf$ 为 $0.282915 \sim 0.282958$，$\varepsilon Hf(t)$ 为 $11.69 \sim 13.01$，T_{DM} 模式年龄为 482 Ma $\sim$ 428 Ma，$T_{DM}{}^{C}$ 为 580 Ma $\sim$ 494 Ma。

6. 岩石成因

俯冲洋壳直接熔融形成的典型岩石是埃达克岩，埃达克岩主要特征是：亏损重稀土元素,轻重稀土元素强烈分异,高 Sr 低 Y,常具有正 Eu 异常（Defant et al.，1990；邓晋福 等，2010）。俯冲流体交代的地幔部分熔融形成的中性岩浆岩以玻安岩为代表(徐夕生 等，2010)，这些岩石一般具有高的 MgO 含量，$Mg^{\#} > 50$，富集 Sr。西乌珠穆沁旗地区大石寨组安山岩重稀土亏损较弱，Y 含量较高 $(27.65 \times 10^{-6} \sim 46.67 \times 10^{-6})$，Sr 含量较低 $(70.4 \times 10^{-6} \sim 397.90 \times 10^{-6})$，远远未达到埃达克岩石的相关元素含量 $(Sr > 400 \times 10^{-6}，Y < 18 \times 10^{-6})$ (Defant et al.，1990)，具有较低的 MgO 含量(质量分数为 1.26% $\sim$ 2.67%)，$Mg^{\#}$ 为 22 $\sim$ 38，排除了以上两种成因的可能性。

岩浆混合作用可以形成安山质岩浆，但中酸性岩中会含玄武岩包裹体，安山岩中含双峰式成分的斑晶(Reubi et al.，2009；徐夕生 等，2010)，研究区酸性岩中不含基性包裹体，且安山岩的斑晶多为斜长石，不体现基性岩浆与酸性岩浆混合的特征，并且安山岩的锆石年龄集中在 318 Ma～304 Ma，早于流纹岩的形成时代，而流纹岩锆石中却不存在大于 300 Ma 的锆石，如果基性岩浆和酸性岩浆混合，酸性岩中应当会包含早期形成的锆石。

基性岩浆的分离结晶或同化混染是解释中性岩浆岩成因的常用模式，该种模式下的岩浆岩以富集大离子亲石元素和轻稀土元素为特征，并因为斜长石的分离结晶显示出明显的 Sr、Eu 负异常，在时间、空间上，基性岩—中性岩—酸性岩常紧密联系在一起(Fan et al., 2003)。研究区存在更偏基性的玄武质岩类(Zhang et al., 2008；陈彦 等, 2014)，基性岩的 $^{87}Sr/^{86}Sr(t)$ 约为 0.704～0.705，εNd(t) 约为+6.87～+7.90(Zhang et al., 2008)，是交代的岩石圈地幔部分熔融的产物。研究区的安山岩 LREE 略富集，HREE 相对亏损，稀土元素配分曲线呈弱右倾型，表明岩浆源区相对较深。安山岩的 Mg$^{\#}$普遍小于 40，Th 和 U 含量较高，La>Ta，Th>Ta，暗示来自岩石圈地幔的基性岩浆在上升过程中受到中上地壳物质的混染(Taylor et al., 1985；王焰 等, 2000)。

基性岩浆的分离结晶作用一般不能产生大规模的流纹质岩浆(徐夕生 等, 2010)，而研究区以酸性岩占主导，表明酸性岩浆不是由基性岩浆分离结晶形成的。上地幔或中下地壳的重熔或部分熔融可以产生大量的中酸性岩浆(Altherr et al., 2000；徐夕生 等, 2010)，这一成因的诱发因素主要是玄武质岩浆的底侵作用(Zhang et al., 2008；徐夕生 等, 2010)。安山岩具有高的 εHf(t) 值，平均值为 12.57，T_{DM} 模式年龄为 482 Ma～428 Ma；流纹岩的 εHf(t) 为 4～13.07，平均值为 10.42，具有年轻的模式年龄(T_{DM}=769 Ma～395 Ma)。此外，流纹岩富集 I_{Sr}(0.7068～0.7099)，εNd(t) 为 1.85～5.62，具有年轻的模式年龄(T_{DM} 为 690 Ma～490 Ma)(Zhang et al., 2008；陈彦 等, 2014)，因此，西乌珠穆沁旗地区的早二叠世火山岩应当是新增生的下地壳部分熔融的产物。

7. 构造环境

如图 5-27(a)所示，西乌珠穆沁旗地区大石寨组中性偏基性的端元样品总体落在大陆玄武岩的边界位置，反映了岩浆可能形成于陆内伸展的环境。Pearce 等(1979)提出利用 Zr 含量和 Zr/Y 可以有效地区分板内火山岩系和岛弧或活动大陆边缘火山岩系。从图 5-27(b)中可以看出，西乌珠穆沁旗地区大石寨组的样品均落入 WPB 板内环境。在 Pearce(1982)提出的 Y-Cr 图解[图 5-27(c)]中，样品主体落入不与岛弧型火山岩重叠的 WPB 区域内。此外，西乌珠穆沁旗地区大石寨组安山岩 Th/Ta 为 6.76～10.51(>5)，富集 HFSE 和 LREE，具有 Nb 和 Ti 负异常，与王焰等(2000)总结的造山后伸展背景下玄武岩特征相似。

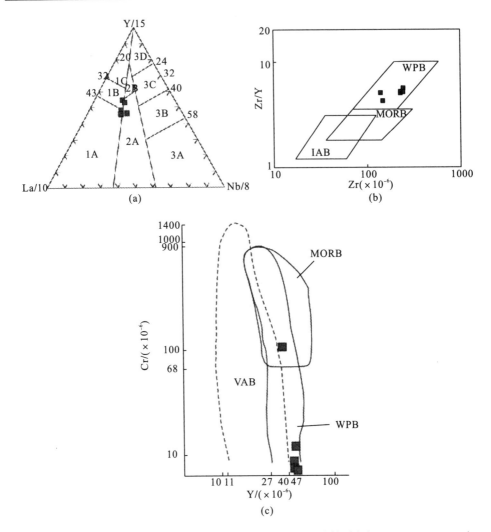

图 5-27　内蒙古西乌珠穆沁旗地区大石寨组安山岩 La-Y-Nb 图解(a)(Cabanis et al.，1989)、

Zr-Zr/Y 图解(b)(Pearce et al.，1979)和 Y-Cr 图解(c)(Pearce，1982)

1A：钙碱性玄武岩。1C：火山弧拉斑玄武岩。1B：1A 区和 1C 区间的重叠区域。2A：大陆玄武岩。2B：弧后盆
地玄武岩。3A：大陆内裂谷区的碱性玄武岩。3B 及 3C：E 型 MORB。3D：N 型 MORB。WPB：板内玄武岩。

MORB：大洋中脊玄武岩。IAB：岛弧玄武岩。VAB：火山弧玄武岩

　　Whalen 等(1987)提出以 10000×Ga/Al=2.6 为标准来划分酸性岩成因类型(I
型、S 型或 A 型)，如图 5-28 所示，西乌珠穆沁旗地区大石寨组酸性火山岩具有 A
型花岗岩的地球化学特征。Eby(1992)提出了利用微量元素 Y-Nb-Ce 和 Y-Nb-3Ga
来判别酸性岩浆岩的构造环境，A1 型属非造山板内花岗岩，通常与大陆裂谷环境
有关；而 A2 型属于经历过陆-陆碰撞或造山后环境。通过投图分析(图 5-29)，西
乌珠穆沁旗地区大石寨组酸性火山岩均落入 A2 型岩浆岩范围。在(Yb+Ta)-Rb 和

（Y+Nb）-Rb 构造判别图解中（Pearce et al.，1984；Pearce，1996）（图 5-30），酸性岩均落入碰撞后区域内，指示其可能形成于造山后的伸展环境。酸性岩高钾，富集 HFSE、LREE 和 Th（11.56%～15.17%），与王焰等（2000）总结的造山后伸展环境下的流纹岩特征一致。此外，锆石是最早结晶的副矿物之一，通过温度极为敏感且不易遭到后期流体蚀变，其结晶温度可近似代表花岗质岩浆的近液相线温度。Watson 等（1983）通过实验得出锆石饱和温度的计算公式。由西乌珠穆沁旗地区大石寨组火山岩的锆石饱和温度计算得出，酸性火山岩的锆石饱和温度为 837～959℃，平均温度为 883℃，反映了酸性火山岩岩浆具有较高的温度。锆石阴极发光图显示火山岩的锆石以新生锆石为主，也暗示岩浆温度较高，而高温岩浆很可能与板内伸展环境下的软流圈上涌有关（吴福元 等，2007）。

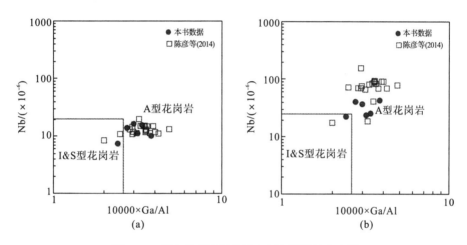

图 5-28　西乌珠穆沁旗地区大石寨组酸性火山岩

10000×Ga/Al-Nb 图解（a）和 10000×Ga/Al-Zr 图解（b）（Whalen et al.，1987）

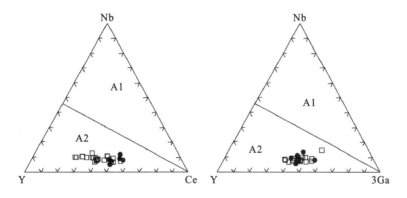

图 5-29　西乌珠穆沁旗地区大石寨组酸性火山岩 Y-Nb-Ce

和 Y-Nb-3Ga 构造环境判别图（Eby，1992）

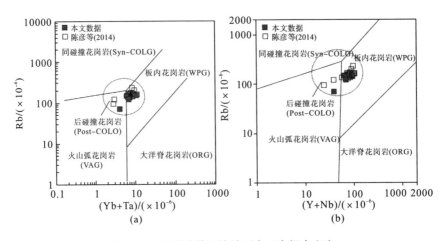

图 5-30　西乌珠穆沁旗地区大石寨组火山岩

(Yb+Ta)-Rb 图解(a)和(Y+Nb)-Rb 图解(b)(Pearce et al.，1984；Pearce，1996)

前人在研究区大致相同的位置采样进行岩石地球化学分析，酸性岩的岩石地球化学特征与本书的分析结果一致(图 5-28～图 5-30)，且在研究区中部发现了玄武质安山岩，与流纹岩构成双峰式火山岩(陈彦 等，2014)。邓晋福等(1999)指出形成于造山后伸展构造带的 A 型花岗岩与钙碱性花岗岩类紧密共生。西乌珠穆沁旗前进场岩体和达青牧场岩体均为早二叠世钙碱性系列花岗岩(鲍庆中 等，2007；刘建峰，2009；徐佳佳 等，2012)。综上所述，西乌珠穆沁旗地区大石寨组火山岩应当形成于造山后的伸展环境。

5.3.2　卫境地区早二叠世火山岩

1. 分布与空间展布

卫境位于达茂旗北北东约 75km 处，从大地构造位置上来讲，处于华北板块与西伯利亚板块汇聚的地带，也是前人所认为的晚古生代增生带(Xiao et al.，2003；Jian et al.，2008，2012；Li et al.，2014)，或内蒙古中部晚古生代裂陷槽的西端(曹从周 等，1986；邵济安 等，2015)[图 5-31(a)]。

早二叠世火山岩出露于卫境以北约 5km 处，出露面积不足 4km²，与下二叠统寿山沟组砂砾岩、板岩呈断层接触，并被安山玢岩及辉长岩侵入[图 5-31(b)]。卫境地区出露的早二叠世火山岩岩性较单一，以基性火山岩为主，包括玄武岩、玄武质安山岩及少量安山岩。其中玄武岩含量最多，与玄武质安山岩及安山岩多为断层接触。基性火山岩中夹少量灰岩及硅质岩团块。

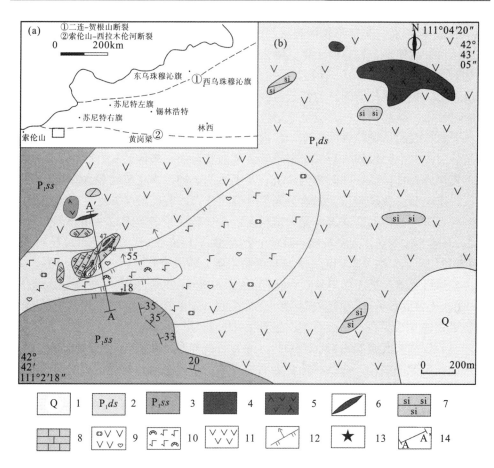

1. 第四系；2. 下二叠统大石寨组；3. 下二叠统寿山沟组；4. 早二叠世辉长岩；5. 安山玢岩；6. 石英脉；7. 硅质岩；8. 灰岩；9. 气孔杏仁状玄武岩；10. 枕状玄武岩；11. 安山岩；12. 逆冲断层；13. 锆石 U-Pb 测年采样点；14. 实测剖面

图 5-31　内蒙古卫境地区大地构造位置简图(a)和早二叠世火山岩地质简图(b)

2. 岩石学特征

气孔杏仁状玄武岩：岩石风化面为灰黑色，新鲜面为灰紫色，基质为微晶结构，块状构造、气孔构造，被次生矿物充填，成为杏仁体。野外观察玄武岩可分为少斑结构和斑状结构[图 5-32(b)]两种。具有少斑结构的玄武岩其基质为似球颗粒结构、似间粒结构、枕状构造[图 5-32(a)、图 5-33(a)、图 5-33(b)]，由斑晶、基质组成。斑晶由斜长石组成，质量分数约为 2%，半自形板状，粒径一般为 0.4～0.7mm，零星分布，轻高岭土化、绢云母化，局部绿帘石化，隐约可见聚片双晶、环带构造，由于晶体数量较小，斜长石牌号无法准确测得。基质由斜长石(质量分数为 70%～75%)、单斜辉石(质量分数为 0～25%)及少量石英(质量分数为 1%～

2%)组成,斜长石呈半自形长板条状,长径一般为 0.1~0.4mm,集合体呈放射状、显束状、帚状外形、轻高岭土化、绢云母化,局部绿泥石化、碳酸盐化;单斜辉石呈半自形或他形柱粒状、针柱状,粒径一般小于 0.02mm,少数为 0.02~0.1mm,似填隙状分布于斜长石间,与斜长石一起构成似球颗粒结构,明显纤闪石化,局部绿泥石化、碳酸盐化;石英呈他形粒状,粒径一般为 0.02~0.2mm,似填隙状分布于斜长石间,颗粒表面干净,粒内轻波状消光。岩内见少量气孔分布,不规则状外形,大小一般为 0.1~3mm 不等,零散状分布,被碳酸盐、绿帘石、次生石英充填成为杏仁体。副矿物为磷灰石及不透明矿物,次生矿物包含绿泥石、绿帘石、次生石英及碳酸盐。岩内另见部分裂隙分布,被碳酸盐、次生石英充填。

呈多斑状结构的玄武岩斑晶为斜长石,斜长石粒径多数为 2~5mm,个别可达 1cm[图 5-32(c)],为宽板状,质量分数为 5%~15%。气孔的孔径约为 1~3mm[图 5-32(d)],多数呈椭圆形,充填烟灰色石英,构成杏仁体,含量约为 10%,多数杏仁体已脱落。基质由斜长石(质量分数为 50%~65%)、单斜辉石(质量分数约为 10%)及少量石英(质量分数为 1%~2%)组成。副矿物为磷灰石及不透明矿物,次生矿物包含绿泥石、绿帘石、次生石英。

轻碎裂状玄武质安山岩[图 5-33(c)]:岩石新鲜面呈灰黄色,铁染略显褐红色,少斑,基质微晶结构,块状构造。岩石由斑晶、基质组成。斑晶由斜长石组成,半自形板状,粒径一般为 0.4~1.3mm,零星分布,轻高岭土化、绢云母化,隐约可见聚片双晶、环带构造。基质由斜长石及少量暗色矿物假象组成,斜长石呈半自形长板条状,长径一般为 0.02~0.1mm,交织状排列,轻高岭土化、绢云母化;暗色矿物呈半自形—他形柱粒状,粒径一般小于 0.03mm,填隙状分布于斜长石间,构成交织结构,被纤闪石、绢云母交代,呈假象产出,主要以似辉石假象为主。岩内显微裂隙较发育,将岩石切割呈碎块状,被绢云母、碳酸盐、铁质充填。副矿物为不透明矿物、磷灰石。次生矿物为高岭土、绢云母、纤闪石、碳酸盐、铁质。

(a)枕状玄武岩　　　　　　　　　　　(b)斑状玄武岩

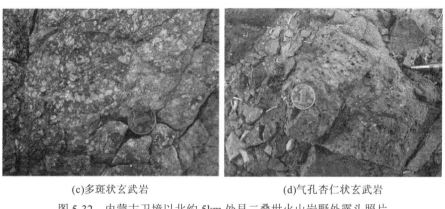

(c)多斑状玄武岩　　　　　　　　　　　　　(d)气孔杏仁状玄武岩

图 5-32　内蒙古卫境以北约 5km 处早二叠世火山岩野外露头照片

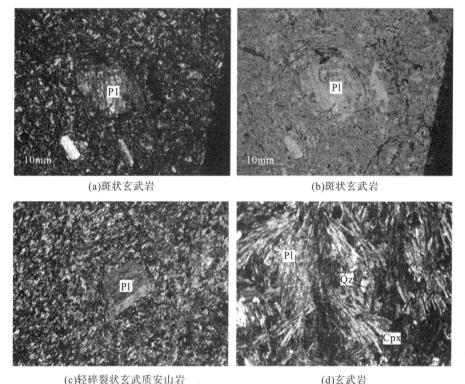

(a)斑状玄武岩　　　　　　　　　　　　　　(b)斑状玄武岩

(c)轻碎裂状玄武质安山岩　　　　　　　　　(d)玄武岩

图 5-33　内蒙古四子王旗卫境北早二叠世火山岩显微照片

Qz. 石英；Pl. 斜长石；Cpx. 单斜辉石

3. 岩石地球化学特征

本书在卫境地区采集了 4 件新鲜的火山岩岩石样品进行主量元素、稀土元素和微量元素分析。主量稀土元素测试结果如附表 9 所示。微量元素测试结果如附表 10 所示。4 件火山岩样品的 LOI 为 2.87%～9.41%，表明岩石经历了一定程度的蚀变，剔除烧失量重新计算之后的 SiO_2 的质量分数为 48.66%～52.46%，K_2O 质量分数为 0.06%～0.92%，平均值为 0.44%，整体显示低钾特征，在 TAS 图解［图 5-34(a)］中落入玄武岩和玄武质安山岩区域内，属亚碱性系列。为避免烧失量大对岩石分类的影响，同时采用 Nb/Y-$Zr/TiO_2 \times 0.0001$ 图解进行岩石分类，如图 5-34(b)所示，在 Nb/Y-$Zr/TiO_2 \times 0.0001$ 图解中，样品均落入安山岩/玄武岩区域内，与 TAS 图解分析结果一致。Na_2O 质量分数为 2.23%～3.42%，平均值 2.77%，$Na_2O > K_2O$，$Na_2O + K_2O$ 质量分数为 2.94%～3.49%，σ 为 0.92～2.15，均小于 3.3，岩石属钙碱性系列，在 SiO_2-K_2O 图解［图 5-34(c)］中分别落入低钾拉斑玄武岩系列和钙碱性玄武岩过渡区域内，在 AFM 图解［图 5-34(d)］中，由于样品数量较少，趋势不明显，但样品均落在拉斑系列演化曲线之上。

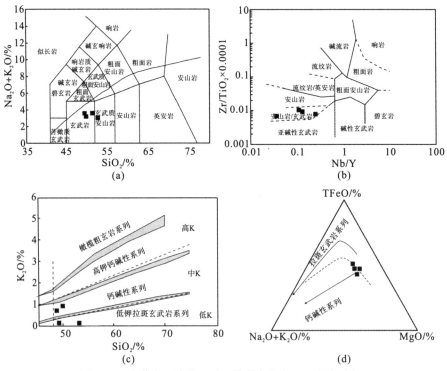

图 5-34　内蒙古卫境地区早二叠世火山岩 TAS 图解(a)、
Nb/Y-$Zr/TiO_2 \times 0.0001$ 图解(b)、SiO_2-K_2O 图解(c)和 AFM 图解(d)

玄武岩样品中 Al_2O_3 的质量分数为 11.13%～13.96%，平均值为 13.24%；贫 Mg(除一个样品的质量分数为 14.25%，其他样品 MgO 的质量分数为 4.13%～6.73%，平均为 5.52%)，$Mg^{\#}$ 为 53～80。TiO_2 的质量分数为 0.84%～1.31%，平均为 1.08%，接近 MORB 型玄武岩的 TiO_2 含量(1.27%)。P_2O_5 的质量分数为 0.1%～0.16%，平均值为 0.13%。

在 MgO 与其他主量元素协变图解中(图 5-35)，随着 MgO 含量的增高，主量元素 Al$_2$O$_3$、TiO$_2$、P$_2$O$_5$、Fe$_2$O$_3$ 的含量显示升高的趋势，而 CaO 和 Na$_2$O 含量呈下降趋势，K$_2$O 随 MgO 含量的升高变化不明显，各主量元素随 MgO 含量的变化表明岩浆上升过程中发生一定程度的分离结晶。Al$_2$O$_3$ 随 MgO 含量升高而升高，表明斜长石的分离结晶作用。

如图 5-36 所示，基性火山岩的 MgO 含量(质量分数)与微量元素 Ni、Cr 显示出一定的正相关性，暗示岩浆演化过程中可能存在尖晶石、单斜辉石、橄榄石的分离。

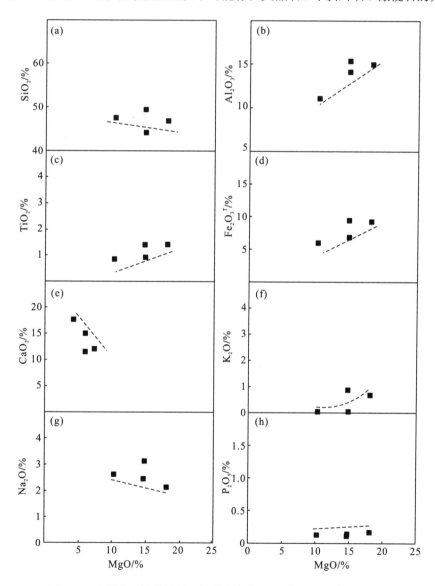

图 5-35　内蒙古卫境地区早二叠世火山岩 MgO 与主量元素协变图解

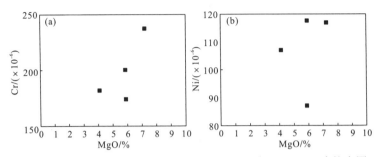

图5-36 内蒙古卫境地区早二叠世火山岩 MgO 与 Cr、Ni 元素协变图

如附表 9 所示，卫境地区早二叠世火山岩的稀土含量较低，为 $39.9 \times 10^{-6} \sim$ 83.4×10^{-6}，$(La/Yb)_N$ 为 $0.56 \sim 1.71$［标准化的值据 Sun 等(1989)］，$(La/Sm)_N$ 为 $0.51 \sim 1.33$，$(Gd/Yb)_N$ 为 $0.72 \sim 1.01$。除样品 WJ07-YQ1（玄武岩）呈现轻稀土略亏损外［$(La/Yb)_N = 0.56$、$(La/Sm)_N = 0.51$、$(Gd/Yb)_N = 0.72$］，其余样品的轻稀土元素弱富集，但稀土配分曲线整体相对平缓，与晨辰等(2012)所报道满都拉胡吉尔特—查干哈达庙一带的基性岩的稀土元素特征［图 5-37(a)中阴影部分为晨辰等(2012)所报道数据］相比，卫境地区早二叠世基性火山岩的轻稀土元素含量相对较高，重稀土元素含量相似。

卫境地区早二叠世火山岩微量元素分析结果如附表10所示。如图 5-37(b)所示，在原始地幔标准化蛛网图中，卫境地区早二叠世火山岩明显富集 Th、U、K 元素，而相对亏损 Ba、Rb、Nb 等元素，其中富集 Zr、Hf 等高场强元素及 Th 元素是 E-MORB 的典型特征。Lu/Yb 为 $0.16 \sim 0.19$，与大陆地壳的 Lu/Yb 相似，大陆地壳的 Lu/Yb 为 $0.16 \sim 0.18$(Rudnick et al.，2003)，而地幔源区的岩浆岩 Lu/Yb 为 $0.14 \sim 0.15$(Sun et al.，1989)，暗示卫境地区的基性岩可能为新增生地壳熔融的产物，或者至少受到一定程度大陆地壳的混染。

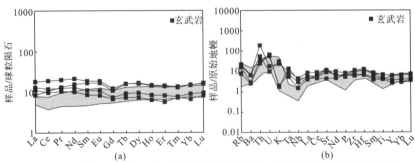

图5-37 内蒙古卫境地区早二叠世火山岩球粒陨石标准化稀土配分曲线(a)
(Boynton，1984)和原始地幔标准化蛛网图(b)(Sun et al.，1989)

4. 构造环境

卫境地区早二叠世火山岩的 LOI 烧失量(loss on iqnition)较高，表明受蚀变作

用影响明显，研究表明，活动性元素如大离子亲石元素 K_2O、Rb、Ba 和 Cs 容易受到蚀变的影响而显示异常特征，但是稀土元素和高场强元素，如 Ti、Zr、Y、Th 和 Nb 在低温蚀变条件下却能保持相对的稳定（Bienvenu et al.，1990；Pearce et al.，1973；Winchester et al.，1977）。

如图 5-37(b)所示，受大陆地壳混染的影响，卫境地区早二叠世基性火山岩的 Nb、Ta 含量较低，因此在 Th/Yb-Ta/Yb、Nb/Zr-Th/Zr 和 Th-Hf/3-Ta 判别图解[图 5-38(a)、图 5-38(b)、图 5-38(c)]中，Ta/Yb 和 Nb、Zr 均偏小，进而导致多数样品落入火山弧区域内。而使用相对稳定的高场强元素 Zr 以及稀土元素 Y 进行投图分析[图 5-38(d)]，所有样品均落在板内玄武岩(WPB)区域附近，表明卫境地区基性火山岩应形成于伸展环境之下。

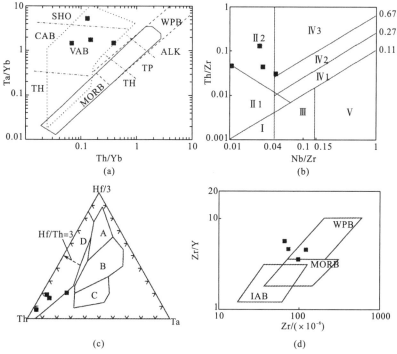

VAB. 火山弧玄武岩，MORB. 大洋中脊玄武岩，WPB. 板内玄武岩，CAB. 钙碱性玄武岩，SHO. 橄榄粗玄武岩，IAB. 岛弧玄武岩，TH. 拉斑玄武岩，TP. 过渡型，ALK. 碱性；A 为 MORB，B 为 MORB 和板内拉斑玄武岩，C 为碱性板内玄武岩，D 为火山弧玄武岩，Hf/Th>3 时为岛弧拉斑玄武岩，Hf/Th<3 时为钙碱性玄武岩；Ⅰ. 大洋板块发散边缘，Ⅱ. 板块汇聚边缘(Ⅱ1 为大洋岛弧玄武岩区；Ⅱ2 为陆缘岛弧及陆缘火山弧玄武岩区)，Ⅲ. 大洋板内玄武岩区，Ⅳ. 大陆板内(Ⅳ1 为陆内裂谷及陆缘裂谷拉斑玄武岩区；Ⅳ2 为大陆拉张带或初始裂谷玄武岩区；Ⅳ3 为陆-陆碰撞带玄武岩区)，Ⅴ. 地幔热柱玄武岩区

图 5-38　内蒙古卫境地区早二叠世火山岩 Th/Yb-Ta/Yb 判别图解(a)(Pearce，1982)、Nb/Zr-Th/Zr 判别图解(b)(孙书勤 等，2007)、Th-Hf/3-Ta 判别图解(c)(Wood，1980)和 Zr-Zr/Y 判别图解(d)(Pearce et al.，1979)

5.4　早二叠世侵入岩

早二叠世是研究区岩浆活动最剧烈的时期，自南向北形成三条岩浆岩带。已报道的早二叠世岩浆岩以酸性侵入岩为主，基性侵入岩鲜有报道。本节对出露于卫境地区的早二叠世辉长岩进行了岩石学、年代学及岩石地球化学研究。

1. 野外地质特征及样品采集

如图 5-39 所示，卫境地区的早二叠世辉长岩出露于卫境以北约 5km 处，露头较差，出露面积小，不足 500m²，呈岩株状侵入基性火山岩之中，局部被玢岩脉及石英脉侵入。采样位置为：N42°42′50.6″，E111°03′55.5″。

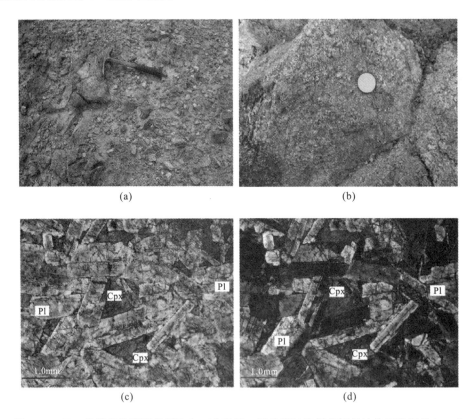

图 5-39　早二叠世辉长岩野外露头(a、b)和早二叠世辉长岩样品辉长结构显微图片(c、d)

Pl. 斜长石；Cpx. 单斜辉石

本次对两件辉长岩进行了全岩地球化学分析，并对其中的一件样品进行锆石 U-Pb 和 Hf 同位素测年。

2. 岩石学特征

卫境地区早二叠世辉长岩为深灰黑色，具有中粒—粗中粒结构[图 5-39(a)、图 5-39(b)]、辉长结构[图 5-39(c)、图 5-39d)]、局部嵌晶含长结构，块状构造。岩石由斜长石、辉石、角闪石组成。斜长石：呈半自形板状、板条状，杂乱分布，局部似格架状分布，有时穿插于辉石等粒内，大小一般为 0.2~2mm，部分为 2~4.5mm，个别长轴达 5~8mm，具绢云母化、黏土化，少绿帘石化，局部隐约可见环带构造，质量分数约为 65%。辉石：呈半自形柱状，少数为他形粒状，分布于斜长石间，粒径约为 0.2~4.5mm，部分次闪石化，局部边缘被角闪石交代，部分粒内及边缘嵌布斜长石颗粒，质量分数约为 25%~30%。角闪石：分布于斜长石间，大小为 0.2~2mm，次闪石化，交代辉石，质量分数约为 5%~10%。副矿物为不透明矿物、榍石。

3. 岩石地球化学

如附表 9 所示，两件辉长岩样品的烧失量分别为 1.96 和 2.22，剔除挥发分后，两件样品的全岩成分比较统一，SiO_2 的质量分数分别为 50.14%和 50.21%，K_2O 的质量分数为 0.32%和 0.41%，为低钾系列，在 TAS 图解[图 5-40(a)]中落入辉长岩区域内。Na_2O 的质量分数分别为 2.82%和 2.58%，$Na_2O>K_2O$，σ 为 0.41~0.44，均小于 3.3，在 SiO_2-K_2O 图解[图 5-40(b)]中样品均落在拉斑玄武质系列区域内。Al_2O_3 的质量分数为 15.89%~17.17%，MgO 的质量分数为 9.28%和 9.46%，$Mg^{\#}$为 77~80，TiO_2 的质量分数为 0.43%~0.65%，接近大陆上地壳 TiO_2 的质量分数（0.65%），P_2O_5 的质量分数为 0.04%~0.12%。

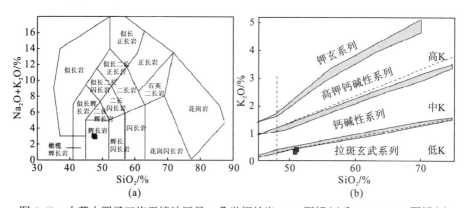

图 5-40　内蒙古四子王旗卫境地区早二叠世辉长岩 TAS 图解(a)和 SiO_2 -K_2O 图解(b)

如附表 9 所示，两件辉长岩样品的稀土成分均一，REE 总量为 18.67×10^{-6}~29.17×10^{-6}，$(La/Yb)_N$ 为 1.63~1.66，$(La/Sm)_N$ 为 1.07~1.33，$(Gd/Yb)_N$ 为 0.63~0.83。轻稀土元素较重稀土元素富集，稀土配分曲线弱右倾。如图 5-41(a)所示，

与研究区西南满都拉胡吉尔特—查干哈达庙一带的基性岩(晨辰 等，2012)的稀土元素特征相比，轻稀土元素含量略高，重稀土元素含量略低，δEu 为 1.34～1.94，Eu 存在较弱的正异常，暗示存在斜长石堆晶作用。

如附表 10、图 5-41(b) 所示，在原始地幔标准化蛛网图中，卫境地区早二叠世辉长岩明显富集大离子亲石元素 K、Rb、Sr、Ba，相对亏损 La、Ce 和 Nb。Nb/La 为 0.45～0.76，均小于 1；且 Lu/Yb 约为 0.16，与大陆地壳的 Lu/Yb(0.16～0.18) 相似，暗示卫境地区形成辉长岩的岩浆在上升过程中受到一定程度大陆地壳的混染。

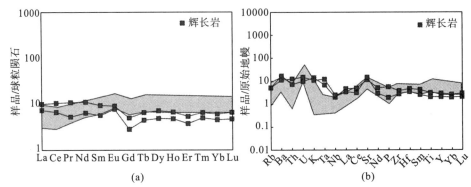

图 5-41　内蒙古卫境地区早二叠世辉长岩球粒陨石标准化稀土配分曲线(a)

(Boynton，1984)和原始地幔标准化蛛网图(b)(Sun et al.，1989)

4. 锆石 U-Pb 年龄

从灰黑色中粒辉长岩样品(JA05-TW1)中选取 22 颗锆石，对 24 个测点进行测年。22 颗锆石多数为短柱形，长轴为 60～100μm，个别长轴大于 100μm，且多数具有良好的振荡环带(图 5-42)，除 3 个测点的 Th/U 小于 0.4，其余 21 个测点的 Th/U 均大于 0.4，表明锆石主体为岩浆成因。

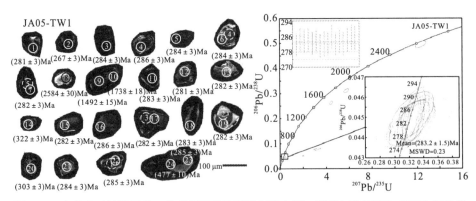

图 5-42　内蒙古卫境地区早二叠世辉长岩锆石阴极发光图、谐和年龄图和加权平均年龄图

注：实线圆圈代表锆石 U-Pb 测点位置，虚线圆圈代表 Hf 同位素测年点位

如附表 11 所示，24 个测点的年龄值 ^{206}Pb/^{238}U 为 2584Ma～267Ma。其中，两个测点(测点 2、测点 5)的年龄值分别为 267Ma 和 268Ma，可能是后期岩浆活动的变质年龄。3 个测点(测点 14、20、24)的年龄为(322±4)Ma、(303±3)Ma 和(477±10)Ma，分别与区域上早中奥陶世和石炭纪的岩浆活动时间吻合，可能是岩浆上升过程中捕获的围岩锆石的年龄。3 个测点(测点 9、测点 10、测点 8)的年龄分别为(1492±15)Ma、(1738±18)Ma 和(2584±30)Ma，属于前寒武纪，其中(1738±18)Ma 和(2584±30)2584Ma 这两个年龄值与华北板块的典型的基底年龄(1.8Ga 和 2.5Ga)接近，是捕获的基底年龄，这一年龄的意义在于证实了该辉长岩上升过程中经过的是成熟的大陆地壳。剩余 16 个测点的年龄集中在 286Ma～281Ma，加权平均值为(283.2±1.5)Ma，MSWD=0.23，能够代表辉长岩的侵位年龄，为早二叠世，与兴蒙造山带内大面积出露的早二叠世大石寨组的形成时代相当，应当是同一期岩浆事件的产物。

5. 锆石 Hf 同位素特征

在辉长岩样品 JA05-TW 的锆石上选择 5 个测点进行 Hf 同位素测试，测点位置如图 5-42 所示，测试结果如附表 12 所示。5 个测点的 ^{176}Hf/^{177}Hf 分布较高，为 0.282929～0.283015，平均值为 0.282980，εHf(t) 为 11.59～14.01，平均值为 13.11，T_{DM} 模式年龄较年轻，为 461 Ma～367 Ma，T_{DM}^C 为 564 Ma～406 Ma。在 εHf(t)-t 图解上(图 5-43)，各年龄值均落在球粒陨石演化线之上，表明岩浆来源于亏损地幔，反映兴蒙造山带晚古生代晚期地壳增生事件。

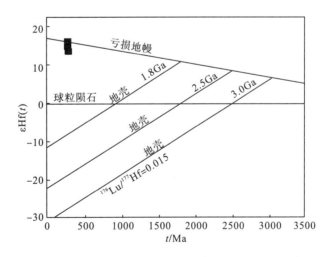

图 5-43　内蒙古卫境地区早二叠世辉长岩 εHf(t)-t 图解

6. 构造背景

卫境地区早二叠世辉长岩的 LOI 较低，受蚀变作用影响较小。如图 5-44 所示，

两件样品在 Ta/Yb-Th/Yb 图解中落入靠近 WPB 和 MORB 区域内；在 Nb/Zr-Th/Zr
图解中样品分别落入靠近大陆岛弧及大陆拉张带或初始裂谷玄武岩区域内；在
Th-Hf/3-Ta 判别图解中，两件样品分别落在板内拉斑玄武岩和板内碱性玄武岩区
域附近。综合微量元素构造环境判别图解可知，卫境地区的早二叠世辉长岩形成
于伸展构造背景之下。

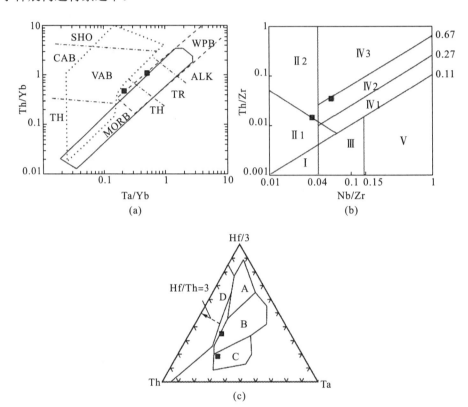

图 5-44　内蒙古四子王旗卫境地区早二叠世辉长岩 Ta/Yb-Th/Yb 判别图解(a)（Pearce，1982）、
　Nb/Zr-Th/Zr 判别图解(b)（孙书勤 等，2007）和 Th-Hf/3-Ta 判别图解(c)（Wood，1980）

图中字母说明同图 5-38

第 6 章 晚古生代晚期伸展构造带时空演化

6.1 伸展构造带的展布

6.1.1 沉积地层展布特征

如图 4-1 及图 4-14 所示，研究区内上石炭统和二叠系地层整体以 NEE 向带状展布为特征。从空间展布上看，上石炭统出露于二叠纪地层的南北两侧。从岩相古地理特征来看，上石炭统本巴图组底部以含砾为特征，砂岩及杂砂岩颗粒分选和磨圆都很差，长石含量较高，表示成熟度低和搬运距离短，向上开始出现碳酸盐岩，表明研究区上石炭统沉积环境发生了本质改变，由泥盆纪时的陆相逐渐变为海相。阿木山组总体以碳酸盐岩为主，与本巴图组沉积时的水位相比相对加深。下二叠统寿山沟组分布范围集中在研究区中东部，泥质岩类与鲍马序列的出现暗示水体较阿木山组沉积时的水位深。与寿山沟组分布范围相比，大石寨组火山岩的出露范围明显较广，且呈带状展布，在锡林浩特、黄冈梁、林西等地出现细碧岩和角斑岩，为海底火山喷发产物。哲斯组分布范围与大石寨组大致相当，但南北跨度较大，沉积特征显示其水位变浅。林西组则只见于林西盆地及霍林郭勒南部地区，沉积环境转变为海陆交互相和陆相。

研究区上石炭统及二叠系地层主要以滨浅海相、半深海、碳酸岩台地及海陆交互相和陆相为主，其中陆源碎屑物占主导(邵济安 等，2014)。地层分布特征及岩相古地理特征与裂谷发育过程中沉积物特征一致。裂谷发育初期拉张程度较浅，出现地堑，裂谷两侧以陆相沉积地层为主，在研究区以南北两侧的陆相晚石炭世—早二叠世火山岩及碎屑岩为代表。裂谷中逐渐出现海相地层(本巴图组)，由于物源区近，陆源碎屑物含量多，磨圆程度低，因此以成熟度较低的含砾砂岩、杂砂岩等为主，是快速堆积的证据。随着裂谷的不断发育，盆地加深，早期沉积物(上石炭统)更靠近盆地边缘，而后期沉积物(二叠系)则相对集中在盆地中部，由于水体加深，沉积物粒度变小，出现粒度更细的泥质岩类(寿山沟组)。裂谷开始消亡时，可能由于盆地基底抬升，水体变浅，沉积范围相对变大，因此哲斯组出露面积较寿山沟组广泛。裂谷最终闭合则会导致沉积环境发生本质变化，出现陆相沉积(林西组)。

邵济安等(2014)绘制了内蒙古中部地区的构造古地理图(图 6-1)。从图 6-1 可以更直观地看出，研究区早二叠世沉积地层受断裂控制，属于裂陷槽沉积(邵济安等，2014）。拉张初期，裂陷槽两侧以陆相火山岩和碎屑岩为主。粗碎屑岩占比较大的地层远离拉张中心部位——西乌珠穆沁旗地区。在拉张的中心地区（锡林浩特—西乌珠穆沁旗），晚石炭世—早二叠世沉积地层以近源沉积的硬砂岩、长石砂岩等为主，沉积厚度最大，早二叠世地层等厚度大于5000m，构成沉积的中心区。大石寨组火山岩的分布严格受到三条裂陷槽控制，拉张中心部位的大石寨组沉积厚度最大，向南厚度逐渐变小（邵济安 等，2014）。

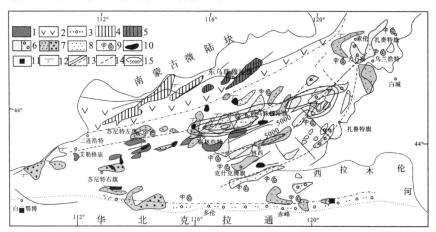

1. 前寒武纪古陆块；2. 晚石炭世陆相火山岩；3. 晚石炭世—早二叠世陆相山间盆地碎屑岩；4. 晚石炭世—早二叠世海相格根敖包组；5. 晚石炭世—早二叠世陆相宝力高庙组；6. 左为火山岩厚度占地层总厚度大于40%，右为火山岩厚度占地层总厚度大于70%；7. 左：细碎屑岩占地层总厚度>40%，右：粗碎屑岩占地层总厚度>40%；8. 硬砂岩、长石砂岩、长石石英砂岩厚度占碎屑岩总厚度的30%以上；9. 动植物化石混生；10. 前晚古生代蛇绿岩；11. 早二叠世煤层出露点；12. 晚古生代晚期地层与下伏地层不整合接触关系出露点；13. 断层及推测断层；14. 大石寨组火山岩等厚带；15. 下二叠统地层等厚线

图6-1　内蒙古中部早二叠世构造古地理图（邵济安 等，2014）

综上所述，研究区晚石炭世—晚二叠世的沉积地层是受裂陷槽/裂谷控制的，而并非大洋板块控制（邵济安 等，2015）。本书将研究区晚古生代晚期受伸展构造控制的沉降区称为伸展构造带。

6.1.2　构造岩浆岩带展布

如图5-1及图5-2所示，研究区内晚石炭世—早二叠世侵入岩呈带状展布，大致分为三条带。

南带出露于华北板块北缘及北部，晚石炭世侵入岩出露较少（Zhang et al., 2007a；周志广 等，2009；Zhou et al., 2012；Zhou et al., 2013；王志伟 等，2013），以早二叠世侵入岩为主（王友 等，2000；袁桂邦 等，2006；范宏瑞 等，2009；罗红玲 等，2009；曾俊杰 等，2008；童英 等，2010；柳长峰 等，2010a；柳长峰 等，2010b；

罗红玲 等，2010；蒋孝君 等，2013；王挽琼 等，2013；Ling et al.，2014；吴飞 等，2014；曹代勇 等，2014），深成侵入岩开始出现双峰式特征（邵济安 等，2015）。

中带见于苏尼特左旗—锡林浩特—西乌珠穆沁旗一线（陈斌 等，2001；鲍庆中 等，2007；Chen et al.，2009；刘建峰，2009；薛怀民 等，2009；马士委，2013；Liu et al.，2013），晚石炭世侵入岩的岩石组合主要为中性—中酸性的闪长岩、石英闪长岩和花岗闪长岩。早二叠世的侵入岩以二长花岗岩和正长花岗岩为主，并在局部地区出现超基性岩及辉长岩，火山岩则以大石寨组为代表，为一套具有双峰式特点的火山岩（陈彦 等，2014；邵济安 等，2015）。

北带出露于二连—阿巴嘎旗—东乌珠穆沁旗一线（Jian et al.，2012；许立权 等，2012；李可 等，2015）。早石炭世侵入岩主要分布在阿仁绍布、乌兰敖包、东乌珠穆沁旗敖包特—查干楚鲁等地（武将伟，2012），岩性主要为二长花岗岩，其次为正长花岗岩和花岗闪长岩，年龄在 340Ma～320Ma。晚石炭世侵入岩主要出露于二连北部阿仁绍布（许立权 等，2003）和东乌珠穆沁旗阿斯根—宝拉格善—莫合尔图地区（刘建峰，2009；武将伟，2012；杨俊泉 等，2014；王治华 等，2015），岩石组合以正长花岗岩为主，其次为白云母二长花岗岩和含巨斑粗中粒黑云母正长花岗岩，形成时代集中在 312Ma～296Ma。早二叠世侵入岩则以出现碱性花岗岩为特征（洪大卫 等，1994；Hong et al.，1996）。

伸展背景下形成的岩浆岩，具有独特的岩石地球化学特征，因此有别于其他地质背景下形成的岩浆岩（Pearce，1982；Pearce et al.，1984；洪大卫 等，1994；Zhang et al.，2008），其中双峰式火山岩和 A2 型花岗岩被认为是伸展背景下的典型岩石（Eby，1992；洪大卫 等，1994；Zhang et al.，2008）。研究区三条构造岩浆岩带中，南带华北板块北缘的深成岩具有双峰式特征（邵济安 等，2015）；中带苏尼特右旗地区的晚石炭世火山岩以低钾拉斑玄武岩为主（汤文豪 等，2011），侵入岩出现过铝二长花岗岩类，早二叠世，满都拉—苏尼特左旗—锡林浩特—西乌珠穆沁旗一线的火山岩和侵入岩均以双峰式为特征（鲍庆中 等，2007；陈彦 等，2014；邵济安 等，2015）；北带二连—东乌珠穆沁旗一线开始出现碱性花岗岩类（洪大卫 等，1994；Hong et al.，1996）。空间上，这些与伸展作用有关的岩浆岩连成一条狭长的构造伸展带。

结合前述的晚古生代沉积地层分布特征可以看出，研究区晚古生代晚期的沉积地层及岩浆岩均呈狭长带状展布，受沿西乌珠穆沁旗—锡林浩特—苏尼特右旗—满都拉—索伦山一线发育的伸展构造带控制。

6.1.3　蛇绿岩与构造混杂岩

由于岩石圈各层的不均匀性，地壳伸展因此也具有不均一性（张云帆 等，2014）。内蒙古中部地区由于早古生代末期造山作用，地壳厚度不一，地形复杂，因此在进入晚古生代后伸展背景下拉张裂陷的程度不同，在拉张较浅的部位或早期海底隆起的部位沉积物厚度较薄，反之，在隆、坳相间等部位沉积的厚度较深（Shao et al.，1998；邵济安 等，2014）。在拉张程度较深的地区，沿深大断裂出现了镁铁质-超镁铁质岩类（晨辰 等，2012；李英杰 等，2012，2013；Liu et al.，2013；董金元，2014；邵济安 等，2015）。在索伦山、西乌珠穆沁旗等地可见较完整的蛇绿岩套（李英杰 等，2012，2013；Liu et al.，2013；董金元，2014）。本次在四子王旗北部补力太地区及达茂旗北部的卫境地区也发现了两处基性岩露头，具有构造混杂岩特征。

6.1.3.1　西乌珠穆沁旗迪彦庙蛇绿岩

迪彦庙蛇绿岩出露于西乌珠穆沁旗东南部，由南部的孬来可吐和北部的白音宝拉格蛇绿岩组成（图 6-2）。蛇绿岩均为构造岩片呈透镜状产出在寿山沟组碎屑岩基质中，局部被中生代侵入岩侵入。白音宝拉格蛇绿岩的出露宽度约为3km，沿 NNE 方向断续延伸约 25km 左右，主要由蛇纹石化橄榄岩[图 6-3(a)]、堆晶辉长岩[图 6-3(b)]、斜长花岗岩、细碧岩、枕状玄武岩[图 6-3(c)]、角斑岩、石英角斑岩及硅质岩等组成，基性火山岩占主导（李英杰 等，2012）。孬来可吐蛇绿岩带呈 NEE 向展布，出露约 30km 长，宽不足 5km，主要由蛇纹石化方辉橄榄岩、堆晶辉长岩、细碧岩、块状玄武岩[图 6-3(d)]及浅层侵入岩和硅质岩组成。两条带均具有较完整的蛇绿岩套，能够代表新生的洋壳。

贺秋利（2014）对孬来可吐蛇绿岩中的辉长岩进行了锆石 U-Pb 测年，28 个测点的 $^{206}Pb/^{238}U$ 加权平均年龄为（320±1）Ma，属于晚石炭世，为约束迪彦庙蛇绿岩形成时代提供了良好的证据。

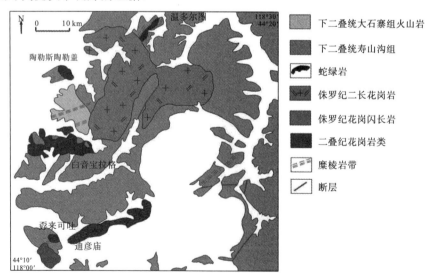

图 6-2　内蒙古西乌珠穆沁旗迪彦庙蛇绿岩地质简图

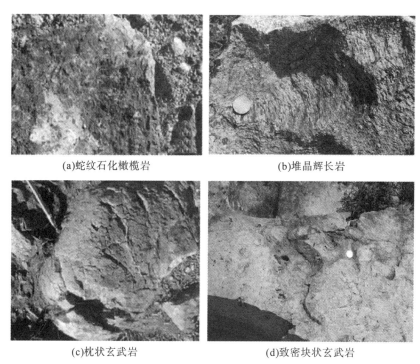

(a)蛇纹石化橄榄岩　　　　　　　　　　　(b)堆晶辉长岩

(c)枕状玄武岩　　　　　　　　　　　　(d)致密块状玄武岩

图 6-3　西乌珠穆沁旗迪彦庙蛇绿岩野外露头

虽然李英杰等(2012，2013)、白卉(2013)及贺秋利(2014)对西乌珠穆沁旗迪彦庙地区的蛇绿岩进行了岩石地球化学研究，均认为属于 SSZ 型蛇绿岩。但迪彦庙蛇绿岩中基性岩球粒陨石标准化稀土配分曲线呈现 LREE 弱亏损的趋势(李英杰 等，2012，2013)，整体平缓，类似 N-MORB 的稀土配分曲线。微量元素富集 Rb、Ba 等大离子亲石元素以及高场强元素 Th，而亏损 Nb、Ta 等元素，显示洋岛玄武岩特征。迪彦庙基性侵入岩的 MgO 质量分数均大于 10%，K_2O 的质量分数较低，均小于 1%，属高镁基性玄武岩类，这一特征与邵济安等(2015)报道的达青牧场蛇绿岩中的高镁玄武岩相似，且二者形成时代相近，均属于晚石炭世。该时期，高镁玄武质岩浆源自新生岩石圈地幔橄榄岩的部分熔融，而 Nb、Ta 等元素的亏损则是由于早期地幔楔受到俯冲流体交代形成了亏损地幔源区(邵济安等，2015)。

6.1.3.2　西乌珠穆沁旗达青牧场构造混杂岩带

1. 地质概况

达青牧场蛇绿岩出露于西乌珠穆沁旗南部达青牧场一带，林西—西乌珠穆沁旗高速沿线有两处采石厂露头较好。西南部的采石场中出露的构造混杂岩主要由灰绿色粉砂岩及火山岩组成，夹少量灰岩、硅质岩及石棉。其中，粉砂岩经历了强烈的构造变形，发育 NEE 向片理；灰岩受动力变质作用变质为大理岩；火山岩中，一类与粉砂岩互层并发生绿片岩相变质作用具有明显的叶理，另一类为变形枕状玄武岩类，与粉砂岩呈断层接触。北东部的采石场主要由生物碎屑灰岩及粉砂岩组成(Liu et al.，2013；邵济安 等，2015)。

本书对阿拉腾敖包农队准木布台南山构造混杂岩带进行了观察。该构造混杂岩在两条冲沟有较好的露头，西侧冲沟中主要见辉石橄榄岩、硅质岩、枕状玄武岩、片理化辉长岩和斜长花岗岩，卷入构造混杂岩带的基质为寿山沟组，其中灰绿色蚀变安山岩和墨绿色蛇纹石化辉石橄榄岩中发育一条断层，上盘为蚀变安山岩，下盘为蛇纹石化辉石橄榄岩(图 6-4，图 6-5)，断层宽约 2.5 m，断层上盘向上运动，为逆冲断层，断层面产状为 350°∠46°，在靠近断层下盘西部发育有构造透镜体，沿构造透镜体剪节理面虚脱部位有碳酸岩脉填充。在东侧冲沟中也发育一条逆冲断层，上盘为硅质板岩，下盘为超基性岩，断层走向近南北，断层带中岩性为板岩和滑石化超基性岩，构造透镜体发育。一条 NE 走向的糜棱岩带贯穿其中，致使局部地质体透镜化或糜棱岩化，糜棱岩带两侧均为高角度逆冲断层，断层面北倾(董金元，2014；邵济安 等，2015)。

2. 斜长花岗岩

本书对达青牧场地区准木布台南山构造混杂岩中的斜长花岗岩进行岩石学及年代学研究。斜长花岗岩整体呈 NEE 走向，东西长约 0.9km，南北宽 0.6km，总面积约为 0.54 km^2，以断夹块的形式逆冲于蛇纹石化辉石橄榄岩或碳酸岩化绿泥石化安山岩之上(图 6-6)，被晚石炭世石英闪长岩侵入。岩性主要为中细粒斜长花岗岩、中细粒黑云母斜长花岗岩，岩石破碎严重，局部呈糜棱岩化，被后期岩体侵入而具绿帘石化。

绿帘石化碎裂状中细粒斜长花岗岩[图 6-7(a)]：灰白色，变余中细粒半自形粒状结构，碎裂块状构造。原岩为中细粒斜长花岗岩，受应力作用发生强烈碎裂，裂隙充填次生微细粒绿帘石。斜长石大致呈 0.3～2.5mm 半自粒状—半自形板状，发育聚片双晶，普遍强烈碎裂；石英大致呈 0.3～2mm 他形粒状，普遍强烈碎裂，波形消光；岩石显微裂隙发育，裂隙充填微细粒状绿帘石以及少量阳起石和绿泥石。斜长石质量分数为 65%，钾长石质量分数为 5%，石英质量分数为 20%，裂隙充填绿帘石(质量分数为 10%)、少量阳起石、少量绿泥石。

糜棱岩化斜长花岗斑岩[图 6-7(b)]：糜棱碎斑状结构，角砾状构造。岩石中含大量石英碎斑，呈挤压透镜状，裂隙发育，粒径为 0.5～1.5mm，杂乱分布，少量斜长石碎斑为 0.5mm 厚板状，斜长花岗斑岩呈大小不等的角砾状碎块。研成粉末状长英质及次生绿帘石环绕碎斑及角砾分布。碎斑：石英的质量分数为 15%，斜长石的质量分数为 5%，斜长花岗斑岩角砾的质量分数为 40%。细糜棱质：粉细状长英质的质量分数为 30%、次生绿帘石的质量分数为 10%。

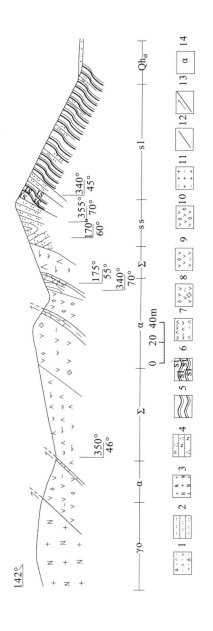

图 6-4　内蒙古西乌珠穆沁旗准木台南山构造混杂岩剖面图

1. 第四系坡积物；2. 变质粉砂岩；3. 斜长花岗岩；4. 变质细绿石化硅化安山岩；5. 板岩；6. 硅质板岩；7. 蛇纹石化辉石橄榄岩；
8. 碳酸盐基化绿石化泥化安山岩；9. 碳酸盐基化绿石化泥岩；10. 碳酸盐基化安山岩；11. 细粒黑云母花岗岩 12. 性质不明

断层；13. 逆断层；14. 岩性代码

注：据董金元 (2014) 改编

图 6-5　内蒙古西乌珠穆沁旗达青牧场构造混杂岩野外露头

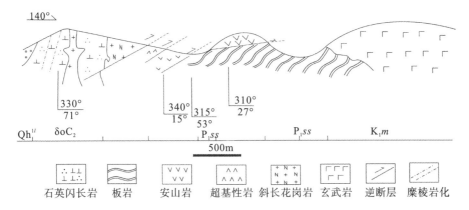

图 6-6　内蒙古西乌珠穆沁旗准木布台南山构造混杂岩信手剖面图

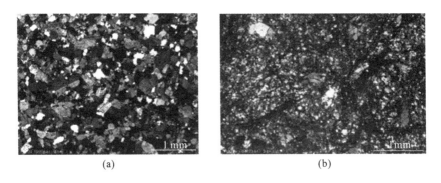

图 6-7　内蒙古西乌珠穆沁旗准木布台构造混杂岩中的斜长花岗岩显微镜下特征

对斜长花岗岩样品(D4010)进行锆石 U-Pb 测年，分析结果如附表 13 所示。样品的锆石多为规则的长柱状晶体(图 6-8)，长宽比为 2∶1～4∶1，发育清晰的振荡环带，Th/U 为 0.21～0.55，表明所测试锆石为典型的岩浆成因锆石。100 个测点均靠近 U-Pb 谐和线(图 6-8)，其中 93 个测点 ^{206}Pb/^{238}U 年龄为 333 Ma～320 Ma，加权平均值为(328±1)Ma(MSWD=0.9，n=93)。其余 7 个测点的 ^{206}Pb/^{238}U 年龄为

365 Ma～340 Ma，为捕获年龄。Liu 等(2013)对达青牧场构造混杂岩带中的片理化玄武岩进行了锆石 U-Pb 测年，获得玄武岩的年龄为 318 Ma～314 Ma，属于晚石炭世。据此推断，达青牧场蛇绿构造混杂岩形成时代不早于晚石炭世。

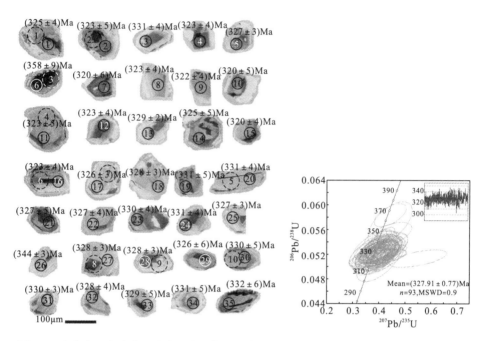

图 6-8　内蒙古西乌珠穆沁旗晚石炭世斜长花岗岩部分锆石阴极发光图及 U-Pb 谐和年龄

注：实线圈为锆石 U-Pb 测年测点位置，虚线圈为 Hf 同位素测点位置

对样品 D4010 锆石中的 10 个测点进行 Lu-Hf 同位素分析，测试结果如附表 14 所示，分析点位置如图 6-8 所示。样品 D4010-TW 中 10 个测点的 $^{176}Yb/^{177}Hf$ 较高，为 0.075923～0.178935，$\varepsilon Hf(t)$ 为 14.23～18.87，剔除 5 个模式年龄小于锆石 U-Pb 年龄的测点，剩余 5 个测点的模式年龄 T_{DM} 为 414 Ma～328 Ma，T_{DM}^{C} 为 445 Ma～330 Ma。斜长花岗岩的 $\varepsilon Hf(t)$ 与邵济安等(2015)报道的达青牧场玄武岩的 $\varepsilon Hf(t)$ 相近(14.4～23.9)，表明斜长花岗岩与玄武岩为同一构造事件的产物，岩浆均来源于亏损地幔，晚石炭世发生了一次新的地壳增生事件。

6.1.3.3　补力太构造混杂岩

混杂岩是指由不同时代、不同性质、不同来源的岩块堆积在一起形成的地质体，通常由基质、原地岩块和外来岩块三部分组成，这些岩块之间均呈断层接触，因此又被称为构造混杂岩。混杂岩形成于汇聚板块边界，是俯冲和碰撞背景的指示标志。

补力太构造混杂岩露头见于补力太北东约 35 km 处，由不同时代、不同性质的侵入岩、沉积岩及构造岩组成。基质主要为温都尔庙群的云母石英片岩、石英岩,外来岩块主要包含闪长岩及超基性岩(图6-9)。岩性不同的岩块之间均呈逆断层接触,断层面南倾(150°～180°),倾角为 70°～80°,高角度近直立,构成一系列整体向北逆冲的叠瓦扇(图6-10)。

图6-9　内蒙古四子王旗以北补力太地区构造混杂岩露头

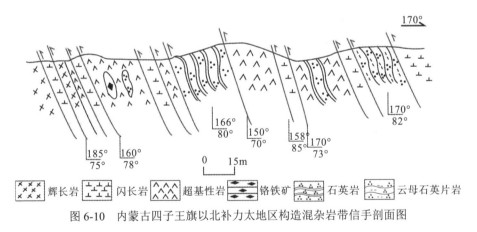

图6-10　内蒙古四子王旗以北补力太地区构造混杂岩带信手剖面图

对构造混杂岩带中的闪长岩进行锆石 U-Pb 测年,测试结果如附表 15 所示,20 颗锆石的 $^{206}Pb/^{238}U$ 加权平均年龄为(277.9±1.1)Ma(图6-11),限定了该闪长岩的形成时代为早二叠世。闪长岩与云母石英片岩及超基性岩之间呈断层接触,而不是侵入接触,表明逆冲断层发生在闪长岩形成之后,因此该构造混杂岩的形成时代不早于早二叠世。

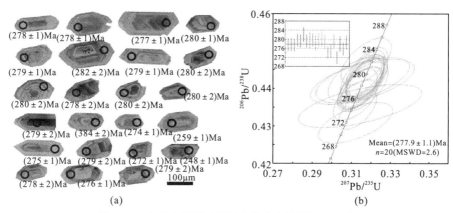

(a)　　　　　　　　　　(b)

图 6-11　内蒙古四子王旗以北补力太构造混杂岩中
早二叠世闪长岩锆石阴极发光图(a)及 U-Pb 谐和年龄图(b)

6.1.3.4　卫境构造混杂岩

达茂旗北北东方向约 75km 的卫境地区可见一构造混杂岩露头,出露面积较小。构造混杂岩带内出露的地层或岩石类型主要包括下二叠统寿山沟组碎屑岩、早二叠世火山岩、早二叠世辉长岩及灰岩和硅质岩团块。基质为寿山沟组碎屑岩,外来岩块为灰岩及硅质岩团块。碎屑岩、火山岩、灰岩及硅质岩之间均为断层接触,构成一系列向南逆冲的逆冲叠瓦扇(图 6-12),玄武岩逆冲至寿山沟组之上(图 6-13),之间发育明显的断层破碎带,可见砾岩构造透镜体。

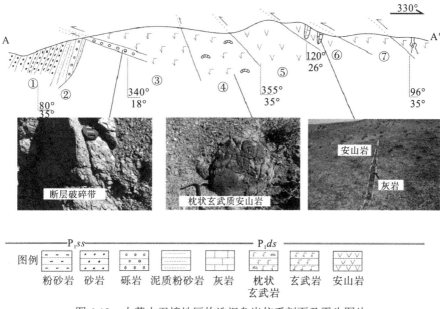

图 6-12　内蒙古卫境地区构造混杂岩信手剖面及露头图片

图 6-13   卫境地区构造混杂岩带中火山岩逆冲至寿山沟组之上

寿山沟组碎屑岩主体为紫红色—灰红色薄层状砂岩，夹灰红色粉砂质泥岩。砂岩为中粗粒—细粒砂状结构，可见清晰的平行层理及斜层理，底部可见砾岩，砾石成分以石英颗粒为主，构成粒序层理。部分岩石表面可见虫迹及印模，印模凸面向上，斜层理向上收敛汇聚，指示倒转地层。粉砂岩为紫红色，粉砂质结构，层理构造，劈理发育，与层理斜交，交角小于地层产状，指示地层倒转（图 6-14）。

图 6-14   寿山沟组砂岩露头（指示地层倒转）

火山岩以枕状玄武岩及块状玄武岩或玄武质安山岩、安山岩为主。枕状玄武岩新鲜面为灰绿色，球枕直径约为 60cm，具有斑状结构，气孔杏仁构造或枕状构造，气孔略定向，孔径约为 0.3～1cm，杏仁体主要为蛋白石，直径约为 0.5～0.8cm。晨辰等（2012）报道的满都拉呼吉尔特—查干哈达庙一带的早二叠世火山岩与研究区火山岩岩石组合相似并具有相似的岩石地球化学特征（见 5.3.2 节），空间展布上位于研究区西南约 60km 处，二者应当是同一期岩浆活动的产物。

灰岩出露较少，表面呈灰黑色，风化严重，呈断夹块或透镜状与硅质岩、安山岩或玄武岩接触（图 6-15），出露宽度通常不足 25cm，延伸约 10～15m。硅质岩呈紫红色—灰红色（图 6-16），隐晶质结构，块状构造，岩石致密硬度大，呈断夹块产出于火山岩之中，近东西向延伸约 30m，岩石表面可见擦痕，断层面产状为 310°∠37°。

图 6-15　卫境地区构造混杂岩中的灰岩　　　　　　　图 6-16　构造混杂岩中的硅质岩

　　辉长岩出露面积较小，未见与其他地质体有直接接触关系。岩石为深灰黑色，具有中粒—粗中粒结构，具体岩石学研究见 5.4 节。卫境地区的构造混杂岩带中未见超基性岩类，但距卫境西南方向约 60km 的呼吉尔特—查干哈达庙一带的早二叠世基性火山岩中曾发现存在超基性岩，且具有蛇绿混杂堆积的性质（苏新旭等，2000）。

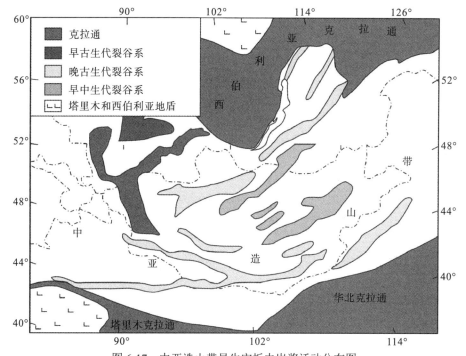

图 6-17　中亚造山带显生宙板内岩浆活动分布图

注：据 Yarmolyuk 等（2014）改编

　　虽然对晚石炭世—早二叠世超基性岩、基性岩能否代表本区的新生洋壳仍存在争议（苏新旭 等，2010；晨辰 等，2012；邵济安 等，2015），但源自亏损地幔的超基性岩和基性岩应当能够代表伸展已达到最大程度。综合研究区晚石炭世—早二叠世沉积地层、岩浆岩、蛇绿岩及构造混杂岩的分布特征可知，与伸展作用有关的岩浆岩连成一条狭长带状，与前人提出的晚古生代裂陷槽（曹从周 等，1986；邵济安，1991）基本重合，晚古生代晚期的沉积是受裂陷槽控制，并不是大洋沉积物（徐备 等，2014；邵济安 等，2014）。本书将晚古生代晚期形成的裂陷槽称为构造伸展带，它向西延伸至北山以及天山一带（徐学义 等，2008；Xia et al.，2012，2013；卢进才 等，2013；邵济安 等，2014；Yarmolyuk et al.，2014；Kozlovsky et al.，2015；邵济安 等，2015；汪晓伟 等，2015），是中亚造山带晚古生代裂谷系（图 6-17）的重要组成部分（Dergunov et al.，2001；Yarmolyuk et al.，2014；Kozlovsky et al.，2015）。

6.2 伸展构造带发育程度

从发育宽度上讲，这条晚古生代晚期伸展构造带不足以分隔古植物大区，因为在贺根山断裂以北的东乌珠穆沁旗地区中上石炭统—下二叠统地层中仍可见华夏植物群化石（周志广 等，2009；辛后田 等，2011）。晚石炭世—早二叠世显示南蒙古微陆块、内蒙古地块与华北板块自晚泥盆世起具一致的古纬度（Zhao et al.，2013），因此伸展背景下重新打开的洋盆可能只是一个窄大洋。

从发育的深度上来看，该伸展构造带自晚石炭世开始接受沉积，形成本巴图组、阿木山组、寿山沟组、大石寨组和哲斯组等地层。本巴图组建组剖面的沉积厚度大于 2488m，其上部的查干诺尔火山岩厚度大于 2087m；阿木山组建组剖面的厚度大于 5000m（内蒙古自治区地质矿产局，1996）；西乌珠穆沁旗地区寿山沟组上下两段厚度相加接近 1500m；大石寨组火山岩厚度约为 2000m；哲斯组的正层型剖面厚度大于 1075m，在西乌珠穆沁旗地区出露厚度大于 400m。如果单纯将上石炭统—中下二叠统的地层厚度相加，该伸展构造带的深度在西乌珠穆沁旗地区的发育深度超过 12000m。

西乌珠穆沁旗、索伦山等地出现的晚石炭世—二叠世蛇绿岩套，具有较完整的岩石序列，代表新生的洋壳。出露于西乌珠穆沁旗达青牧场、补力太、卫境地区的构造混杂岩，与张晋瑞等（2014）所报道的图林凯等地的构造混杂岩空间展布连成一线，与新生洋盆闭合的产物一致。蛇绿岩和构造混杂岩出露地区处于伸展构造带拉张程度较大的部位。

6.3 伸展构造带的形成机制

按照形成时所处的大地构造位置，大陆裂谷可以分为大陆裂解型裂谷、汇聚边界上的裂谷和碰撞型裂谷(Burke，1977)。大陆裂解型裂谷与超大陆裂解密切相关，如中国华北板块南缘的熊耳裂陷槽和其北侧的燕辽裂陷槽及白云鄂博-渣尔泰裂陷槽是大陆裂解型裂谷的典型代表(Zhao et al.，2002，2004；Zhai et al.，2011；翟明国 等，2014)。汇聚边界上的裂谷则是由于岛弧或活动陆缘靠近大陆一侧在强烈拉张背景下形成的，这类裂谷大致平行于岛弧或活动大陆边缘弧，有学者将其定义为俯冲撕裂型裂谷(顾连兴 等，2001)，也就是通常所见的弧后盆地。碰撞型裂谷则是由于碰撞造山挤压力派生的拉张力形成的，这一类裂谷通常垂直于大陆造山带走向，如喜马拉雅造山带的贝加尔裂谷和山西地堑(Li et al.，1998；吴奇等，2013)。裂谷的形成必定以强烈张应力的存在为前提(Aytyushkov et al.，1982)，而关于这种张应力产生的原因存在以下几种不同解释。

1. 地幔柱

鉴于多数裂谷中都存在火山活动，因此有学者认为地壳之下异常地幔的存在是张应力产生的根源(McKenzie et al.，1988；Storey，1995；Courtillot et al.，1999；Yarmolyuk et al.，2014)。这种异常的地幔表现为地幔柱，地幔柱上涌形成穹窿，导致地壳变薄产生裂隙，最终使得大陆裂解，形成大型裂谷。大陆裂解事件通常被大规模的基性岩墙活动记录，如：达瓦尔克拉通从华北克拉通东南缘裂解时被1926Ma 的辉长岩所记录(Ravikant，2010)；同属于 Rodinia 大陆的华南地区及其相邻的澳大利亚820Ma 左右的裂解是地幔柱活动的记录，地幔柱上涌使地壳产生穹窿，导致放射状基性、超基性岩侵位(Li et al.，1999)；著名的华北克拉通中元古代时期的裂解事件被大规模的 1.8 Ga～1.6 Ga 的基性岩墙群所记录(Wilde et al.，2002；Zhao et al.，2004；Xia et al.，2013)。

2. 板块断离

板块是由密度较大的大洋岩石圈和浮于其上的大陆岩石圈组成，在板块汇聚边界，重的大洋岩石圈俯冲至另一板块之下，而相对较轻的大陆岩石圈在浮力作用下，对向下俯冲的力形成抵抗，导致大洋岩石圈与大陆岩石圈之间发生拆离，在浅部形成热波动，进而使已变质的岩石圈熔融，形成同碰撞型的岩浆(McCaffrey et al.，1985；Sacks et al.，1990)。因此，板片断离模式可以用来解释同碰撞或后碰撞大规模岩浆作用(Sacks et al.，1990)以及弧后盆地的成因(顾连兴等，2001；Xu et al.，2003；Li et al.，2016)。

3. 构造体制转化的后造山阶段

大陆之间完成对接，洋盆消失，转变为陆内环境。主碰撞期之后，持续的板块汇聚会导致产生陆内逆冲、扭动构造和地块逃逸，这一过程称之为后碰撞作用。后碰撞时期开始于一个陆内环境，此时的大洋关闭，但是大陆沿着巨大的剪切带仍有水平方向的运动,从而区别于板内环境。由后碰撞到板内阶段的转变以地壳停止抬升和开始接受剥蚀为标志,标志着造山阶段的结束。构造体制则由挤压体制转为伸展体制,板内阶段的开始标志便是后造山阶段(post-orogenic)(肖庆辉等,2002)。这种构造体制的转变归因于加厚地壳的重力坍塌、岩石圈拆沉,在地貌上表现为裂陷盆地,会伴随大规模岩浆侵位(Bonin,1990,2004)。

大规模火山作用前的地壳抬升、放射性岩墙群的存在、火山岩作用的物理特征、火山链的年代学变化、岩浆的化学组成是鉴别古老地幔柱的五项重要标志(王登红,2011;Campbell,2001;徐义刚 等,2007)。地幔柱上涌过程中,由于地幔热柱对岩石圈的冲击,通常会引起地壳大规模抬升,形成穹窿,并对较大范围内的地表沉积环境和沉积物厚度形成重大的影响。但在大规模早二叠世大石寨组火山岩喷发之前,内蒙古中部地区整体处于沉降,沉积了厚度超过 5000m 的本巴图组和阿木山组海相地层。此外,有关兴蒙造山带中部晚古生代时期基性侵入岩的报道较少,未见放射性岩墙群,因此,伸展构造带的形成不可能是大型地幔柱活动的产物。

如前所述,内蒙古中部地区经历了早古生代古亚洲洋的俯冲,形成南北两条造山带(徐备 等,1997,2001;Xiao et al.,2003;许立权 等,2003;尚恒胜 等,2003;石玉若 等,2004,2005a;Jian et al.,2008;张维 等,2008;Li et al.,2016)。被古老的中间陆块分隔的两个洋盆分别沿着二连-贺根山增生楔和索伦山-温都尔庙-西拉木伦河增生楔闭合(唐克东,1992;De Jong et al.,2006;Jian et al.,2008;Xu et al.,2013;Zhang et al.,2014)。其中,南部洋盆的闭合时间应为晚志留世,导致志留系顶统与下伏地层之间形成一个区域性角度不整合面(张允平 等,2010),泥盆纪开始出现与造山后伸展背景有关的岩浆活动(刘建峰 等,2013;叶浩 等,2014)。北部洋盆闭合时间应为晚泥盆世—早石炭世(鲍庆中 等,2007;周志广 等,2009;辛后田 等,2011;Xu et al.,2013;邵济安 等,2014),南蒙古微陆块以及华北板块开始具有一致的古纬度(Zhao et al.,2013),晚石炭世—早二叠世的沉积地层中开始出现华夏植物群与安加拉植物群的混生(周志广 等,2010;辛后田 等,2011)。因此,在晚石炭世,研究区已经不存在洋壳的俯冲,晚古生代伸展构造带的形成不具备板块俯冲断离的前提条件,不属于俯冲撕裂型裂谷。

综合研究区晚古生代的地质资料可知,研究区经历了早古生代末—晚古生代初期的碰撞造山结束之后,晚石炭世开始整体处于板块挤压体制结束、伸展体制启动的这样一个转换时期(邵济安,1991;何国琦 等,2002;邵济安 等,2014;陈彦 等,2014)。伸展体制下,板块挤压碰撞之后的应力开始释放,形成低压区,导致下部地幔上涌,岩石圈拆沉,形成一系列地堑,开始接受沉积,上石炭统与下伏前石炭纪地质体之间形成了一个角度不整合面(鲍庆中 等,2006;Zhao et al.,2016)。水体不断加深,开始出现滨海—半深海—深海相沉积,这一特征与前述伸展构造带内上石炭统—下二叠统地层所反映岩相古地理一致。伸展背景下,也更有利于形成大面积侵入岩，因此形成了晚石炭世和早二叠世构造岩浆岩带。这一时期形成的岩浆岩多具有较高的 $\varepsilon Hf(t)$（陈彦 等，2014；邵济安 等，2015），是兴蒙造山带晚古生代地壳增生的重要阶段。二连—东乌珠穆沁旗一带早二叠世碱性岩浆岩以及苏尼特右旗—西乌珠穆沁旗晚石炭世—早二叠世双峰式火山岩的出现均暗示该区域已经进入了造山后伸展时期。

6.4　伸展构造带的演化发展

如图 6-18 所示，综合兴蒙造山带中部构造岩浆岩带及岩相古地理特征分析，晚古生代晚期伸展构造带的演化发展可分为五个阶段。

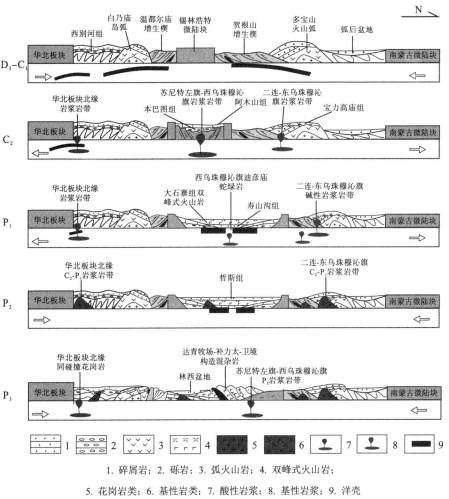

1. 碎屑岩；2. 砾岩；3. 弧火山岩；4. 双峰式火山岩；

5. 花岗岩类；6. 基性岩类；7. 酸性岩浆；8. 基性岩浆；9. 洋壳

图 6-18　兴蒙造山带中部晚古生代晚期构造伸展带演化发展示意图

1. 晚泥盆世—早石炭世

索伦山-西拉木伦河蛇绿岩所代表的早古生代洋盆于晚志留纪末期闭合,以志留系顶统与下伏地层之间的区域性角度不整合为标志。晚泥盆世法门阶的造山作用(Xu et al.,2013;徐备 等,2014)致使贺根山蛇绿岩所代表的洋盆消失,古亚洲洋最终闭合。研究区早石炭世进入后造山阶段,隆升剥蚀导致缺失了早石炭世晚期的沉积(邵济安 等,2015)。

2. 晚石炭世

晚石炭世,研究区进入伸展体制,地壳开始沉降并接受沉积,上石炭统本巴图组为地壳沉降后的第一个沉积地层,该组底部为含砾碎屑岩,与下伏地层之间存在一个区域性角度不整合面(Zhao et al.,2016)。但由于洋盆闭合在时间上存在差异,导致不同地区的地壳沉降略有延迟,如在苏尼特左旗和敖汉旗等地则表现为晚泥盆世的沉积地层角度不整合覆盖在蛇绿岩之上,表明沉降时间较早(Xu et al.,2013;Zhao et al.,2016),而在阿尔宝拉格、西乌珠穆沁旗、东乌珠穆沁旗、温都尔庙等地可见上石炭统本巴图组覆盖在前寒武纪结晶基底或蛇绿岩之上(鲍庆中 等,2006;Miao et al.,2008;Zhao et al.,2016),沉降时间相对较晚。在伸展作用下,沿二连—东乌珠穆沁旗、苏尼特左旗—西乌珠穆沁旗及华北板块北缘形成了三条晚石炭世岩浆岩带。二连—东乌珠穆沁旗以正长花岗岩、二长花岗岩和文象花岗岩为代表(许立权 等,2003);苏尼特左旗—西乌珠穆沁旗一线出现低钾拉斑质玄武岩(汤文豪 等,2011)和过铝质的二长花岗岩;华北板块北缘受早期俯冲残留洋壳的影响,形成以花岗闪长岩为主的晚石炭世岩浆岩带(Zhang et al.,2007)。

3. 早二叠世

早二叠世,在持续拉张作用下,伸展构造带内水体不断加深,寿山沟组中开始出现细粒泥质岩类,并发育鲍马序列。沿二连—东乌珠穆沁旗、满都拉—苏尼特左旗—西乌珠穆沁旗及华北板块北缘形成了三条早二叠世岩浆岩带。其中,二连—东乌珠穆沁旗带以出现 PA 型花岗岩为特征(洪大卫 等,1994);满都拉—苏尼特左旗—西乌珠穆沁旗一线以出现双峰式火山岩(Zhang et al.,2008;晨辰 等,2012;陈彦 等,2014;邵济安 等,2015)和 A 型花岗岩为特征(施光海 等,2004);受早期俯冲流体交代地幔或残余洋壳的影响(邵济安 等,2015),华北板块北缘的早二叠世侵入岩显示岛弧型岩浆岩特征(Zhang et al.,2007,2009),但从岩石组合上来看仍以双峰式为特点(邵济安 等,2015)。沿西乌珠穆沁旗—补力太—卫境—索伦山等拉张程度较深的部位出现了基性—超基性岩类,在西乌珠穆沁旗迪彦庙、索伦山等地发育较完整的蛇绿岩套。

4. 中二叠世

中二叠世，伸展构造带停止扩张，开始由伸展体制向挤压体制转变，表现为伸展构造带基底抬升，水体开始变浅，岩浆活动也随之减弱。岩相古地理上表现为哲斯组下部发育硅质岩及泥质岩类(邵济安 等，2015)，但是向上沉积物粒度加大，陆源碎屑物增多。

5. 晚二叠世

晚二叠世，在持续挤压作用下，早期打开的伸展构造带萎缩并逐渐闭合，此时的沉积地层(林西组)出露范围局限在林西盆地。林西组中碳质板岩、安加拉植物化石及黄河叶肢介化石(张永生 等，2012；郑月娟 等，2013)的出现，标志着研究区沉积环境发生变化，由早二叠世的深海—半深海环境转变为海陆交互相和陆相环境。

但是伸展构造带是如何闭合的，仍存在争议。邵济安等(2014，2015)认为兴蒙造山带自晚石炭世进入伸展体制后一直处于拉张背景下，不再存在板块俯冲及碰撞。李益龙等(2012)虽认可兴蒙造山带晚石炭世—早二叠世处于造山后的伸展背景下，却提出晚二叠世沿索伦缝合带仍发生了残余洋盆的闭合事件，这次事件导致华北板块北缘和西乌珠穆沁旗地区发育大量同碰撞花岗岩和后碰撞花岗岩(柳长峰，2010；柳长峰 等，2010a，2010b；刘建峰，2009)。张晋瑞等(2014)认为晚石炭世—早二叠世打开的有限洋盆闭合的机制可以归结为华北板块与扬子板块在早中三叠世碰撞的远程效应。无论起因如何，可以肯定的是，兴蒙造山带于晚二叠世全区普遍处于隆升、剥蚀阶段(邵济安 等，1994，2015)。而且，兴蒙造山带于早三叠世开始再次出现与造山后伸展作用有关的 A 型花岗岩(孙德有 等，2005；张晓晖 等，2006；李红英 等，2015)，也暗示早三叠世之前应当存在一次碰撞作用，正是这次碰撞导致晚石炭世—早二叠世形成的伸展构造带最终闭合，并沿西乌珠穆沁旗达青牧场—补力太—卫境一线形成了一条晚二叠世构造混杂岩。

第7章 兴蒙造山带中部的地质遗迹

7.1 地质遗迹的类型

研究区复杂的构造演化形成千姿百态的地质遗迹。这些遗迹有的属于具有重大研究价值的化石产地及重要古生物活动遗迹，有的属于由地底岩浆冷凝形成的岩浆岩遗迹，以及具有观赏和特殊学科研究价值的矿物、岩石、宝玉石产地等。

为了研究地质遗迹的旅游价值及其与所处地质环境的联系，便于开展地质遗迹的规划、开发、保护及管理，1999 年，李京森和康宏达对可开展旅游的地质遗迹(即旅游地质资源)进行了分类。他们根据地质遗迹的主要旅游价值和景观形成的主要控制因素，将我国的地质遗迹划分为 35 类，如表 7-1 所示。这种分类方法从旅游的价值着眼，通俗易懂，便于旅游开发与保护。

表 7-1 中国旅游地质资源(地质遗迹)分类表

序号	类别	主要旅游价值	举例
1	重要地质剖面	地质科学普及和考察	蓟县中上元古界剖面
2	重要化石产地	地质科学普及和考察	山东山旺古生物化石产地
3	有特殊意义的矿物、岩石、矿床产地	地质科学普及和考察、增长文化历史知识	白云鄂博矿床
4	重要地质构造遗迹	地质科学普及和考察	大连白云山庄莲花状构造
5	古人类遗迹	地质科学普及和考察、增长文化历史知识	北京周口店猿人遗址
6	溶洞	地质科学普及和考察、山水风光观赏、增长文化历史知识、开展体育运动和探险活动	本溪水洞、贵州织金洞
7	碳酸盐岩峰丛、峰林	地质科学普及和考察、山水风光观赏	桂林山水、路南石林
8	碳酸盐岩山岳丘陵	地质科学普及和考察、山水风光观赏	恒山
9	高山钙华	地质科学普及和考察、山水风光观赏	云南白水台、四川黄龙寺
10	砂岩峰林	地质科学普及和考察、山水风光观赏	张家界
11	土林地质景观	地质科学普及和考察、山水风光观赏	元谋土林
12	丹霞地质景观	地质科学普及和考察、山水风光观赏	广东丹霞山
13	雅丹地质景观	地质科学普及和考察、山水风光观赏	乌尔禾魔鬼城
14	沙漠地质景观	地质科学普及和考察、山水风光观赏、开展体育运动和探险活动	敦煌鸣沙山、中卫沙坡头
15	花岗岩地质景观	地质科学普及和考察、山水风光观赏	黄山、华山

序号	类别	主要旅游价值	举例
16	火山及熔岩	地质科学普及和考察、山水风光观赏、增长文化历史知识、疗养	五大连池、雁荡山
17	变质岩山岳丘陵	地质科学普及和考察、山水风光观赏	泰山、梵净山
18	海岸地质景观	地质科学普及和考察、山水风光观赏、疗养	辽宁金石滩
19	现代山岳冰川及极高山（登山地）	地质科学普及和考察、山水风光观赏、开展体育运动和探险活动	珠穆朗玛峰、四川海螺沟
20	古冰川遗迹	地质科学普及和考察、山水风光观赏	太白山、螺髻山
21	冻融地质景观	地质科学普及和考察	青藏公路风火口
22	峡谷	地质科学普及和考察、山水风光观赏、开展体育运动和探险活动	长江三峡、虎跳峡
23	瀑布	地质科学普及和考察、山水风光观赏	黄果树
24	河-湖地质景观	地质科学普及和考察、山水风光观赏、疗养、开展体育运动和探险活动	西湖、太湖
25	温泉及地热地质景观	地质科学普及和考察、增长文化历史知识、疗养	腾冲温泉、羊八井
26	有特殊意义的泉	地质科学普及和考察、增长文化历史知识、疗养	趵突泉
27	地震遗迹	地质科学普及和考察、增长文化历史知识	海南水下村庄
28	崩塌、滑坡、泥石流遗迹	地质科学普及和考察	陕西翠华山
29	陨石坠落遗址	地质科学普及和考察	吉林陨石雨遗址
30	重要的古代水利工程	山水风光观赏、增长文化历史知识	四川都江堰
31	古采矿、古冶炼遗址	地质科学普及和考察、增长文化历史知识	湖北铜绿山
32	古烧瓷遗址	增长文化历史知识	江西湖田窑址
33	石窟岩画及摩崖石刻	山水风光观赏、增长文化历史知识	龙门石窟
34	其他地质景观	山水风光观赏、增长文化历史知识、疗养	江苏虞山和茅山
35	多种地质景观	依其所包含的类别而定	四川九寨沟

　　2003 年，陈安泽从地质公园园区内的主要地质地貌景观着手，将地质地貌景观的类型分为 4 个大类 19 个类以及 53 个亚类（表 3-2）。该分类基本囊括了所有的地质遗迹类型，分类体系也比较系统，得到了国内许多专家的认可。

表 7-2　地质地貌（地质遗迹）景观资源综合分类方案

大类	类	亚类
地质构造大类	1. 地层类	(1) 层型剖面
		(2) 区域标准剖面
		(3) 典型沉积层序剖面
		(4) 事件地层剖面

续表

大类	类	亚类
地质构造大类	2. 构造类	(5) 典型全球性构造
		(6) 典型区域性构造
		(7) 典型中、小构造
	3. 岩石类	(8) 典型火成岩
		(9) 典型沉积岩
		(10) 典型变质岩
	4. 矿物类	(11) 典型金属矿物产地
		(12) 典型非金属矿物产地
	5. 矿床类	(13) 典型金属矿床(坑)
		(14) 典型非金属矿床(坑)
古生物大类	6. 古人类	(15) 古人类遗址
	7. 古生物类	(16) 古脊椎动物埋藏地
		(17) 古无脊椎动物埋藏地
	8. 古植物类	(18) 古植物化石埋藏地
		(19) 古孑遗植物产出地
	9. 古生态群落类	(20) 古生物群落埋藏地
	10. 古生物遗迹或可疑古生物遗迹类	(21) 古生物遗迹埋藏地
		(22) 可疑古生物遗迹埋藏地
环境地质(地质灾害)现象大类	11. 地震类	(23) 古地震遗迹
		(24) 历史地震遗迹
	12. 火山类	(25) 古火山遗迹
		(26) 现代火山
	13. 冰川类	(27) 古冰川遗迹
		(28) 现代冰川
	14. 陨石坑	(29) 古陨石坑
		(30) 现代陨石坑
	15. 地质灾害遗迹类	(31) 滑坡遗迹
		(32) 泥石流遗迹
		(33) 地面沉降遗迹
		(34) 崩塌遗迹
风景地貌大类	16. 山石景观类	(35) 花岗岩景观
		(36) 火山岩景观
		(37) 层状硅铝质岩景观
		(38) 碳酸盐岩景观

续表

大类	类	亚类
风景地貌大类		(39) 黄土景观
		(40) 沙积景观
		(41) 变质岩景观
		(42) 其他山石景观
	17. 洞穴类	(43) 可溶性岩石洞穴
		(44) 非溶性岩石洞穴
	18. 峡谷类	(45) 峡谷景区
		(46) 风景河流
		(47) 风景湖泊
		(48) 风景海湾(岸、潮)
	19. 水景类	(49) 瀑布
		(50) 泉水
		(51) 温泉
		(52) 泥火山与泥泉
		(53) 其他水景

7.2　区域内地质遗迹的分布

　　研究区西起索伦山，东至霍林郭勒，南至白云鄂博—赤峰一线，北至中蒙边境，在行政区划上大部分属于内蒙古自治区。内蒙古自治区地质遗迹较为丰富，地质公园和矿山公园的数量也较多。世界地质公园就有 3 处，分别是克什克腾世界地质公园、阿拉善沙漠世界地质公园和阿尔山世界地质公园；国家地质公园 8 处，除克什克腾世界地质公园、阿拉善沙漠世界地质公园和阿尔山世界地质公园，还包括宁城国家地质公园、二连浩特国家地质公园、清水河老牛湾国家地质公园、巴彦淖尔国家地质公园和鄂尔多斯国家地质公园。此外，内蒙古四子王地质公园也于 2014 年被授予国家地质公园资格，并且根据国土资源部《关于开展第八批国家地质公园和第四批国家矿山公园申报审批工作的公告》(2017 年第 27 号)，国土资源部拟授予内蒙古鄂伦春地质公园、内蒙古郭勒浩特草原火山地质公园、内蒙古巴林左旗七锅山地质公园国家地质公园资格。2018 年，内蒙古自治区国家地质公园的数量增多；自治区级地质公园更是多达十几处，如翁牛特旗地质公园、呼伦贝尔湖地质公园、扎兰屯地质公园、察右中旗黄花沟地质公园、察右后旗乌兰哈达地质公园、通辽大青沟地质公园、凉城蛮汉山地质公园、苏尼特地质公园、商都大石架冰川石林地质公园等(表 7-3)。

表 7-3 内蒙古自治区地质公园概况

地质公园名称	属地	级别	主要地质遗迹或人文景观
克什克腾	赤峰市克什克腾旗	世界地质公园、国家地质公园	第四纪冰臼群、花岗岩石林、构造遗迹、岩画、金代长城、古战场
阿拉善沙漠	阿拉善盟	世界地质公园、国家地质公园	沙漠、戈壁、峡谷、风蚀地貌
阿尔山	兴安盟阿尔山市	世界地质公园、国家地质公园	火山、温泉、战争遗址、蒙古族风情
宁城	赤峰市宁城县	国家地质公园	古生物化石遗迹、第四纪冰川遗迹、温泉
二连浩特	锡林郭勒盟二连浩特市	国家地质公园	恐龙化石群遗迹、地层遗迹、口岸文化
清水河老牛湾	呼和浩特市清水河县	国家地质公园	流水侵蚀、堆积地貌、黄土地貌、古生物化石遗迹
巴彦淖尔	巴彦淖尔市	国家地质公园	地层剖面、恐龙化石、花岗岩石林、沙漠
鄂尔多斯	鄂尔多斯市	国家地质公园	恐龙足迹化石、沙漠湖泊
四子王	乌兰察布市四子王旗	国家地质公园资格	脑木更古近—新近系标准地层剖面、乌兰花镇南梁哺乳动物化石
鄂伦春	呼伦贝尔市鄂伦春自治旗	自治区级地质公园(拟授予国家地质公园资格)	火山地质遗迹、鄂伦春民俗
锡林浩特草原火山	锡林郭勒盟锡林浩特市	自治区级地质公园(拟授予国家地质公园资格)	火山地质遗迹
七锅山	赤峰市巴林左旗	自治区级地质公园(拟授予国家地质公园资格)	花岗岩地貌、地质构造及水体景观
翁牛特旗	赤峰市翁牛特旗	自治区级地质公园	花岗岩景观、沙地景观
呼伦贝尔湖	呼伦贝尔市	自治区级地质公园	湖泊、河流、湿地及花岗岩地貌
扎兰屯	呼伦贝尔市扎兰屯市	自治区级地质公园	火山地质遗迹
黄花沟	乌兰察布市察哈尔右翼中旗	自治区级地质公园	花岗岩峡谷奇峰、火山湖泊群、枕状熔岩
乌兰哈达火山	乌兰察布市察哈尔右翼后旗	自治区级地质公园	火山口、熔岩流台地、火山堰塞湖
大青沟	通辽市科尔沁左后旗	自治区级地质公园	构造遗迹、岩石地貌、泉水湖泊
蛮汉山	乌兰察布市凉城县	自治区级地质公园	花岗岩石林、石峰地貌地质遗迹
苏尼特	锡林郭勒盟苏尼特左旗	自治区级地质公园	花岗岩石林、石峰地貌地质遗迹
大石架冰川石林	乌兰察布市商都县	自治区级地质公园	花岗岩地貌、冰川遗迹、高山草甸

注：上述数据截至 2017 年 12 月 8 号。

内蒙古自治区原有国家矿山公园 4 处，分别是赤峰巴林石国家矿山公园、满洲里市扎赉诺尔国家矿山公园、林西大井国家矿山公园、额尔古纳国家矿山公园。其中，巴林石国家矿山公园和扎赉诺尔国家矿山公园均在 2008 年顺利开园。2017 年 11 月 21 日，国土资源部地质环境司组织召开了第四批国家矿山公园专家评审

会。会上，内蒙古白云鄂博地质公园和内蒙古准格尔地质公园被拟授予国家矿山
公园资格。至此，内蒙古自治区已拥有 6 处已开园或被授予资格的国家矿山公园
（表 7-4）。

表 7-4 内蒙古自治区矿山公园概况

矿山公园名称	属地	级别	主要地质遗迹
巴林石	赤峰市巴林右旗	国家矿山公园	采矿遗迹、巴林石矿
扎赉诺尔	满洲里市	国家矿山公园	煤矿遗址
大井	赤峰市林西县	国家矿山公园资格	古铜矿遗址
额尔古纳	呼伦贝尔市	国家矿山公园资格	砂金矿床开采遗迹
白云鄂博	包头市	拟授国家矿山公园资格	稀土矿山遗址
准格尔	鄂尔多斯市准格尔旗	拟授国家矿山公园资格	露天煤矿遗迹、遗址

注：上述数据截至 2017 年 12 月 8 号。

由于研究区特殊的地理位置和地质条件，内蒙古自治区大部分地质公园和一
半的矿山公园均分布于本区。它们分别是赤峰市的克什克腾世界地质公园、宁城
国家地质公园、七锅山地质公园、翁牛特旗地质公园，锡林郭勒盟的二连浩特国
家地质公园、郭勒浩特草原火山地质公园、苏尼特地质公园，乌兰察布市的四子
王国家地质公园、黄花沟地质公园、乌兰哈达火山地质公园、大石架冰川石林地
质公园，以及赤峰市的巴林石国家矿山公园、大井国家矿山公园和包头市的白云
鄂博矿山公园。

7.3 研究区地质（矿山）公园简况

7.3.1 克什克腾地质公园

克什克腾地质公园位于蒙古高原东部、赤峰市西北部，南临河北省围场县，
距北京约 650 km。公园是以冰川、火山地质过程作用为主，在风化等外动力地质
作用下形成的集花岗岩石林、岩臼群、第四纪冰川、火山地貌为一体，融沙地、
草原、湿地、河湖、原始森林等自然景观和蒙古风情等要素形成的综合性地质公
园，由阿斯哈图、达里诺尔、黄岗梁、浑善达克、平顶山、青山、热水、西拉木
伦河、乌兰布统 9 个园区组成，实际总面积为 1343.82 km²。

1. 阿斯哈图园区

阿斯哈图园区以世界罕见的花岗岩石林地貌为主，花岗岩石林面积约为 5 km²，
断续分布在呈 NE 向起伏的山脊上，远看像一排排卫士，近看参差错落，雄伟险峻

（图 7-1）。在蒙古语里"阿斯哈图"意为险峻的岩石，故而得名，可与云南路南石林、元谋土林相媲美。

图 7-1　阿斯哈图园区花岗岩石林（左为远景，右为近景）

石林发育类型很多，形状千姿百态，有石柱状、石丛状、石笋状等。轮廓有的似人，有的似兽，有的似物（图 7-2）。该地貌的发现不仅丰富了花岗岩地貌的类型，也丰富了整个地貌学的内容。由于其独特优美的景观形态，阿斯哈图园区成为观光休闲的绝佳场所。

图 7-2　阿斯哈图园区象形石

2. 达里诺尔园区

达里诺尔火山群是我国东北部九大火山群之一，分布的火山口有十余个，多呈锥形、马蹄形。园区内可观赏宽阔的火山熔岩台地、火山锥、火山颈以及丰富的火山弹、火山渣等火山喷发物，使得这里享有"五大连池火山缩微景观"之美誉。

园区内的达里诺尔湖（图 7-3），周长达百余公里，为内蒙古自治区第二大内陆湖，呈海马状，属高原内陆湖，湖水无外泻，含盐度较高。

图 7-3　达里诺尔园区

3. 黄岗梁园区

黄岗梁园区内保存了第四纪时期发育的多期冰川遗迹，包括二级冰斗、角峰、U 形谷、条痕石、冰碛物及冰川漂砾等，具备典型的山谷冰川地貌特征。

4. 浑善达克园区

为集中保护白音敖包沙地云杉、柯单山蛇绿岩套以及西拉木伦河大断裂，设立该园区。浑善达克的沙地多为固化—半固化沙丘，沙丘多为垄状、链状，少部分为新月状。沙地上的云杉林经专家考证，属于世界上同类地区尚未发现的稀有树种。园区的设立不仅保护了地质遗迹和生物物种，更协调了地方经济的发展。

5. 平顶山园区

平顶山园区保留了目前我国发现数量最多、发育最好、期次最全、保存最完整的大型冰斗群。这些冰斗分布于群山之间，形成了大量的刃脊和角峰。

6. 青山园区

青山园区以岩臼群和花岗岩峰林地貌为主，底平肚大、分布集中的花岗岩岩臼堪称世界奇观，形态万千、变化多端的花岗岩峰林景观也极具特色。

7. 热水园区

热水园区的地下热水赋存于花岗岩体的构造裂隙带中，温泉富含铀、镭、氡等数十种微量元素，具有很好的保健作用。在此基础上开发的温泉是全国知名的疗养温泉。

8. 西拉木伦河园区

西拉木伦河发源于克什克腾，是一条重要的地貌分界线，它北接大兴安岭山脉，南临燕山山脉，西抵浑善达克沙地。西拉木伦河也是一条重要的地质分界线，沿西拉木伦河两侧，无论是陆壳的形成时代、地壳结构、物质组成，还是在演化过程、变质程度等方面均存在巨大差异。

9. 乌兰布统园区

园区以草原、湿地为主要的地质地貌类型，位于吐力根河与西拉木伦河的源头区。乌兰布统园区有优美的草原自然景观、灿烂的民族文化，是开展生态旅游的最佳场所。

7.3.2 宁城地质公园

宁城地质公园位于内蒙古自治区东南部，隶属赤峰市管辖，地处内蒙古高原与松辽平原过渡带，东、南面分别与辽、冀两省接壤，由古生物化石遗迹园区、热水温泉园区和黑里河园区组成，总面积为 339.54km^2（武斌，2011）。公园的特色为公园内数量丰富、保存完好的古生物化石。地质公园博物馆展示着宁城众多地质遗迹、人文景观、文物遗迹和绚烂多彩的民族文化，体现出其独一无二的历史特征和深刻的文化内涵。古生物化石保护馆保存了大量精美的世界级古生物化石珍品。因此，宁城地质公园是以独具特色的古生物化石遗迹群为核心景观，辅以热水温泉，同时融合了悠久的辽文化，集科学研究、科学普及、休闲度假和观光游览于一体的综合性地质公园。2009 年，宁城地质公园被国土资源部授予国家地质公园资格。

1. 古生物化石遗迹园区

园区内独特的哺乳动物化石——獭形狸尾兽、远古翔兽、孟氏中生鳗、粗壮假碾磨齿兽的发现引发了世界性的轰动，开辟了哺乳动物研究的新篇章。除了哺乳动物化石外，公园内还发现了包括鱼类、爬行类、鸟类、哺乳类、叶肢介类、昆虫类、介形虫类、银杏类、松柏类、楔叶类、真蕨类、被子植物类等在内的 20 多个门类的古生物化石。这些古生物化石的发现，掀起了古生物学界对中生代生物群研究的又一个高潮，众多学者对该地区尤其是道虎沟地区的中生代地层、古生物化石进行了大量研究，取得了巨大的进展。

2. 热水温泉园区

区内温泉具有出水温度高、出水面积大、出水量高、水质好等特点，适合大规模、多方位、可持续的开发利用。区内的热水温泉是开展温泉疗养的绝佳场所，一大批旅游疗养设施、公寓、住宅楼拔地而起。

3. 黑里河园区

黑里河园区拥有大片的天然次生林，动植物资源丰富，河道两侧高山峡谷雄伟壮观，河段水流湍急，清澈透底，河水落差较大，是漂流的绝佳场所，在黑里河下游已建立起以水上漂流为主的休闲娱乐旅游区。

7.3.3 二连浩特地质公园

二连浩特位于内蒙古自治区正北部、锡林郭勒盟西北部，地处锡林郭勒大草原西北边陲，与蒙古扎门乌德市隔界相望，是我国对蒙古、俄罗斯等国家最大的公路、铁路口岸。二连浩特是一座异域风情的魅力边城，被称为"恐龙之乡"。

这里是内蒙古高原最早发现恐龙化石和恐龙蛋化石的地方，早在20世纪20年代，中亚考察团就在这里取得了一系列重要考察成果，此后的近百年间，我国古生物学者在这里先后发现并命名了盘足龙、欧式阿莱龙、鸭嘴龙、似鸟龙、甲龙、角龙化石等十余个新属种的恐龙化石。恐龙蛋化石的发现在世界上尚属首次，证实了恐龙是卵生的爬行动物，为恐龙的研究写下精彩的一笔。园区化石发掘面积广泛，化石保存完整，种类多，是研究亚洲地区恐龙化石和古脊椎动物化石、古哺乳动物化石的重要基地。2009年，二连浩特地质公园被国土资源部授予国家地质公园。

二连浩特国家地质公园的地质遗迹主要分为三大类，分别是古生物化石、地层剖面和水体景观。

1. 古生物化石

公园内化石种类繁多，初步统计可达十余种，包括蜥脚类、兽脚类、鸟脚类和镰刀龙类，同时还拥有大量哺乳动物化石和龟蟹类动物化石。主要代表属种有：二连巨盗龙、杨氏内蒙古龙、美掌二连龙、锡林郭勒计尔摩龙、姜氏巴克龙、苏尼特龙、霸王龙、似鸟龙、甲龙等。丰富而典型的晚白垩世恐龙化石是二连浩特地质公园的主要保护对象，其核心区已经拥有恐龙科普馆、矿物晶体馆、恐龙化石原地埋藏馆等多个科普教育场所，同时建成了完备的展览展示系统、标示导视系统和配套服务设施，不仅进一步加强了地质遗迹的保护力度，还为开展国土资源科普教育提供了更为广阔的空间。

2. 地层剖面

公园内的二连盐池二连组剖面是上白垩统二连组的命名剖面，由格兰杰(W. Granyer)和伯基(C. P. Berkey)于 1922 年创立。该剖面主要分布于公园内的二连盐池附近，被古生物界作为中生代晚白垩世的标准地层，其中含有恐龙动物群、介形类及其他脊椎动物化石(田明中 等，2012)。

3. 水体景观

二连盐池是公园内最具代表性的水体景观，其横亘于蒙古高原的中心，地势低洼，四周被起伏的高山所环绕，是我国北方干旱和半干旱地区的典型盐湖矿床。

7.3.4 四子王地质公园

四子王地质公园位于内蒙古高原中部，行政区划属乌兰察布市四子王旗。公园主要由南梁新近纪哺乳动物化石园区和脑木更古近纪红色地层侵蚀地貌-哺乳动物化石园区组成，两个园区相距约 170km，占地总面积为 97.87 km^2。2014 年，国土资源部授予其国家地质公园。

四子王旗具有丰富的地质、古生物、草原休闲度假、人文景观、饮食文化等旅游资源，特别是四子王旗红格尔苏木大草原是中国唯一的载人航天飞船返回之地。四子王地质公园立足于本区域特点，兴建的园区博物馆涵盖四子王旗地区的地质遗迹、历史文化、民俗风情、航天历史与科学等展品，成为集标本收藏、公共科普教育、旅游观光、对外宣传、古生物学国际学术交流功能为一体的综合性地质公园。

7.3.5 锡林郭勒草原火山地质公园

锡林郭勒草原火山地质公园位于锡林浩特市区南，分为平顶山多阶熔岩台地和鸽子山复合火山锥及喷气锥两个核心景观区。主要的地质遗迹包括多阶熔岩台地、火山喷气锥、火山渣锥、火山口等火山地貌景观。这些火山在独特性、完整性和稀有性方面较为罕见，具有很高的科学价值、美学价值、经济价值和社会价值。地质公园内不仅有典型的火山地质景观，还拥有着广阔的锡林郭勒草原风光及浓厚的人文历史底蕴，属于以火山地质遗迹景观和原始草原风光为主，人文历史、民族风情及产业观光等多元素并存的大型草原火山地质公园。2018 年，锡林郭勒草原火山地质公园被自然资源部正式授予第八批国家地质公园资格。

1. 平顶山园区

园区以多阶熔岩台地景观最为独特，平台落日景色壮丽，草原气候宜人，自然风光秀美，蒙古族风情浓厚，悠久的历史文化遗迹众多，旅游开发潜力较大。

2. 鸽子山园区

园区以复合式火山锥及喷气锥最为独特，火山地貌形态各异、数量众多，有马蹄山、大脑包火山渣锥、鸽子山喷气碟（锥）等典型且保存完整的相对独立的火山地貌景观。

公园按照优先保护生态环境、充分利用地域空间、满足科学可持续发展的原则，结合公园内典型的火山地貌资源的分布状况，将锡林浩特火山群密度最大、火山类型最全、地质遗迹保存最完整的区域划定为地质公园保护区范围，使之能得到有效保护。

7.3.6　七锅山地质公园

七锅山地质公园位于内蒙古自治区赤峰市北部的巴林左旗，该区的地貌分布自北西向南东大致为中山—低山丘陵—山前坡状平原及乌力吉木伦河冲积平原，地形具有逐渐降低的趋势。山地丘陵与山间盆地、河谷平川相间，构成高低起伏、错落有致的地貌景观，但地形的切割强度较低，没有高山峡谷之貌。

七锅山地质公园的地质遗迹主要是各种花岗岩地貌。这种地貌是由酸性岩浆侵入地表后上部覆盖层被剥蚀出露和发育而成的。园区花岗岩地貌的基岩主要为中、粗粒二长花岗岩，由于花岗岩具有特殊的原生节理特征，加之风化作用和风力剥蚀作用以及断层作用，形成了园区的一些独特的地貌类型，如花岗岩摇摆石、风蚀穴和风蚀壁龛、风蚀柱、风蚀蘑菇、岩臼等地貌类型。其中，最有意义、最为典型、最具争议的是花岗岩岩臼地貌，其发现及研究对于重建内蒙古地区的古气候、古环境及对现今气候演化趋势的分析和预测有着极高的科学价值和学术意义。七锅山正是因其山顶发育的七个巨大岩臼，形似七口锅而得名。2018 年，七锅山地质公园被自然资源部正式授予第八批国家地质公园资格。

7.3.7　翁牛特旗地质公园

翁牛特旗地质公园位于内蒙古自治区赤峰市翁牛特旗。公园内地质遗迹类型丰富，类型多样，且保存完好。典型地貌景观以勃隆克花岗岩地貌、西拉木伦河流地貌及广布的沙积地貌为特色，以湖泊、湿地及瀑布景观予以点缀，具有较高的美学和科研价值。同时区内的西拉木伦河断裂带，其深度达莫霍面，是一条长期活动的超岩石圈深断裂带，不仅具有极高的科研价值，而且对于找矿具有重大意义。翁牛特旗地质公园于 2009 年经内蒙古自治区专家组评议正式建立。公园分为勃隆克景区、西拉木伦景区、其甘景区和灯笼河景区。

1. 勃隆克景区

该景区以勃隆克沙地为主，地质遗迹有勃隆克花岗岩景观、勃隆克沙积景观、玉龙沙湖等。其中，勃隆克花岗岩地貌类型多样，有浑圆的花岗岩石蛋、耸立的花岗岩石柱及形态各异的花岗岩造型石。景区内大部分地面均被沙地覆盖，沙积地貌发育，沙丘广布。

2. 西拉木伦景区

西拉木伦河流经内蒙古多地，其中就有翁牛特旗。西拉木伦景区位于西拉木伦河的海拉苏段，主要地质遗迹有河流湿地、河流地貌、深大断裂等。建立景区的主要目的是保护这里的河流湿地及流水地貌景观。

3. 其甘景区

其甘景区包括其甘诺尔及松树山两个部分，景区内的地质遗迹主要有湖泊景观及沙积地貌。其甘诺尔位于巴嘎塔拉苏木，全湖呈鱼鳔状，北部和西部有沙丘环绕，是翁牛特旗中较大的沙湖之一。松树山位于翁牛特旗中部，科尔沁沙地西缘，松树山多奇峰，形态各异。这里是天然油松的北界，是我国沙地油松分布面积最大、长势最好的地区，也是我国沙漠残存的唯一一块天然油松林。

4. 灯笼河景区

灯笼河景区位于翁牛特旗西部地区，这里草原辽阔，繁花似锦。景区的地质遗迹主要包括少郎河、苇塘河、羊肠子河源头湿地。景区以保护河流源头湿地及周边生态环境为主，保护等级较高(李倩 等，2016)。

7.3.8 黄花沟地质公园

黄花沟地质公园位于乌兰察布市察哈尔右翼中旗、阴山北脉、大青山东段。

公园内的地质遗迹主要包括花岗岩奇峰峡谷、玄武岩台地、火山口湖群、枕状熔岩等，被内蒙古自治区授予自治区级地质公园资格。

通过公园内地质公园博物馆、交通引导牌、景点解说牌、公园主碑等建设工作，加大了对奇特的花岗岩、火山岩地貌与周边极具观赏性的景观的保护，将公园打造成为集科普、观光于一体，民族特色浓郁，旅游价值较高的自治区级地质公园。同时，该公园树立了鲜明的旅游产品形象，积极融入京津冀蒙旅游圈，成为北京、石家庄、呼和浩特，以及周边中小城市的后花园和休闲基地。

7.3.9 乌兰哈达火山地质公园

乌兰哈达火山群位于内蒙古自治区察哈尔右翼后旗白音查干苏木以北约

10km 处的乌兰哈达嘎查一带，距乌兰察布市区约 56km，地理位置上属蒙古高原南缘。园内拥有形态完整的火山口，北东和北西两个走向的火山链犹如散落在绿色草原上的一串珍珠。依据火山地貌特征、火山产物的风化程度及叠置关系可分为晚更新世和全新世两期火山作用：晚更新世火山为裂隙式喷发，规模小，主要为溅落锥，喷出的熔岩流面积很小；全新世火山以三座名为"炼丹炉"的火山为代表，均由碱性玄武质火山渣锥和熔岩流组成，火山规模较大，锥体保存完好，熔岩流分布范围广，构成了乌兰哈达第四纪火山群主体。在乌兰哈达火山群的基础上兴建的乌兰哈达火山地质公园兼具典型性和稀有性，科学研究价值与美学观赏价值突出，被评为自治区级地质公园。公园内的地质遗迹主要包括火山锥地貌、熔岩流地貌和堰塞湖等。

1. 火山锥地貌

该地质遗迹是乌兰哈达火山地质公园的主体，冰岛型火山机构、斯通博利型火山渣锥、熔壳状火山锥都是国内罕见的。主要锥体类型包括复式锥、火山渣锥及锥体剖面等。

2. 熔岩流地貌

园区内熔岩流地貌非常发育，覆盖面积达百余平方公里，其中喷气锥、张裂谷和塌陷沟构成的熔岩景观规模较大，如常格尔营熔岩河、熔岩湖，其位于常格尔营以东，北西延至南尖山，可见宏伟壮观的木排状熔岩河、熔岩湖，熔岩流类型多样，可见结壳状熔岩、渣状熔岩、绳状熔岩等。

3. 堰塞湖

乌兰哈达火山群南缘分布有以莫石盖淖、白音淖等为代表的火山堰塞湖景观。堰塞湖是由火山熔岩流或由地震活动等原因引起滑坡体等堵截河谷或河床后储水而形成的湖泊。由火山溶岩流堵截而形成的湖泊又称为熔岩堰塞湖（张楠，2008）。

7.3.10　苏尼特地质公园

苏尼特地质公园位于苏尼特左旗北部达来苏木和巴音乌拉苏木境内，总面积为 62.322km²。公园划分为三个园区，分别是赛罕高毕园区，面积为 5.94 km²；宝德尔楚鲁园区，面积为 38.433 km²；阿尔善布拉格园区，面积为 17.949 km²。该公园先后建立了旗级自然保护区和盟市级地质遗迹保护区。2015 年，内蒙古自治区国土资源厅批准苏尼特地质公园获得自治区级地质公园资格。

赛罕高毕园区为恐龙及古哺乳动物化石产地，主要保存的化石为鸭嘴龙类和似鸟龙类，偶尔可见肉食龙类的牙齿及骨骼化石；宝德尔楚鲁园区为花岗岩层状节理地貌，其中以园东北部乌格木尔、楚鲁哈拉图等最具代表性，形成灰褐或灰黑色石林；阿尔善布拉格园区为花岗岩球形风化地貌。公园内的花岗岩多为碱性花岗岩，包括霓石花岗岩、钠闪石花岗岩、晶洞花岗岩等，普遍具粗粒花岗结构，块状构造。

7.3.11 大石架冰川石林地质公园

大石架冰川石林地质公园位于乌兰察布市商都县，地处阴山山脉东北支脉，视野开阔、体量庞大，散布在近 10 km² 的地域内，其中最集中的区域绵延近 3 km，有大型单体 50 余座。冰川石林奇石林立、层峦叠嶂、形态各异。2017 年，大石架冰川石林被内蒙古自治区国土资源厅评为自治区级地质公园。

大石架冰川石林地质公园由宏伟秀丽的花岗岩峡谷、险峰，独特的高山草甸草原及底蕴厚重的人文景观组成。自治区级地质公园的成功建立，较大地提高了公园的社会知名度。商都县在此基础上，引入大型企业对公园进行旅游开发。项目建成后，公园将成为集旅游生态观光、草原风情娱乐为一体的综合性旅游景区。

7.3.12 巴林石矿山公园

巴林石矿山公园位于内蒙古赤峰市巴林右旗境内，距北京直线距离为 480 km，总规划面积为 96.34 km²，生态控制范围面积为 28 km²，主要分为四个景区，分别是矿山遗迹游览区，位于巴林石矿区内，面积约为 7.94 km²；自然生态保护区，面积约为 23.10 km²；民族风情体验区，面积约为 17.33 km²；草原风情观赏区，面积约为 28.46km²。每个景区内的景观内容和突出的重点各不相同，各具特色。主要景点有巴林石矿采矿点、红山文化巴林石加工遗址、固伦淑慧公主陵、古榆树林等(张楠 等，2007)。

巴林石隶属叶腊石，石质细润，通灵清亮，质地细洁，光彩灿烂，常用来制作印章、生活饰品、首饰等，是我国四大印章名石之一。巴林"福黄"石质透明而柔和，坚而不脆，色泽纯黄无瑕，金石界素有"一寸福黄三寸金"之说；巴林石中的鸡血石有"草原瑰宝"之美誉。巴林石的开发和应用很早，在中华民族的历史长河中占据了重要地位。巴林石矿也走过了漫长的历史，积淀着悠久的文化。2005 年，巴林石矿山公园作为首批国家矿山公园被国土资源部批准建立。

巴林石国家矿山公园主景区的矿山遗迹游览区主要包括巴林石矿在不同时期开采后所遗留下来的采矿遗迹和巴林石矿的找矿标志，这些构成巴林石国家矿山公园的主要景点。此外，游客还可以了解矿山发展的历史以及当地特色的人文和自然景观。

7.3.13 大井矿山公园

大井矿山公园位于内蒙古自治区赤峰市林西县，距赤峰市约 200km，距北京约 630km（张志光 等，2011）。在园区内，有古矿坑道 47 条、古冶炼遗址 12 处、房址 3 处，山坡上发现了大量的残石工具，可见当时已有了较细的分工。经北京大学历史系考古专业人员进行 ^{14}C 测年，结果显示大井古铜矿遗址距今已有 2870±115 年。目前来看，大井古铜矿遗址是我国发现最早的具有大规模采矿、冶炼、铸造等全套工序的古遗址，具有较高的历史和研究价值，是我国青铜时代文明史的象征之一（杨艳 等，2012）。1982 年和 1986 年，大井古铜矿遗址先后被评为市级、自治区级重点文物保护单位，2001 年被国务院评为第五批全国重点文物保护单位，并在完成了国家矿山公园申报材料的编制后，于 2010 年 5 月获得了第二批国家矿山公园建设的资格（张志光 等，2011）。

内蒙古林西大井国家矿山公园集青铜文化、红山文化、辽文化、浓郁的宗教民俗文化和富有朝气、蓬勃发展的现代文化于一体，是以展示中国铜矿业发展的历史为主线，以古铜矿遗址为主体景观，结合现代铜矿业先进开采技术与公园优美的自然景观，挖掘公园绚丽多彩的铜文化和历史旅游文化，具备铜矿历史再现、矿业遗迹旅游、科学考察、休闲娱乐和爱国主义教育等功能，以保护利用矿业遗迹景观资源及其他人文景观为根本宗旨，成为集矿业历史再现、科学研究、游览观光、科普教育、休闲娱乐为一体的国家矿山公园。

7.3.14 白云鄂博矿山公园

白云鄂博矿山公园位于"稀土之都"内蒙古自治区包头市，园区内矿业生产活动遗迹包含主露天采场、东露天采场、排土场、矿山生产工具用品、原推土机库房、选矿厂、火车加煤站、生态矿山公园等。这些丰富多样的矿业遗迹是内蒙古乃至中国铁矿和稀土开采活动的历史见证，是具有重要研究价值、教育功能的历史文化遗产，代表着白云鄂博铁矿近现代矿业开采和发展的历史，拥有自然和人文双重属性，具有重要的开发利用价值。

在筹备建立矿山公园之前，由于大规模的挖填破坏了矿区的覆土生态环境，矿山生态状况极为恶劣。因此，园区基于生态技术美学的角度进行了矿区生态重塑与景观再生，实现了由废弃矿区向生态型景观绿地的转变，使之成为能够承载矿区工业文化展示、民族精神象征、居民休闲游憩等功能的生态旅游场所（刘泽群等，2018）。

第8章 构造演化与地质遗迹成因

地质(矿山)公园的建设是当前国内各级政府的一项重要工作,且工作的重心主要放在公园的基础设施和园区美化等硬件方面,公园的软件建设如景区内涵建设往往被忽视,表现为各地的地质(矿山)公园千篇一律、相似度极高。随着国内公众对旅游过程中科学知识需求的增加,地质遗迹内涵建设的匮乏使矛盾更加激化。林明太(2008)在太姥山国家地质公园进行问卷调查发现:想了解地质公园地质遗迹成因的游客占调查总人数的92.4%。张玲等(2010)以西安翠华山国家地质公园为样本,分析了游客对地质遗迹景观的解说需求,发现游客对地质公园的人工解说有较高的需求,在解说主题上偏好地质景观成因和动植物知识。许涛(2015)通过对内蒙古克什克腾地质公园的旅游者进行问卷调查发现,游客在自然观光的同时,获取地质科学知识的需求成为其选择旅游目的地的"潜在动力",既具有观赏性又有科学内涵的地质遗迹最受旅游者欢迎。因此,加强地质遗迹内涵建设、研究地质遗迹景观成因是现今地学研究的一个重要方向。同时,随着地质(矿山)公园评估工作的常态化,对于不符合评估标准的地质公园将被淘汰,地质遗迹景观的内涵建设更是当务之急。

推动地质遗迹景观的内涵建设,揭示地球某段地质历史时期古地理、古气候、古生物等方面的自然信息,既为人类研究地球的历史演化过程、恢复地质历史乃至预测地球未来的演变趋势提供了重要依据;也可通过地学知识的普及,满足旅游者对地球科学知识的求知欲望,奠定国家科普教育和公众启智良好的基础,提高公众对地质遗迹的保护意识,并实现地质遗迹的可持续发展。

8.1 构造环境与地质遗迹

研究区复杂的构造演化形成千姿百态的地质遗迹,不同的地质遗迹往往形成于特定的构造环境中。如高耸的褶皱山系记录了地质体之间相互挤压、碰撞的过程,而深大裂谷则是伸展事件的直接产物。此外,岩浆岩遗迹组合是区域构造环境的重要表征。钙碱性岩浆岩组合常发育于活动大陆边缘、岛弧、陆内碰撞造山带等挤压环境下,而双峰式岩浆岩组合常发育于伸展构造环境。再如A型花岗岩的岩石组合:如果A型花岗岩与辉长岩、辉绿岩紧密伴生构成双峰式岩石组合,则表征的是大陆裂谷构造环境;而如果A型花岗岩与钙碱性花岗岩类紧密共生,则表征的是造山后崩塌的伸展构造环境。以玄武岩和流纹岩为主的火山岩地层和含煤沉积建造往往形成于伸展环境；而磨拉石建造则是挤压造山运动的典型产物。与磨拉石建造、同构造侵入体、中高压变质岩等产物一样，逆冲推覆体是代表挤压环境的重要现象之一，而且也是最直观的挤压构造表现。而正断层或断陷盆地、变质核杂岩则是与后造山伸展有关的典型伸展构造。

由前文可知，研究区在晚古生代晚期经历了五个阶段的构造演化。①晚泥盆世—早石炭世的造山及后造山作用，致使贺根山蛇绿岩所代表的洋盆消失，古亚洲洋最终闭合。②晚石炭世的伸展作用，地壳开始沉降并接受沉积，沿二连—东乌珠穆沁旗、苏尼特左旗—西乌珠穆沁旗及华北板块北缘形成了三条晚石炭世岩浆岩带。③早二叠世，在持续伸展拉张作用下，伸展构造带内水体不断加深，寿山沟组中开始出现细粒的泥质岩类，并发育鲍马序列。沿二连—东乌珠穆沁旗、满都拉—苏尼特左旗—西乌珠穆沁旗及华北板块北缘形成了三条早二叠世岩浆岩带，出现双峰式火山岩和 A 型花岗岩。沿西乌珠穆沁旗—补力太—卫境—索伦山等拉张程度较深的部位出现了基性—超基性岩类，在西乌珠穆沁旗迪彦庙、索伦山等地发育较完整的蛇绿岩套。④中二叠世，伸展构造带停止扩张，开始由伸展体制向挤压体制转换，表现为伸展构造带基底抬升，水体开始变浅，岩浆活动也随之减弱。⑤晚二叠世的持续挤压作用下，早期打开的伸展构造带萎缩变窄并逐渐闭合，由早二叠世的深海—半深海环境转变为海陆交互相和陆相环境。

研究区晚古生代晚期的复杂构造演化及构造环境的变化直接导致不同类型地质遗迹的形成。最具代表性的遗迹包括古生物化石遗迹、花岗岩地质遗迹、构造地质遗迹、矿床地质遗迹等，这些遗迹的景观成因与研究区晚古生代晚期的构造演化有着紧密的联系。

8.2　古生物化石遗迹

8.2.1　化石的成因

古生物化石遗迹是在地质历史时期伴随地壳的演化和发展被保存在地层中的生物遗体和活动遗迹，包括植物、无脊椎动物、脊椎动物等实体化石、模铸化石及遗迹化石。动植物遗体经石化作用会形成实体化石。古生物遗体在地层或围岩中留下的印模，被称为模铸化石。而保存在地质体中的生物生命活动的遗迹则被称为遗迹化石。

8.2.1.1　实体化石的成因

实体化石的形成通常与三项因素有关。

1. 生物体

生物体是形成实体化石的物质基础。实体化石就是古生物遗体本身全部或部分保存下来形成的化石。通常实体化石中保存的是生物体中坚硬的部分，如动物的介壳、骨骼、牙齿、角、喙，植物的树干、孢子、花粉等，这些部分相比软体部分不易腐烂，更易保存。生物体的数量越多，形成化石的机会就越大。因为大面积的化石层即便被后期地质作用破坏也相对容易被发现，若化石数量本身就少，被后期地质作用破坏后能够保存下来的机率会大大减小。

2. 适宜的掩埋环境

实体化石之所以能被保存下来的另一个重要原因是生物体死亡之后被迅速掩埋，隔绝了空气，阻断了氧化作用，避免遗体被其他动物吞食、破坏。因此，生物死亡之后，首先必须要有快速的沉积作用将其遗体掩埋，其次掩埋生物遗体的沉积物必须能够阻碍分解物质的渗透。因此，通常在细粒的沉积地层中，如泥岩、粉砂岩或石灰岩中，才能见到保存相对完好的实体化石。

3. 压实作用和石化作用

生物遗体被迅速埋藏后，必须经历较长一段时期的石化作用才能形成化石。石化包括钙化、硅化、碳化、矿化，是把古生物的遗体、遗物和遗迹通过物理和化学作用，使其变得坚硬如石的过程。石化期间，区域构造体制不会发生根本变化，构造活动较少，为石化作用提供相对稳定的环境。埋藏的生物遗体不会因频繁的构造运动被带到地表而受到风化、流水剥蚀或者野生动物的破坏，更有利于化石的形成。

8.2.1.2　模铸化石的成因

模铸化石又可以分为四类，分别是印痕化石、印模化石、核、铸型化石。

印痕是生物遗体陷落在底层所留下的印迹，遗体往往遭受破坏，但这种印迹却能反映该生物体的主要特征。不具硬壳的生物，在特定的地质条件下，也可保存其软体印痕，如植物叶子的印痕。

印模化石，包括外模和内模两种。外模是遗体坚硬部分(如贝壳)的外表印在围岩上的痕迹，它能够反映原来生物外表形态及构造。内模指壳体的内面轮廓构造印在围岩上的痕迹，能够反映生物硬体的内部形态及构造特征。例如，贝壳埋于砂岩中，其内部空腔也被泥沙充填，当泥沙固结成岩而地下水把壳溶解之后，在围岩与壳外表的接触面上留下贝壳的外模，在围岩与壳的内表面的接触面上留下内模。

核又分为内核和外核。贝壳内的泥沙充填物称为内核，它的表面就是内模，内核的形状、大小和壳内空间的形状、大小相同，是反映壳内面构造的实体。如果壳内没有泥沙填充，当贝壳溶解后就留下一个与壳同形等大的空间，此空间如再经充填，就形成与原壳外形一致、大小相等而成分均一的实体，即外核。外核表面的形状和原壳表面一样，是由外模反印出来的，他的内部则是实心的，并不反映壳的内部特点。

铸型是指已经形成外模及内核的贝壳壳质全被溶解，而被另一种矿质填入，像工艺铸成的一样，使填入物保存贝壳的原形及大小。它的表面与原来贝壳的外饰一样，它们内部还包有一个内核，但壳本身的细微构造没有保存。

8.2.1.3　遗迹化石的成因

遗迹化石是生物生命活动的痕迹被保存在沉积地层中而形成的化石。生物生命活动主要包括：运动、觅食、潜穴、钻孔、休息、捕食、孵化等。最常见的遗迹化石是动物运动的痕迹，如虫类的爬痕和恐龙足印。

遗迹化石的形成和保存通常需要两个条件：①较松散的沉积物；②气候干湿度适宜。松散的沉积物作为赋存媒介，更易于留下动物运动痕迹。半潮湿半干旱的环境背景下，运动痕迹不会因降水太多被冲刷，也不会因气候干旱而迅速固结被破坏。此外，足迹化石还要求覆盖与封闭的时间匹配。如果足迹形成后，上覆沉积物形成后没有形成封闭的环境，而是又被流水或风化作用剥蚀掉，那足迹就会受到破坏。遗迹化石的重要意义在于其原地埋藏性，因此具有重要的科研价值，能够指示古环境和古生态环境，并被应用在海、陆相油气资源评价和储层研究中。

8.2.2　古生物化石的价值

古生物化石在地质学中具有重要的科学价值。

1. 地层对比的重要依据

古生物法是地层划分和对比的常用方法之一。由于某些生物群只存在于地质历史阶段的某一个时期，同时期沉积的地层中均会含有该生物化石。因此，利用古生物化石来进行地层划分和对比，可以避免传统地层学中仅按岩石类型和沉积标志进行对比所犯的错误。

2. 指示地层层序

地壳经历了数百万年的构造变迁，构造体制几经转换，多数地层不能保持其原始的沉积状态，会因地质作用发生严重的变形、变位。这为后人对某地区进行地层学研究设置了障碍。但是，根据古生物遗体在地层中保存的形态，还可以判断地层的层序和地层是否发生倒转。如：贝壳类化石通常是以凸面向下的形式保存在地层中，如果现今所见的地层中多数贝壳类化石呈凸面向上的形态出露，则表明地层发生了倒转。

3. 对古地理和古气候的指示

某些植物化石的种属生活在特定的气候和环境中，通过对植物化石的研究来推断古气候特点是古气候学研究重要且有效的方法之一。例如，煤炭是古代的植物压埋在地下，在隔绝空气或空气不足的条件下，受到地下的高温和高压年久变质而形成的黑色或黑褐色矿物。煤的形成需要大面积的植物作为物质基础。古地质时期中生代是典型的温室时期，全球没有寒带，各个大陆上植被茂密，因此，全球很多大陆上均含有侏罗系的煤层。此外，苔藓类化石多赋存在暗色泥岩或含煤地层之中，显示原地埋藏的特点，指示沼泽等湿地环境；而珊瑚大多数生活在温暖清澈的浅海地区，水温不低于 20℃，因此珊瑚化石多保存在浅海相的灰岩或泥岩中。

4. 约束地层时代

古生物化石对约束地层相对地质时代提供了重要的依据。以蟆为例，蟆属于原生动物门-肉足虫纲-有孔虫亚纲-蟆目-蟆超科，因其外形多为纺锤形，故也称为纺锤虫。这种生物始于早石炭世晚期，早二叠世达到极盛，晚二叠世开始衰落，二叠纪末灭绝，因此被视为石炭系和二叠系的标准化石，除了被用来进行地层对比，更能有效地约束其赋存地层的时代。

5. 研究生物进化的依据

地球上的生物的进化遵循着特定的规律，古生物学将其称为化石层序律(生物顺序发生)，即在地质历史时期，各种生物是相继出现的，相同的地层中发育相同的叠覆次序，并包含相同的化石。这些生物的演化总是遵循从低级到高级、从简单到复杂、从不完善到逐渐完善的规律，尽管演变速度有快有慢，但总体趋势是向前发展的，这被称为"前进性"。因此，将早期地层中出现的生物种属与晚期地层中出现的该生物进行比较，可以总结古生物进化的特点、规律和趋势。如蟆类化石仅保存在研究区上石炭统—中二叠统地层中，种类之多，数量之庞大，是研究该生物的绝佳样本。通过对比地层中蟆类化石的形态、数量、产出层位，可厘清蟆类的种属、演化规律。

6. 反映区域构造演化

无论含古生物化石的岩层在后期的构造演化中如何被改造，同期地层中所含的古生物化石不会因为后期构造的改造而发生质的变化。化石约束了所赋存地层的时代，因此可以用来判断构造运动发生的相对时间。如研究区上石炭统阿木山组和哲斯组地层均发生了褶皱变形，褶皱方位大致相同，证明是同期褶皱，因此至少可以凭此判断该褶皱事件发生的时间晚于晚二叠世。再如，晚古生代以来，全球植被以裸子植物为主，这些裸子植物形成的木化石可能会被不同的地壳板块运到不同的经度和纬度，从而成为大陆漂移、板块构造和区域地质演化的重要证据之一。

7. 美学价值和收藏价值

某些外形特殊的古生物化石在旅游文化消费中可推动地学知识传播，提升欣赏自然景观的功能和价值。观赏性古生物化石的美学特征表现在其具有独有的形象美、结构美、恒古美、珍奇美、恢宏美和综合美。在我国，很多博物馆中均珍藏着古生物化石，如北京周口店猿人遗址博物馆收藏着记录人类进化史的北京猿人化石；中国古动物馆则是一座系统介绍脊椎动物起源和系统发育的国家级博物馆，从鱼形的原始无颌类到硬骨鱼类和软骨类，从两栖类到爬行动物类，从空前繁盛的恐龙王国到哺乳动物开始统治世界，直至古猿进化为智人，形形色色的化石轮流登场，清晰地勾勒出脊椎动物发展的脉络。

8.2.3　上石炭统阿木山组中的化石

兴蒙造山带中部晚古生代进入伸展构造域，发育一条贯穿东西的伸展构造带，形成地表浅海，大量螳、珊瑚、苔藓虫、腕足类等古生物得以繁殖生存。快速拉张的构造背景下，沉积物堆积迅速，为化石的形成创造了快速埋藏条件。晚石炭世，研究区沉积了富含螳、珊瑚、苔藓虫、腕足类化石(图 8-1，图 8-2)的阿木山组海相地层。该地层从东到西分布在阿鲁科尔沁旗南部、西乌珠穆沁旗南部、阿巴嘎旗、苏尼特左旗、苏尼特右旗、四子王旗、达茂旗，其典型剖面就位于西乌珠穆沁旗猴头庙米韩高巧高鲁。

图 8-1　阿木山组下段灰岩中的生物碎片

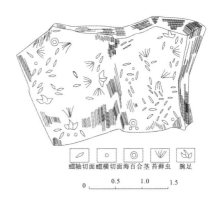

图 8-2　阿木山组中古生物化石生态素描

出露于内蒙古西乌珠穆沁旗米韩高巧高鲁地区的阿木山组典型剖面自下而上含 *Triticites*、*Pseudoschwagerina*、*Eoparafusulina* 3 个化石带（张玉清和张婷，2016）。仅 *Triticites* 带中珊瑚化石就多达 20 个属，各类珊瑚形态不一（图 8-3，图 8-4）。*Pseudoschwagerina* 带中珊瑚的组合不及 *Triticites* 带中丰富，群体珊瑚大量消失，单体三带珊瑚发育较多。*Eoparafusulina* 带厚约 670m，主要的蜓类化石包括 *Eoparafusulina* sp.、*Nipponiella* sp.、*Pseudoschwagerina* sp.、*Pseudofusulina* sp.，主要的珊瑚化石为 *Kpingophyllum* sp.、*Duplophyllum* sp.。米韩高巧高鲁地区阿木山组剖面最典型的意义在于蜓类化石分带尤其明显，上部以 *Eoparafusulina* 为主，中部以 *Pseudoschwagerina* 为主，下部为 *Triticites* 带，不含 *Pseudoschwagerina* 带中的化石种属，分带性明显在地层中实属罕见。阿木山组中蜓类化石种类丰富，数量庞大，在苏尼特地区出露的阿木山组地层剖面中，蜓类化石有 10 个属，在米韩高巧高鲁地区更是多达 20 余属（图 8-5～图 8-8）。这为研究蜓类的演化发展提供了重要的样本，具有深远的科学意义。

图 8-3　阿木山组中横靶裙边珊瑚

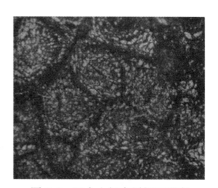

图 8-4　阿木山组中纤细云珊瑚

图 8-5　阿木山组中的诺英斯基麦蜓

图 8-6　阿木山组中的金河皱壁蜓

图 8-7　阿木山组中的金氏苏伯特蜓

图 8-8　阿木山组中的原始麦蜓

8.2.4　中二叠统哲斯组中的化石

研究区锡林浩特达里哈尔呼舒一带的哲斯组下段灰岩及大理岩中也含有丰富的珊瑚、海百合茎、螳和腕足类化石以及少量的牙形石化石。哲斯组下段的四射珊瑚全为单体型，主要有 *Lytvolasma* sp.、*Lophophyllidium* sp.、*Tachylasma elongatum*、*T. magnum*、*T. zhesiensi.*、*Amplexocarinia* sp.、*Timorphyllum* sp.等，珊瑚外壁较厚，主要为单体单带性，凉水型分子较多，显现北极动物群的特征。哲斯组腕足动物群中，属于暖水型的仅有 *Spinomarginifera jisuensis* 和 *Leptodusnodilis nobilis* 两种，属于北方大区及北极区常见分子有 *Yakovlevia*、*Kochiproductus*、*Spiriferella*、*Waagenoconcha*、*Stenoscism*，其他主要为世界性分子。哲斯组动物群以凉水型为主，其地质意义主要在于可以用来判别研究区晚古生代时期的古地理和古气候变化特征。

8.2.5　古生物化石遗迹的保护

值得注意的是，虽然研究区晚古生代地层中含有丰富的古生物化石，但是由于自然因素和人为因素的破坏，大型化石层已不再存在。

自然因素包括：化石所赋存岩石的性质、风化作用、流水侵蚀以及生物作用。研究区富含化石的地层主要是上石炭统阿木山组和中二叠统哲斯组。阿木山组中化石多赋存在灰岩中。灰岩岩石的透水性好，溶解系数高，极易受到流水的化学侵蚀。而且研究区地处内蒙古高原，海拔较高，地势平坦，又无高大山系遮挡，常年盛行西北风，风力资源丰富。但同时，常年多风的天气使得该地区风化作用较强。在西乌珠穆沁旗地区夏季降水丰富，植被发育较好，植物发达的根系、雨水淋滤和流水侵蚀加速了岩石的破裂。

人为因素包括：人工开矿、踩踏、地质采样、非法采集等。研究区处于大兴安岭铜多金属成矿带和锡-钨-银多金属成矿带上。此外，此区域还拥有丰富的煤炭资源，如西乌珠穆沁旗的跃进煤矿、锡林浩特市的锡林浩特煤矿、赤峰市的平庄煤矿、霍林郭勒的霍林河煤业都是国有重点煤矿。凭借丰富的矿产资源，内蒙古自治区经济发展迅速。同时，矿业开采对草原以及地质遗迹的破坏极大。内蒙古自古以畜牧业闻名全国，研究区恰好处于锡林郭勒盟，是内蒙古畜牧业最发达的区域之一。锡林郭勒盟草场质量好，牧民饲养的牛羊数量多，动物对露头的踩踏在一定程度上也破坏了化石的原始形态。20 世纪 80 年代以来，我国地质行业发展迅速，各大科研院所在内蒙古开展了不同比例尺的填图工作。为了完成既定的区调任务，各单位在典型剖面和露头处采集了大量的岩石样本，尤其是化石样本。再加上化石具有收藏价值，很多谋利者大肆在区域内开采化石进行售卖。如此，在自然因素和人为因素的共同作用下，研究区地质遗迹破坏严重，野外露头可见的化石多为碎片，厘米尺度的化石几乎很难再见。

8.3 花岗岩地质遗迹成因

花岗岩地质遗迹景观是由花岗岩类岩石构成的有观赏价值的地貌景观资源。花岗岩类岩石是指主要由石英、长石、云母及少量暗色矿物等构成的火成侵入岩。这些岩石的分布遍及全国，在产出时代上从太古宙至新生代均有发现，由于我国地质构造与气候带的多样性，形成了多种多样的花岗岩地貌景观，我国更是成为世界上拥有花岗岩景区(包括世界自然遗产、世界地质公园、国家地质公园、国家风景区、国家旅游区等)最多的国家之一。

花岗岩地貌景观类型主要包括：尖峰花岗岩地貌，断壁悬崖花岗岩地貌，圆丘(巨丘)花岗岩地貌，石蛋花岗岩地貌，石柱群花岗岩地貌，塔峰花岗岩地貌，崩塌叠石(石棚)花岗岩地貌，海蚀崖、柱、穴花岗岩地貌，风蚀蜂窝花岗岩地貌，犬齿状岭脊花岗岩地貌，圆顶峰长脊岭花岗岩地貌等 11 种花岗岩造型地貌(陈安泽，2007)。但这些花岗岩地貌的共同成因有以下几个：岩石矿物学因素、节理断裂因素、气候等自然条件因素、构造运动抬升因素(张招崇 等，2006；陈安泽，2007；崔之久 等，2007；卢云亭，2007；文雪峰 等，2013)。

1. 岩石矿物学因素

影响花岗岩地貌的岩石矿物学因素主要有岩石的结构、岩石的构造、岩石的矿物成分、岩浆侵位深度及粒度、岩体形态和规模等。岩石结构对花岗岩地貌的影响表现为：细粒结构较粗粒结构的岩石相对容易受到化学风化，因为其单位体积中有更大的表面积，因而具有高的自由能；而粗粒结构的岩石相对抗蚀变(张招崇 等，2006)。岩石的块状构造使岩石致密、透水性弱，风化作用只能在岩石表面进行(曾昭璇，1960)；而片状构造、片麻状构造、气孔构造等岩石构造可使风化作用沿着薄弱面进行，加速对岩石的破坏。岩浆不同的侵位深度可产生粒度不同的岩石，如岩浆侵入在较深部位冷却形成的岩体，由于其温度下降缓慢，矿物有足够的结晶时间，故晶体一般较粗大，形成粗粒乃至巨粒结构；而如果岩浆侵入在较浅的部分，由于温度较低，岩浆冷却较快，矿物晶体往往发育为细粒；不同的岩石粒度又会形成不同的花岗岩地貌。岩体的形态和规模也会影响景观的展布。

花岗岩的矿物及成分往往是影响花岗岩景观形成的重要因素。花岗岩的主要造岩矿物有石英、钾长石、斜长石、黑云母、角闪石等。其中，黑云母和角闪石是铁镁暗色矿物，是最容易风化的矿物；而浅色矿物中，石英最稳定，一般不易风化；钾长石和斜长石较为稳定(张招崇 等，2006)。因此，石英等浅色矿物含量高的岩石相对抗风化，而黑云母和角闪石等暗色矿物含量高的岩石容易风化。例如，黄山、三清山、九华山等地的花岗岩主要由石英、钾长石、斜长石构成，浅色矿物质量分数达 90%以上，暗色矿物稀少；SiO_2 的质量分数通常非常高，往往达到 75%左右(邱瑞龙，1998；张招崇 等，2007；张舒 等，2009)。这种矿物成分的花岗岩抗风化能力相对较强，为花岗岩峰林等观赏景观的形成提供了坚实的物质基础。

2. 节理断裂因素

花岗岩在冷凝过程中因体积收缩，常常产生不同方向的裂隙，这种裂隙称为节理。按照节理与流线和流面的关系可分为：既垂直流线又垂直流面的横节理(Q 节理)、平行流线但垂直流面的纵节理(S 节理)、既平行流线又平行流面的层节理(L 节理)、斜向的斜节理(D 节理)(Sherbor，1952；陈安泽，2007)，如图 8-9 所示。以上这些节理由于是在岩石形成时同时产生，所以又称原生节理。而岩石形成后受外力作用也会产生另一些方向各异的节理，这些节理被称为次生节理。花岗岩峰林的形成主要与垂直节理的发育有关，而石蛋等花岗岩地貌的形成与多组节理，特别是垂直和水平两组节理的良好发育有关。当花岗岩因顶部地层遭受剥蚀而出露于地表后，围压的大大降低必然使花岗岩向侧方和上方扩展。花岗岩会沿着几组原生节理张裂开，其中直立或近直立的两组节理是侧向扩展的结果，而平缓的一组席状节理是释压的结果。花岗岩石虽然坚硬，但是这些原生和次生节理的发育使岩石分裂开来，风化作用、重力崩落作用、流水冲蚀作用、冰川掘蚀作用、风蚀作用等就可以沿着节理进行，使坚硬的花岗岩形成造型各异的地貌。因此，花岗岩节理的发育是花岗岩地貌景观形成的重要控制因素，花岗岩景观的外形与节理的走向、倾向和延伸密切相关。

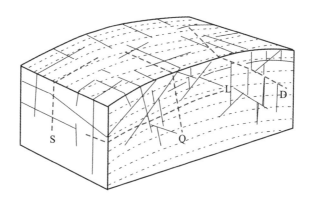

图 8-9　花岗岩节理立体图解

Q. 横节理；S. 纵节理；L. 平节理；D. 斜节理

3. 气候等自然条件因素

气候对花岗岩地貌的影响非常明显。在湿热条件下，花岗岩容易遭受化学风化作用，发生高度风化，可以形成上部厚层风化壳体和较平坦的地表面，以及下部起伏不平的由新鲜岩层构成的风化前锋，从而构成"双面风化壳"。地壳一旦抬升，上层风化壳可以产生不同程度的剥蚀，下层风化壳前锋也会有不同程度的暴露，于是诞生各种奇形怪状的造型石；而在干旱寒冷、温差较大的气候环境中，主要发生物理风化（崔之久 等，2007）。由于岩石中各种矿物的膨胀系数差别较大，在热胀冷缩过程中，花岗岩表层很易破碎，造成鳞片状剥落。这种物理风化可以使大面积花岗岩表面直接从基岩风化为砂粒，随即被风、水带走。

流水作用在花岗岩地貌发育和演化过程中主要表现为流水不断蚀去岩体表面的风化物质，使风化得以继续进行，同时对岩石中的可溶性成分进行溶蚀，可促进水动力侵蚀的加强和风化作用的进程。风力作用与流水作用一样可以不断蚀去岩体表面的风化物质，加速风化进程。这种作用在干旱区表现得尤为显著，很多干旱区的花岗岩体由于盐风化及风沙吹磨而在岩体表面形成大量风蚀窝穴。

4. 构造运动抬升因素

花岗岩体形成的部位一般较深，地底深处有充分的冷凝结晶时间，因而花岗岩的矿物颗粒也发育得较为完全，肉眼即可识别，但埋在深处的花岗岩体也无法形成具有观赏价值的地貌景观。这就需要构造抬升作用将花岗岩从地底深处抬升到地表侵蚀基面之上，接受风化剥蚀。由于构成花岗岩的矿物硬度较大（石英摩氏硬度为7、长石摩氏硬度为6），自然界风化的法则是"欺软怕硬"，花岗岩坚硬的特性使它在风化时突立于其他软弱岩层之上，形成具有观赏价值的奇特地貌。

因此，构造运动抬升因素对花岗岩地貌景观发育的作用体现在将花岗岩体抬升到地表附近，以便为侵蚀提供条件。如果抬升到一定程度而长期相对稳定，则有利于花岗岩地貌按照连续的演化阶段逐步演化；如果是间歇性的抬升作用，则可能发育多层性的花岗岩地貌。

花岗岩地质遗迹是研究区最丰富的地质遗迹之一，众多地质公园的核心景观都是花岗岩地貌。但由于晚古生代距今时代久远，多数花岗岩露头遭受了较强的风化作用和剥蚀作用，罕有以晚石炭世—早二叠世花岗岩为物质基础开发的大型景观。现已开发的以花岗岩石林为特色的地质公园，以白垩纪的花岗岩为主，如克什克腾世界地质公园内的阿斯哈图园区的花岗岩石林和青山园区的花岗岩岩臼群、七锅山地质公园的花岗岩岩臼等。仅在苏尼特地质公园宝德尔楚鲁园区内，早二叠世的花岗闪长岩作为围岩出露，与白垩纪的花岗岩构成花岗岩石林，单体形态平面多呈椭圆形或圆形，立体形态上呈石柱或宽缓圆锥体。

苏尼特地质公园的宝德尔楚鲁园区的花岗岩遗迹多呈层状节理地貌或是球形

风化地貌(图 8-10、图 8-11),岩性多为碱性花岗岩。这些花岗岩地质遗迹的成因除了以上这些共同的成因,也拥有其他的成因特点。经过对岩体中的锆石进行 U-Pb 同位素测年发现,公园内花岗岩的形成时代大约在 (292.6±0.5) Ma 和 (132±1) Ma,即晚石炭世—早二叠世和早白垩世(陶继雄 等,2010;郭磊 等,2015)。其中,晚石炭世—早二叠世花岗岩的形成与研究区的晚古生代晚期大地构造背景有着紧密的联系。研究区在晚石炭世—早二叠世的持续伸展减压作用下和拉张背景下,压力的降低非常有利于岩石的熔融。同时,地壳的伸展拉张减薄还可伴随深部软流圈地幔的上涌和幔源岩浆的底侵作用,从而使地壳加热进一步发生部分熔融,产生大规模花岗岩浆,沿二连—东乌珠穆沁旗、满都拉—苏尼特左旗—西乌珠穆沁旗及华北板块北缘发育了多条花岗岩带,这是苏尼特地质公园晚古生代花岗岩地貌景观的物质基础。后期早白垩世二长花岗岩侵入,形成巨大的穹窿,破坏了早期晚古生代花岗闪长岩的产状。两期花岗岩岩类在风化作用、流水剥蚀作用下,沿节理发育的位置遭受不同程度的剥蚀,形成形态各异、姿态万千且极具美学价值和观赏价值的景观。

图 8-10　苏尼特左旗宝德尔楚鲁园区层状花岗岩石林

图 8-11　苏尼特左旗宝德尔楚鲁园区蘑菇岩

8.4　构造地质遗迹成因

构造地质遗迹的类型主要包括：典型全球性构造，典型区域性构造和典型中、小构造。研究区全球性的典型构造较为稀缺，但发育了大量的区域性构造和中、小构造。有些构造遗迹还成为著名的旅游景区，如西拉木伦河断裂带横跨克什克腾地质公园的浑善达克园区和西拉木伦河园区以及翁牛特旗地质公园西拉木伦景区。其深度达莫霍面，是一条长期活动的超岩石圈深断裂带，向西延至甘肃北山一带，向东延至东北境内。它不仅是一条重要的地貌分界线，还是一条重要的地质分界线，沿西拉木伦河两侧，地质地貌均存在明显差异。

西拉木伦河断裂带与古亚洲洋的演化息息相关。早古生代，古亚洲洋周边就已经分布着华北板块(中朝板块)、锡林浩特、南蒙古、布列亚-佳木斯、额尔古纳和西伯利亚板块等大小不一的地块或板块(图8-12)。早古生代晚期开始，由于板块之间的汇聚作用，古亚洲洋不断收缩，这些地块向西伯利亚板块和华北板块(中朝板块)靠拢并先后互相碰撞拼合。志留纪中晚期，以锡林浩特微陆块为代表的中间陆块首先与华北板块拼合，形成华北板块的一次区域性事件，致使顶志留统地层单元与下伏地层之间形成一个区域性角度不整合，形成了索伦山-西拉木伦河断裂带。晚泥盆世法门阶的造山作用(Xu et al.，2013；徐备 等，2014)致使以贺根山蛇绿岩所代表的古洋盆消失，最终导致西伯利亚板块和华北板块相互碰撞形成一个整体，也标志着古亚洲洋的闭合。晚石炭世以后，研究区进入造山后的伸展阶段，形成了一条狭长的裂陷槽，局部拉伸较深的部位出现了基性岩和超基性岩，但不足以形成新的大洋。

由板块碰撞缝合而成的断裂带，一般深度较大、范围较广。袁永真等(2015)通过对西拉木伦河断裂的重、磁、电特征进行分析，得出西拉木伦河断裂具有分段性，各段具有不同的特征，且该断裂穿过了地壳35km的深度，说明断裂切穿了莫霍面，是一条超地壳断裂。其缝合带的特性也导致西拉木伦河断裂两侧的沉积岩相、建造类型、古生物特征存在明显的差异。

由板块碰撞缝合而成的断裂带也是一条薄弱带，最易受到后期构造运动的影响。晚石炭世—早二叠世，研究区进入拉张伸展体制，在持续拉张作用下，断裂带内及周边地区发育了多条走向一致的岩浆岩带。中二叠世，伸展构造带停止扩张，开始由伸展体制向挤压体制转换，岩浆活动也随之减弱。晚二叠世，持续挤压作用下，早期打开的伸展构造带萎缩变窄并逐渐闭合。中生代至新生代，西拉木伦河断裂带又反复经历了多次伸展-挤压体制的转换。频繁的构造运动使断裂带内的岩石更加破碎，易于被风化侵蚀，产生峡谷、沟谷等负地形。而这些地形通常又是流水聚集的场所，流水的冲刷作用更加速了沟谷的发育。经过复杂漫长的演化过程,才形成了现今壮观的西拉木伦河。

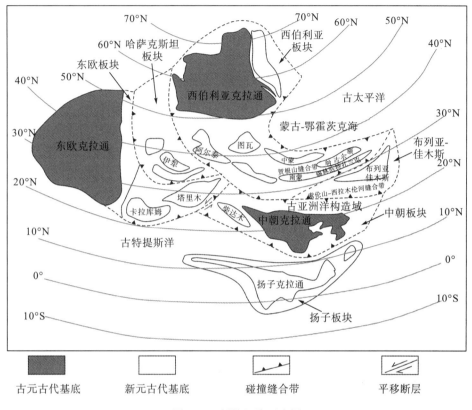

图 8-12　板块汇聚示意图

8.5　矿床地质遗迹成因

　　矿床地质遗迹是区域构造演化的产物,它的形成必然会受到区域地质演化过程中诸多因素的制约。因此,在探讨区域成矿作用和成矿规律时必须着眼区域地质演化过程中的诸多方面,才能较为客观地认识区域成矿规律(翟裕生 等,2004)。

8.5.1　主要控矿因素

　　地质演化对矿床地质遗迹的控制作用主要体现在三个方面,分别是:构造对成矿的控制作用、地层对成矿的控制作用、岩浆岩对成矿的控制作用。

　　1. 构造对成矿的控制作用

　　矿床在形成过程中,成矿流体的运移和成矿物质的沉淀、定位空间及其形成的保存条件无不与构造息息相关(万天丰，2004)。构造应该是成矿控制因素中的首要因素。它对成矿的控制作用表现为：区域性断裂带通常是地幔物质上涌的通道，而大量的次级断裂或裂隙往往就是成矿物质沉淀定位的空间。这些断裂带还具有活动时间长的特点，致使大型断裂带周围常发育不同时代的矿床，如西拉木伦河断裂带控制了两侧不同时代、不同类型的诸多矿产；不同的构造环境通常产生不同类型的矿产。洋盆拉张构造环境中，由于地幔物质上涌，形成与洋壳有关的岩浆熔离-贯入型铬铁矿床，如研究区内的贺根山、索伦山铬铁矿。而在板块俯冲削减过程中，由于中酸性岩浆侵位，通常形成大片的火山-岩浆构造带，并形成与这些中酸性火成岩密切相关的铜、铅、锌、钨、钼、银、金等多金属矿床；褶皱构造在控矿方面，无论是背斜或向斜，其核部常形成虚脱空间并在岩层中产生许多密集裂隙，从而增加了裂隙度，有利于大量成矿流体的进入和物质的沉淀，极易形成厚层大规模矿体。

2. 地层对成矿的控制作用

地层也是成矿的重要因素。许多成矿物质在岩浆活动过程中或在沉积过程中未能富集成具有经济价值的矿体，只有再经历后期的变形变质作用、混合岩化作用以及岩浆作用的再活化而富集成矿体，即地层在形成过程中可使某些成矿元素预富集，为以后不同地质时期的成矿作用提供丰富的物质基础，使成矿物质活化、迁移并富集成矿。如研究区黄岗—甘珠尔庙一带的许多有色金属矿床的围岩均为二叠纪地层，而这些地层尤其是大石寨组和哲斯组地层，富集铅、锌、锡、银等金属元素。地层中所富集的元素恰恰是该地区内的成矿元素，反映了地层可能是矿床的重要成矿物质来源。

3. 岩浆岩对成矿的控制作用

岩浆岩对矿床的控制作用主要体现在不同岩石类型或岩石化学成分形成的矿床组合也不同。如铬、铁矿床的发育常与超基性岩浆岩组合密切相关，在研究区该类型的岩浆岩组合分布于索伦山—贺根山一带，与板块俯冲带的残余洋壳有关。岩石组合通常为纯橄榄岩-斜辉辉橄岩-橄长岩-辉长岩，纯橄岩-斜辉辉橄岩-二辉辉橄岩。锡、铅、锌、金、银、铜等多金属矿床的发育常与花岗岩类有关。如研究区的朝不楞铁锡多金属矿床、大井锡-铜-铅-锌-银矿床、白音诺尔锡-铜-铅-锌矿床等，其成因均离不开周边的花岗岩类。

8.5.2 典型矿床成因

多块体拼贴造山的构造背景下，研究区岩浆活动剧烈而频繁，为各类金属矿床的形成提供了极为优越的条件。区内已发现的矿床数量和资源总量庞大、矿种丰富、类型复杂。其中，尤以铜、钼、金、锡、钨、银等多金属矿床最为典型，如图 8-13 所示。

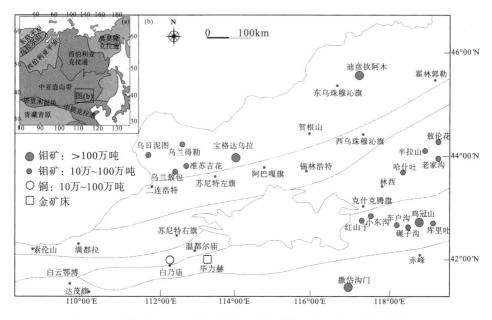

图 8-13 研究区大地构造位置图(a)及兴蒙造山带中部矿床分布图(b)

铜、钼、金、锡、钨、银等多金属矿床的发育离不开特定的构造环境和相关岩石组合。从全球范围看，很多大型、超大型斑岩铜、金等多金属矿都与板块的俯冲密切相关。板块运动最活跃的环太平洋地区是世界上探明的超大型斑岩铜、金矿聚集的地区，以南美洲的智利、秘鲁等国最为著名。仅智利一国就拥有 10 个千万吨以上的世界级大型斑岩铜矿，探明储量达 3.5 亿吨以上，占全球铜探明储量的 30%以上(孙卫东 等，2010)。从国内范围看同样如此，几个著名的铜、钼、金等多金属成矿区都分布在板块运动活跃或曾经活跃处，如冈底斯-喜马拉雅成矿区、东喜马拉雅-西南三江成矿区、西天山成矿区以及研究区所在的兴蒙造山带。

古生代期间，研究区的古亚洲洋向南、北两侧的俯冲可能在塑造富集型源区、水化造山带和增厚岩石圈等几个方面对矿床的形成产生影响。俯冲改造、加厚并富集了水和大离子亲石元素的陆下岩石圈获得了地球化学上的不稳定性，在伸展构造环境或多次伸展事件的驱动下，通过脱水熔融以达到稳定的趋势。水化的陆下岩石圈地幔在伸展过程中的低程度批式脱水部分熔融，形成的富含金属和水的高分异型岩浆构成了成矿岩浆，并在岩石圈的不同尺度经过多阶段结晶分异-同化混染后，就位成为富矿岩浆房。因此，研究区铜、钼、金等多金属矿床可能属于古亚洲洋俯冲作用水化的源区在后期强烈伸展环境下部分熔融的产物，是古亚洲洋俯冲成矿作用的延续和发展。

研究区矿床地质遗迹众多，以大井多金属矿床和白云鄂博多矿种矿床最具代表性，其分别于2010年5月和2017年12月获得国家矿山公园建设的资格。其他晚古生代形成的矿床如准苏吉花斑岩型钼矿[辉钼矿Re-Os同位素年龄为(298.1±3.6)Ma]、毕力赫斑岩型金矿[辉钼矿Re-Os同位素年龄为(272.7±1.6)Ma]、奥尤特矽卡岩型铜锌矿[绢云母Ar-Ar同位素年龄为(286.5±1.8)Ma]、好力宝斑岩型铜钼矿[花岗斑岩锆石年龄为(267±1.0)Ma，辉钼矿Re-Os年龄为(264.7±2.8)Ma]等也具有一定的代表性(张万益 等，2008；卿敏 等，2011；刘翼飞 等，2012；Zeng et al.，2013)。这些矿床地质遗迹的形成如前文所述均离不开研究区板块运动这个大的背景，但每个矿床的形成过程又各具特点，值得深入挖掘。

1. 大井多金属矿床

大井多金属矿床位于内蒙古自治区林西县东北21km处、黄岗-甘珠尔庙成矿带的东南部、大兴安岭南端。其南侧紧邻华北板块，位于西拉木伦河深断裂的北侧。区内出露地层有志留系、石炭系、二叠系、三叠系、侏罗系、白垩系、古近系、新近系和第四系。其中，二叠系和侏罗系分布广泛，并与矿化关系密切。大井矿床是我国北方地区著名的锡多金属岩浆热液型矿床，矿床中已发现的矿物达70余种，主要的矿石矿物有锡石、黄铜矿、黄铁矿、白铁矿、磁黄铁矿、毒砂、闪锌矿、方铅矿；脉石矿物为石英、方解石、铁白云石等；常见的微量金属矿物还有黝铜矿、黝锡矿、银黝铜矿和深红银矿等。大井矿床有690余条矿脉及矿化脉，矿体主要呈不规则脉状、复脉状、交错网脉状、串珠脉状，在空间上平行排列、密集成群产出(江思宏 等，2012)。其Sn(锡)、Ag(银)、Zn(锌)均达到大型规模，Cu(铜)、Pb(铅)达到中型规模，另外还伴生有S(硫)、Co(钴)、In(铟)等多种可综合利用的组分。

前人认为大井多金属岩浆热液型矿床的形成时间大约为侏罗纪—白垩纪。但是经过最新的同位素测年技术发现，矿区岩浆活动的时限要长很多，其活动时间为280Ma～133Ma，暗示其成矿作用的复杂性和成矿时间的多期性。江思宏等(2012)通过LA-MC-ICP-MS锆石测年技术，认为矿区附近的岩浆活动至少有四期，分别是：晚古生代的岩浆侵入活动，主要侵入岩有马鞍子岩体和唐家营子附近安山玢岩，其锆石年龄分别为(279.7±1.3)Ma和(252.0±1.8)Ma；三叠纪的岩浆侵入活动，以大四段村似斑状黑云母二长花岗岩为代表，其锆石年龄为(242.8±1.7)Ma；侏罗纪的岩浆侵入活动，以大井矿区内的霏细岩为代表，其两件样品的锆石测年结果几乎一致，分别为(170.7±1.4)Ma和(170.7±1.1)Ma；早白垩世的岩浆活动，以大坝南部的凝灰岩(锆石年龄为145Ma～143Ma)和小城子村南部的安山玢岩(锆石年龄为133.2Ma)为代表。因此，大井矿区及周围从晚古生代一直到中生代的早白垩世，均有较强烈的岩浆活动，该岩浆-热液型矿床的形成可能是多期岩浆活动的结果。研究区晚古生代之前的板块俯冲作用,使区域内的岩石地层预富集了多种成矿元素。进入晚古生代,在伸展拉张的构造背景下,岩浆活动强烈,岩浆在上升过程中发生重力分异作用、扩散作用,同围岩发生同化、混染作用,促进成矿元素的再次富集。再经过后续几次岩浆活动,尤其是中生代的岩浆活动才富集成具有开采价值的多金属矿床。

2. 白云鄂博多矿种矿床

白云鄂博矿区位于内蒙古自治区中部,内蒙古包头市以北 150 km 处,是一个赋含多矿种的成矿密集区。其中,稀土属于超大型矿床,东西长 18 km,南北宽 1~3 km,是世界上已知的最大稀土矿床;铁矿为大型,还有中型储量的铌,以及尚未利用的钾和萤石等重要资源,是世界上较独特的矿床。白云鄂博矿床自 1927年被发现以后,特别是何作霖、张培善等先后发现稀土、铌矿物以来,不仅吸引了中国学者,而且还吸引了来自美国、日本、英国等国的众多地质学家对其进行研究(杨晓勇 等,2015)。

白云鄂博矿床矿产丰富,可以圈出矿体的成矿元素有铁、铌、稀土、磷和钾,有综合利用价值的矿物原料有萤石、重晶石、钾长石和霓石等。据前人统计,矿物种类达 170 种之多,其中铌钽矿物近 20 种,稀土矿物近 30 种,新矿物及矿物新变种有 14 种(徐金沙 等,2012)。根据矿区的主要元素——铁、铌、稀土的分布情况、矿物共生组合、矿石结构特征以及分布的广泛程度,将矿区各矿段的矿石划分出九种主要类型:块状铌稀土铁矿石(主要分布在主矿和东矿体中部)、条带状铌稀土铁矿石(分布在主矿和东矿靠近下盘的部位)、霓石型铌稀土铁矿石(分布在主矿和东矿靠上盘部位)、钠闪石型铌稀土铁矿石(在东矿上盘地段及西矿分布较广)、白云石型铌稀土铁矿石(主要分布在西矿)、黑云母型铌稀土铁矿石(主要产于西矿的上盘)、霓石型铌稀土矿石(零星分布在主矿和东矿上盘)、白云石型铌稀土矿石(分布最广泛,在东部接触带、东矿、主矿和西矿各矿体都有大面积出露)、透辉石型铌矿石(分布在矿区东部花岗岩与白云岩的外接触带)。

白云鄂博矿床的成因研究可追溯到 20 世纪五六十年代,随着分析技术和精度不断提高,分析方法不断增加,取得了一些重要成果。一般认为:该矿床的地质历史复杂,经历了多次地质事件和岩浆活动;矿石具有条带状构造,指示成矿过程中存在深部热液作用;单一的一种成矿模式难以解释矿床的成因。因此,白云鄂博矿床很可能是多成因、多期次的复合型矿床。通过对白云鄂博矿床矿石年龄的收集,发现其年龄主要集中在 600 Ma~400 Ma 和 1600 Ma~1000 Ma 两个区间,表明加里东和中元古代这两期可能是白云鄂博矿区的主要成矿期。

中元古代,白云鄂博群形成,为一套海相沉积地层。在 1.3 Ga 左右,华北克拉通北缘一带处于地壳大规模拉张时期,于狼山—白云鄂博地区普遍发育裂谷系,导致地幔碳酸岩及其他碱性岩浆上涌,局部侵入到白云鄂博群,带来大规模的碱质热液蚀变(如霓长岩化作用),导致稀土的第一次预富集作用;在加里东时期(时代主要为古生代)发生了著名的中亚造山事件,由于板块之间的俯冲运动,导致古亚洲洋消失,岩浆活动强烈,致使矿区深部富稀土的碳酸岩及其他碱性岩中的稀土元素大规模活化迁移,在地层白云鄂博群预富集的稀土物质基础之上,成矿元素再次富集,形成大规模的稀土矿化,最终形成世界级的白云鄂博超大矿床(杨晓勇 等,2015)。

3. 准苏吉花钼矿床

准苏吉花钼矿床位于苏尼特左旗,大地构造上处于中亚造山带东段,是中蒙边境巨型成矿带的组成部分。矿区地层主要为奥陶系巴彦呼舒组及石炭系—二叠系宝力高庙组,岩浆岩出露面积广泛,占全区面积的 3/4 以上。其中,准苏吉花岩体是矿床的赋矿岩体,岩性主要为似斑状黑云母花岗岩,基质主要为石英、斜长石、钾长石及黑云母,斑晶主要为斜长石、钾长石及少量黑云母。岩石化学成分具有过铝质高钾钙碱性的特点,有明显分异特征。岩体侵入于石炭系—二叠系宝力高庙组的变质粉砂岩、凝灰质粉砂岩,与围岩之间呈侵入接触关系,接触面不规则,侵入接触部位具有较为明显的热液蚀变。矿床的主要金属矿物为辉钼矿,也有少量的黄铜矿、闪锌矿、黄铁矿、磁黄铁矿、白钨矿、方铅矿等。脉石矿物主要为石英,其次有少量的黑云母、绢云母、绿泥石等。

刘翼飞等(2012)通过选取准苏吉花钼矿床的 8 件辉钼矿样品进行 Re-Os 同位素测年,得到这些样品的 Re-Os 同位素等时线年龄为(298.1±3.6)Ma,这个年龄代表了准苏吉花钼矿床中辉钼矿的成矿时间。同时,选取较为新鲜的轻微蚀变的含矿似斑状花岗岩进行锆石 U-Pb 同位素测年,得到该赋矿花岗岩的成岩年龄为(298.2±3.1)Ma,成矿与成岩的年龄在误差范围内一致,显示该矿床的成矿作用发生于早二叠世。

由此可知,准苏吉花钼矿床的成矿模式比较简单,是在早二叠世的岩浆活动中富集而成的矿床,岩石形成的同时也形成了矿床。而岩浆岩和矿床的形成都离不开研究区当时的构造环境。早二叠世,研究区正处于强烈的伸展拉张构造背景,在持续拉张作用下,岩石圈经受减压和深部岩浆的升温作用,发生大面积的熔融,形成几条绵延百里的岩浆岩带。岩浆在上升过程中,经过不断的结晶分异和同化混染等作用,成矿元素逐渐聚集,最后在有利于成矿物质沉淀的场所形成了准苏吉花矿床。

4. 毕力赫斑岩型金矿床

毕力赫金矿位于内蒙古自治区苏尼特右旗境内,最早由内蒙古 103 地质队于1989 年发现,且探明是一个小型低温热液型金矿床。2007 年,武警黄金地质研究所与金曦公司联合在矿区开展国家危机矿山接替资源勘查,在毕力赫发现了大型的斑岩型金矿体，找矿工作取得重大突破(卿敏　等，2011)。

　　矿区多被第四系地层覆盖，局部基岩地层以中酸性火山-沉积岩系为主，地表可见侵入岩以钾长花岗斑岩为主，地表以下还分布着以花岗闪长斑岩-二长花岗斑岩为主的含金次火山侵入杂岩体。金矿体主要产于花岗闪长斑岩与围岩火山碎屑岩内外接触带，尤其是内接触带，花岗闪长斑岩体是成矿地质体。含金矿物多为自然金，多产于石英细网脉中。其他金属矿物比较单一，主要为黄铁矿、磁铁矿、黄铜矿、褐铁矿、辉钼矿等。

　　为了研究矿床的形成时代，卿敏等(2011)采集了斑岩体内的多件辉钼矿样品进行 Re-Os 同位素测试，获得等时线年龄为(272.7±1.6)Ma，代表了矿床的形成时代，即早二叠世。卿敏等(2012)又采集了毕力赫金矿区的安山岩进行锆石 U-Pb 同位素测年，结合其他人的测年结果发现矿区岩浆岩的形成年龄为(281.1±4.3)Ma～(269±4.2)Ma，也是晚古生代(早二叠世)构造活动的产物。因此，矿区的矿床和岩浆岩属于同一构造-岩浆-成矿事件，具有同准苏吉花钼矿床相似的成因。

　　上述针对兴蒙造山带中部花岗岩地质遗迹、构造地质遗迹和矿床地质遗迹的成因和科学内涵的挖掘还比较简略，研究深度和广度方面还有所欠缺。笔者也希望在此抛砖引玉，吸引更多的学者参与地质遗迹科学内涵的发掘，使地质遗迹景区既有靓丽的外表，又有深厚的内涵。通过新一代信息技术，如虚拟现实(virtual reality，VR)技术、模拟仿真技术等还原和再现地质遗迹的形成和演化过程，将地质遗迹蕴藏的科学内涵通过更逼真、更直观的画面展示出来，这应是未来地质遗迹开发和地质公园发展的重要方向。

参 考 文 献

白卉, 2013. 内蒙迪彦庙蛇绿岩地质地球化学特征[D]. 石家庄: 河北地质学院.

白新会, 徐仲元, 刘正宏, 等, 2015. 中亚造山带东段南缘早志留世岩体锆石 U-Pb 定年、地球化学特征及其地质意义[J]. 岩石学报, 31(1): 67-79.

包志伟, 陈森煌, 张桢堂, 1994. 内蒙古贺根山地区蛇绿岩稀土元素和 Sm-Nd 同位素研究[J]. 地球化学, 23(4): 339-349.

宝音乌力吉, 贺宏云, 宋华, 等, 2011. 内蒙古红格尔苏木地区奥陶系乌宾敖包组重新厘定[J]. 地质与资源, 20(4): 241-244.

鲍庆中, 张长捷, 吴之理, 等, 2005. 内蒙古西乌珠穆沁旗地区石炭二叠纪岩石地层[J]. 地层学杂志, 29(增刊): 512-519.

鲍庆中, 张长捷, 吴之理, 等, 2007. 内蒙古东南部晚古生代裂谷区花岗质岩石锆石 SHRIMP U-Pb 定年及其地质意义[J]. 中国地质, 35(5): 790-798 .

鲍庆中, 张长捷, 吴之理, 等, 2006. 内蒙古东南部西乌珠穆沁旗地区石炭纪—二叠纪岩石地层和层序地层[J]. 地质通报, 25(5): 572-579.

表尚虎, 郑卫政, 周兴福, 2012. 大兴安岭北部锆石 U-Pb 年龄对额尔古纳地块构造归属的制约[J]. 地质学报, 86(8): 1262-1272.

曹从周, 1987. 中国东北部的板块构造格局[C]. 中国地质科学院沈阳地质矿产研究所文集: 8.

曹从周, 杨芳林, 田昌裂, 等, 1986. 内蒙古贺根山地区蛇绿岩及中朝板块和西伯利亚板块之间的缝合带位置[C]// 《中国北方板块构造论文集》编委会. 中国北方板块构造论文集(第一集). 北京: 地质出版社: 64-86.

曹代勇, 赵发, 刘登, 等, 2014. 内蒙古翁牛特旗地区早二叠世火山岩地球化学特征及其构造意义[J]. 湖南科技大学学报(自然科学版), 29(3): 37-43.

陈安泽, 2003. 中国国家地质公园建设的若干问题[J]. 资源·产业, 5(1): 57-63.

陈安泽, 2007. 中国花岗岩地貌景观若干问题讨论[J]. 地质论评, 53(增刊): 1-8.

陈安泽, 2016. 论旅游地学与地质公园的创立及发展, 兼论中国地质遗迹资源——为庆祝中国地质科学院建院 60 周年而作[J]. 地球学报, 37(5): 535-561.

陈斌, 马星华, 刘安坤, 等, 2009. 锡林浩特杂岩和蓝片岩的锆石 U-Pb 年代学及其对索仑缝合带演化的意义[J]. 岩石学报, 25(12): 3123-3129.

陈斌, 徐备, 1996. 内蒙古苏左旗地区古生代两类花岗岩类的基本特征和构造意义[J]. 岩石学报, 12(4): 49-64.

陈斌, 赵国春, Simon W, 2001. 内蒙古苏尼特左旗南两类花岗岩同位素年代学及其构造意义[J]. 地质论评, 47(4): 361-367.

陈彦, 张志诚, 李可, 等, 2014. 内蒙古西乌旗地区二叠纪双峰式火山岩的年代学、地球化学特征和地质意义[J]. 北京大学学报(自然科学版), 50(5): 843-858.

晨辰, 张志诚, 郭召杰, 等, 2012. 内蒙古达茂旗满都拉地区早二叠世基性岩的年代学、地球化学及其地质意义[J].
中国科学: 地球科学, 42(3): 343-358.

初航, 张晋瑞, 魏春景, 等, 2013. 内蒙古温都尔庙群变质基性火山岩构造环境及年代新解[J]. 科学通报, 58(Z2):
2958-2965.

崔之久, 杨健强, 陈艺鑫, 2007. 中国花岗岩地貌的类型特征与演化[J]. 地理学报, 62(7): 675-690.

邓晋福, 刘翠, 冯艳芳, 等, 2010. 高镁安山岩/闪长岩类(HMA)和镁安山岩/闪长岩类(MA): 与洋俯冲作用相关的
两类典型的火成岩类[J]. 中国地质, 37(4): 1112-1118.

邓晋福, 莫宣学, 罗照华, 等, 1999. 火成岩构造组合与壳-幔成矿系统[J]. 地学前缘, 6(2): 259-270.

董金元, 2014. 内蒙古西乌旗达青牧场蛇绿混杂岩特征及地质意义[D]. 北京: 中国地质大学(北京).

范宏瑞, 胡芳芳, 杨奎锋, 等, 2009. 内蒙古白云鄂博地区晚古生代闪长质-花岗质岩石年代学框架及其地质意义[J].
岩石学报, 25(11): 241-246.

方俊钦, 赵盼, 徐备, 等, 2014. 内蒙古西乌珠穆沁旗哲斯组宏体化石新发现和沉积相分析[J]. 岩石学报, 30(7):
1889-1898.

付长亮, 孙德有, 张兴洲, 等, 2010. 吉林珲春三叠纪高镁闪长岩的发现及地质意义[J]. 岩石学报, 26(4):
1089-1102.

高德臻, 蒋干清, 1998. 内蒙古苏尼特左旗二叠系的重新厘定及大地构造演化分析[J]. 地质通报, 17(4): 403-411.

高锐, 张世红, 侯贺晟, 等, 2011. 横过华北北部的深地震反射剖面: 揭露板块汇聚, 大陆增生的深部过程[C]. 中国
地球物理学会. 中国地球物理学会第二十七届年会论文集: 131.

葛梦春, 周文孝, 干洋, 等, 2011. 内蒙古锡林郭勒杂岩解体及表壳岩系年代确定[J]. 地学前缘, 18(5): 182-195.

葛文春, 隋振民, 吴福元, 等, 2007. 大兴安岭东北部早古生代花岗岩锆石 U-Pb 年龄、Hf 同位素特征及地质意义[J].
岩石学报, 23(2): 423-440.

葛文春, 吴福元, 周长勇, 等, 2005. 大兴安岭北部塔河花岗岩体的时代及对额尔古纳地块构造归属的制约[J]. 科
学通报, 50(12): 1239-1247.

弓贵斌, 王全旗, 2011. 内蒙古自治区阿巴嘎旗地区上石炭统至下二叠统宝力高庙组火山岩特征与环境研究[J]. 西
部资源, (2): 69-73.

谷丛楠, 周志广, 张有宽, 等, 2012. 内蒙古白乃庙地区白音都西群的碎屑锆石年龄及其构造意义[J]. 现代地质,
26(1): 1-9.

顾连兴, 胡受奚, 于春水, 等, 2001. 论博格达俯冲撕裂型裂谷的形成与演化[J]. 岩石学报. 17(4): 585-597.

郭锋, 范蔚茗, 李超文, 等, 2009. 早古生代古亚洲洋俯冲作用: 来自内蒙古大石寨玄武岩的年代学与地球化学证
据[J]. 中国科学(D 辑: 地球科学), 39(5): 569-579.

郭磊, 李建波, 童英, 等, 2015. 内蒙古苏尼特左旗早白垩世宝德尔花岗岩伸展穹窿的确定及其地质意义[J]. 地质
通报, 34(12): 2195-2202.

郭晓丹, 周建波, 张兴洲, 等, 2011. 内蒙古西乌珠穆沁旗本巴图组碎屑锆石 LA-ICP-MS U-Pb 年龄及其意义[J].
地质通报, 30(2-3): 278-290.

国土资源部地质环境司, 2006. 中国国家地质公园建设工作指南[M]. 北京: 地质出版社.

韩国卿, 刘永江, 温泉波, 等, 2011. 西拉木伦河缝合带北侧二叠纪砂岩碎屑锆石 LA-ICP-MS U-Pb 年代学及其构

造意义[J]. 地球科学, 36(4): 687-702.

韩杰, 周建波, 张兴洲, 等, 2011. 内蒙古林西地区上二叠统林西组砂岩碎屑锆石的年龄及其大地构造意义[J]. 地质通报, 30(2–3): 258-269.

郝旭, 徐备, 1997. 内蒙古锡林浩特锡林郭勒杂岩的原岩年代和变质年代[J]. 地质评论, 43(1): 101-105.

何国琦, 李茂松, 周辉, 2002. 论大陆岩石圈形成过程中的克拉通化阶段[J]. 地学前缘, 9(4): 217-224.

何国琦, 邵济安, 1983. 内蒙古东南部(昭盟)西拉木伦河一带早古生代蛇绿岩建造的确认及其大地构造意义[C]. 中国北方板块构造文集(1). 中国地质科学院沈阳地矿所: 243-249.

贺秋利, 2014. 内蒙西乌旗蛇绿混杂岩辉长岩地质研究[D]. 河北: 石家庄经济学院.

贺淑赛, 李秋根, 王宗起, 等, 2015. 内蒙古中部宝力高庙组长英质火山岩U-Pb-Hf同位素特征及其地质意义[J]. 北京大学学报(自然科学版), 51(1): 50-64.

洪大卫, 黄怀曾, 肖宜君, 等, 1994. 内蒙中部二叠纪碱性花岗岩及其地球动力学意义[J]. 地质学报, 68(3): 219-230.

黄汲清, 1960. 中国地质构造基本特征的初步总结[J]. 地质学报, 40(1): 1-31, 135.

黄金香, 赵志丹, 张宏飞, 等, 2006. 内蒙古温都尔庙和巴彦敖包-交其尔蛇绿岩的元素与同位素地球化学: 对古亚洲洋东部地幔域特征的限制[J]. 岩石学报, 22(12): 2889-2900.

贾和义, 宝音乌力吉, 张玉清, 2003. 内蒙古达茂旗乌德缝合带特征及大地构造意义[J]. 成都理工大学学报(自然科学版), 30(1): 30-34.

江思宏, 梁清玲, 刘翼飞, 等, 2012. 内蒙古大井矿区及外围岩浆岩锆石U-Pb年龄及其对成矿时间的约束[J]. 岩石学报, 28(2): 495-513.

蒋孝君, 刘正宏, 徐仲元, 等, 2013. 内蒙古镶黄旗乌兰哈达中二叠世碱长花岗岩LA-ICP-MS锆石U-Pb年龄和地球化学特征[J]. 地质通报, 32(11): 1760-1768.

李承东, 冉皞, 赵利刚, 等, 2012. 温都尔庙群锆石的LA-MC-ICP-MS U-Pb年龄及构造意义[J]. 岩石学报, 28(11): 3705-3714.

李春昱, 1980. 中国板块构造的轮廓[J]. 中国地质科学院院报, 2(1): 1-19.

李福来, 曲希玉, 刘立, 等, 2009. 内蒙古东北部上二叠统林西组沉积环境[J]. 沉积学报, 27(2): 265-272.

李国荣, 2012. 浅析沉积岩颜色与沉积相的关系[J]. 内江科技, 33(5): 49, 68.

李红英, 2013. 内蒙古东部大石寨组火山岩研究及其构造环境研究[D]. 北京: 中国地质大学(北京).

李红英, 周志广, 李鹏举, 等, 2016. 内蒙古东乌珠穆沁旗晚奥陶世辉长岩地球化学特征及其地质意义[J]. 地质论评, , 62(2): 300-316.

李红英, 周志广, 张达, 等, 2015. 内蒙古西乌旗格尔楚鲁晚三叠世流纹岩年代学、地球化学特征及其地质意义[J]. 矿物岩石地球化学通报, 34(3): 546-555.

李宏彦, 孙小培, 曹姐姐, 2010. 国内矿山公园研究综述[J]. 矿业研究与开发, 30(2): 113-116.

李怀坤, 耿建珍, 郝爽, 等, 2009. 用激光烧蚀多接收器等离子体质谱仪(LA-MC-ICPMS)测定锆石U-Pb同位素年龄的研究[J]. 矿物学报, 28(增刊): 600-601.

李锦轶, 1986. 内蒙古东部中朝板块与西伯利亚板块之间古缝合带的初步研究[J]. 科学通报, (14): 1093-1096.

李锦轶, 高立明, 孙桂华, 等, 2007. 内蒙古东部双井子中三叠世同碰撞壳源花岗岩的确定及其对西伯利亚与中朝古板块碰撞时限的约束[J]. 岩石学报, 23(3): 565-582.

李京森, 康宏达, 1999. 中国旅游地质资源分类、分区与编图[J]. 第四纪研究, (3): 246-253.

李可, 张志诚, 冯志硕, 等, 2015. 兴蒙造山带中段北部晚古生代两期岩浆活动及其构造意义[J]. 地质学报, 89(2): 272-288.

李朋武, 张世红, 高锐, 等, 2012. 内蒙古中部晚石炭世—早二叠世古地磁新数据及其地质意义[J]. 吉林大学学报(地球科学版), 42(1): 423-440.

李鹏举, 2014. 浙赣皖相邻区燕山期火成岩及氧逸度特征与区域构造演化[D]. 北京: 中国地质大学(北京).

李鹏举, 陈一君, 李红英, 等, 2015. 川南地区旅游地质资源的类型与开发利用价值[J]. 资源开发与市场, 31(7): 881-885.

李倩, 田飞, 田明中, 2016. 内蒙古翁牛特旗地质公园地质遗迹分布及其保护意义[J]. 地质与资源, 25(1): 97-100.

李瑞彪, 徐备, 赵盼, 等, 2014. 二连艾勒格庙地区蓝片岩相岩石的发现及其构造意义[J]. 科学通报, 59(1): 66-71.

李瑞杰, 2013. 内蒙古西乌旗本巴图组火山岩地球化学特征、年代学及地质意义研究[D]. 北京: 中国地质大学(北京).

李尚林, 王训练, 段俊梅, 等, 2012. 内蒙古达茂旗胡吉尔特晚泥盆世蛇绿岩的发现及其地质意义[J]. 地球科学, 37(1): 18-24.

李双林, 欧阳自远, 1998. 兴蒙造山带及邻区的构造格局与构造演化[J]. 海洋地质与第四纪地质, 18(3): 45-54.

李武显, 李献华, 2003. 蛇绿岩中的花岗质岩石成因类型与构造意义[J]. 地球科学进展, 18(3): 392-397.

李益龙, 周汉文, 肖文交, 等, 2012. 古亚洲构造域和西太平洋构造域在索伦缝合带东段的叠加: 来自内蒙古林西县西拉木伦断裂带内变形闪长岩的岩石学、地球化学和年代学证据[J]. 地球科学, 37(3): 433-450.

李英杰, 王金芳, 李红阳, 等, 2012. 内蒙古西乌珠穆沁旗蘑菇迪彦庙蛇绿岩的识别[J]. 岩石学报, 28(4): 1282-1290.

李英杰, 王金芳, 李红阳, 等, 2013. 内蒙西乌旗白音布拉格蛇绿岩地球化学特征[J]. 岩石学报, 29(8): 2719-2730.

李英杰, 王金芳, 李红阳, 等, 2015. 内蒙古西乌旗梅劳特乌拉蛇绿岩的识别[J]. 岩石学报, 31(5): 1461-1470.

梁日暄, 1994. 内蒙古中段蛇绿岩特征及地质意义[J]. 中国区域地质, (1): 37-45.

林明太, 2008. 地质公园科普教育存在的问题及对策——以福建太姥山国家地质公园为例[J]. 国土资源科技管理, 25(3): 133-137.

刘敦一, 简平, 张旗, 等, 2003. 内蒙古图林凯蛇绿岩中埃达克岩SHRIMP测年: 早古生代洋壳消减的证据[J]. 地质学报, 77(3): 317-327, 435-437.

刘建峰, 2009. 内蒙古林西—东乌旗地区晚古生代岩浆作用及其对区域构造演化的制约[D]. 长春: 吉林大学.

刘建峰, 李锦轶, 迟效国, 等, 2013. 华北克拉通北缘与弧-陆碰撞相关的早泥盆世长英质火山岩——锆石 U-Pb 定年及地球化学证据[J]. 地质通报, 32(2-3): 266-278.

刘建雄, 王惠, 李建利, 2006. 内蒙古扎鲁特旗黄哈吐地区泥盆系大岷山组的发现及其意义[J]. 华南地质与矿产, (4): 45-49.

刘翼飞, 聂凤军, 江思宏, 等, 2012. 内蒙古苏尼特左旗准苏吉花钼矿床成岩成矿年代学及其地质意义[J]. 矿床地质, 31(1): 119-128.

刘泽群, 王德利, 曹士赏, 等, 2018. 白云鄂博国家矿山公园矿业遗迹资源评价[J]. 中国国土资源经济.

柳长峰, 刘文灿, 周志广, 2014. 内蒙古四子王旗地区古生代—早中生代侵入岩活动其次、特征及构造背景[J]. 地质学报, 88(6): 992-1002.

柳长峰, 杨帅师, 武将伟, 等, 2010a. 内蒙古中部四子王旗地区晚二叠—早三叠世过铝花岗岩及成因[J]. 地质学报, 84(7): 1002-1016.

柳长峰, 张浩然, 於炀森, 等, 2010b. 内蒙古中部四子王旗地区北极各岩体锆石定年及其岩石化学特征[J]. 现代地质, 24(1): 112-119, 150.

柳长峰. 2010. 内蒙古四子王旗地区古生代—早中生代岩浆岩带及其构造意义[D]. 北京: 中国地质大学(北京).

卢进才, 牛亚卓, 魏仙祥, 等, 2013. 北山红石山地区晚古生代火山岩 LA-ICP-MS 锆石 U-Pb 年龄及其构造意义[J]. 岩石学报, 29(8): 2685-2694.

卢云亭, 2007. 中国花岗岩风景地貌的形成特征与三清山对比研究[J]. 地质论评, 53(增刊): 85-90.

罗红玲, 吴泰然, 赵磊, 2009. 华北板块北缘乌梁斯太 A 型花岗岩体锆石 SHRIMP U-Pb 定年及构造意义[J]. 岩石学报, 25(3): 515-526.

罗红玲, 吴泰然, 赵磊, 2010. 乌拉特中旗二叠纪 I 型花岗岩类地球化学特征及构造意义[J]. 北京大学学报(自然科学版), 46(5): 805-820.

罗镇宽, 苗来成, 关康, 等, 2003. 冀东都山花岗岩基及相关花岗斑岩脉 SHRIMP 锆石 U-Pb 法定年及其意义[J]. 地球化学, 32(2): 173-180.

吕志成, 段国正, 郝立波, 等, 2002. 大兴安岭中段二叠系大石寨组细碧岩的岩石学地球化学特征及其成因探讨[J]. 岩石学报, 18(2): 212-222.

马士委, 2013. 内蒙古西乌旗石炭纪构造岩浆带及其地质意义[D]. 北京: 中国地质大学(北京).

蒙启安, 万传彪, 朱德丰, 等, 2013. 海拉尔盆地"布达特群"的时代归属及其地质意义[J]. 中国科学: 地球科学, 43(5): 789-803.

苗来成, 刘敦一, 张福勤, 等, 2007. 大兴安岭韩家园子和新林地区兴华渡口群和扎兰屯群锆石 SHRIMP U-Pb 年龄[J]. 科学通报, 52(5): 591-601.

内蒙古自治区地质矿产局, 1991. 内蒙古自治区区域地质志[M]. 北京: 地质出版社: 725.

内蒙古自治区地质矿产局, 1996. 内蒙古自治区岩石地层[M]. 武汉: 中国地质大学出版社: 1-344.

内蒙古自治区地质调查院, 2013. 中华人民共和国区域地质调查报告满都拉幅(K49C002002)1∶250000 区域地质调查修测报告[R].

聂凤军, 裴荣富, 吴良士, 1995. 内蒙古白乃庙地区绿片岩和花岗闪长斑岩的钕和锶同位素研究. 地球学报, (1): 331-344.

聂凤军, 张洪涛, 陈琦, 等, 1990. 内蒙古白乃庙群变质基性火山岩锆石铀-铅年龄[J]. 科学通报, (13): 1012-1015.

潘桂棠, 肖庆辉, 陆松年, 等, 2009. 中国大地构造单元划分[J]. 中国地质, 36(1): 1-28.

潘世语, 迟效国, 孙巍, 等, 2012. 内蒙古苏尼特右旗晚石炭世本巴图组火山岩地球化学特征及构造意义[J]. 世界地质, 31(1): 40-50.

裴先治, 李佐臣, 丁仁平, 等, 2009. 扬子地块西北缘轿子顶新元古代过铝质花岗岩: 锆石 SHRIMP U-Pb 年龄和岩石地球化学及其构造意义[J]. 地学前缘, 16(3): 231-249.

彭立红, 1984. 内蒙温都尔庙群南带蛇绿岩套的地质时代及其大地构造意义[J]. 科学通报, (2): 104-107.

秦亚, 梁一鸿, 邢济麟, 等, 2013. 内蒙古正镶白旗地区早古生代 O 型埃达克岩的厘定及其意义[J]. 地学前缘,

20(5)：106-114.

卿敏, 葛良胜, 唐明国, 等, 2011. 内蒙古苏尼特右旗毕力赫大型斑岩型金矿床辉钼矿 Re-Os 同位素年龄及其地质意义[J]. 矿床地质, 30(1)：11-20.

卿敏, 唐明国, 葛良胜, 等, 2012. 内蒙古苏右旗毕力赫金矿区安山岩 LA-ICP-MS 锆石 U-Pb 年龄、元素地球化学特征及其形成的构造环境[J]. 岩石学报, 28(2)：514-524.

邱瑞龙, 1998. 九华山花岗岩岩浆分异特征及岩石成因[J]. 岩石矿物学杂志, 17(4)：308-315.

任邦方, 孙立新, 程银行, 等, 2012. 大兴安岭北部永庆林场—十八站花岗岩锆石 U-Pb 年龄、Hf 同位素特征[J]. 地质调查与研究, 35(2)：109-117.

任纪舜, 1984. 印支运动及其在中国大地构造演化中的意义[J]. 中国地质科学院院报, 9：31-44.

任纪舜, 1989. 中国东部及邻区大地构造演化的新见解[J]. 中国区域地质, 4(31)：289-300.

任纪舜, 姜春发. 张正坤, 等, 1980. 中国大地构造及其演化——1∶400 万中国大地构造图简要说明[M]. 北京：科学出版社：89-104.

尚恒胜, 陶继雄, 宝音乌力吉, 等, 2003. 内蒙古白云鄂博地区早古生代弧-盆体系及其构造意义[J]. 地质调查与研究, 26(3)：160-168.

邵济安, 1991. 中朝板块北缘中段地壳演化[M]. 北京：北京大学出版社.

邵济安, 唐克东, 何国琦, 2014. 内蒙古早二叠世构造古地理的再造[J]. 岩石学报, 30(7)：1858-1866.

邵济安, 田伟, 唐克东, 等, 2015. 内蒙古晚石炭世高镁玄武岩的成因和构造背景[J]. 地学前缘, 22(5)：171-181.

邵济安, 臧绍先, 牟保磊, 等, 1994. 造山带的伸展构造与软流圈隆起——以兴蒙造山带为例[J]. 科学通报, 39(6)：533-537.

佘宏全, 梁玉伟, 李进文, 等, 2011. 内蒙古莫尔道嘎地区早中生代岩浆作用及其地球动力学意义[J]. 吉林大学学报(地球科学版), 41(6)：1831-1864.

沈阳地质矿产研究所, 2005. 中华人民共和国区域地质调查西乌珠穆沁旗幅(L50C004003) 1∶250000 报告[R].

施光海, 刘敦一, 张福勤, 等, 2003. 中国内蒙古锡林郭勒杂岩 SHRIMP 锆石 U-Pb 年代学及意义[J]. 科学通报, 48(20)：2187-2192.

施光海, 苗来成, 张福勤, 等, 2004. 内蒙古锡林浩特 A 型花岗岩的时代及区域构造意义[J]. 科学通报, 49(4)：384-389.

石玉若, 刘翠, 邓晋福, 等, 2014. 内蒙古中部花岗质岩类年代学格架及该区构造岩浆演化探讨[J]. 岩石学报, 30(11)：3155.

石玉若, 刘敦一, 简平, 等, 2005a. 内蒙古中部苏尼特左旗富钾花岗岩锆石 SHRIMPU-Pb 年龄[J]. 地质通报, 24(5)：424-428.

石玉若, 刘敦一, 张旗, 等, 2004. 内蒙占苏左旗地区闪长-花岗岩类 SHRIMP 年代学[J]. 地质学报, 78(6)：789-799.

石玉若, 刘敦一, 张旗, 等, 2005b. 内蒙古苏左旗白音宝力道 Adakite 质岩类成因探讨及其 SHRIMP 年代学研究[J]. 岩石学报, 21(1)：143-150.

石玉若, 刘敦一, 张旗, 等, 2007. 内蒙古中部苏尼特左旗地区三叠纪 A 型花岗岩锆石 SHRIMP U-Pb 年龄及其区域构造意义[J]. 地质通报, 26(2)：183-189.

宋卫卫, 2012. 松辽地块大地构造属性：古生界碎屑锆石年代学的制约[D]. 长春：吉林大学.

苏新旭, 孟二根, 张永清, 2000. 内蒙古达茂旗满都拉地区晚古生代板块活动探讨[J]. 内蒙古地质, 1: 17-34.

孙德有, 吴福元, 高山, 2004b. 小兴安岭东部清水岩体的锆石激光探针 U-Pb 年龄测定[J]. 地球学报, 25(2): 213-218.

孙德有, 吴福元, 高山, 等, 2005. 吉林中部晚三叠世和早侏罗世两期铝质 A 型花岗岩的厘定及对吉黑东部构造格局的制约[J]. 地学前缘, 21(2): 263-275.

孙德有, 吴福元, 张艳斌, 等, 2004a. 西拉木伦河—长春—延吉板块缝合带的最后闭合时间——来自吉林大玉花岗岩体的证据[J]. 吉林大学学报(地球科学版), 34(2): 174-181.

孙立新, 任邦方, 赵凤清, 等, 2013. 内蒙古锡林浩特地块中元古代花岗片麻岩的锆石 U-Pb 年龄和 Hf 同位素特征[J]. 地质通报, 32(2-3): 327-340.

孙书勤, 张成江, 赵松江, 2007. 大陆板内构造环境的微量元素判别[J]. 大地构造与成矿学, (1): 104-109.

孙卫东, 凌明星, 杨晓勇, 等, 2010. 洋脊俯冲与斑岩铜金矿成矿[J]. 中国科学: 地球科学, 40(2): 127-137.

汤文豪, 张志诚, 李剑峰, 等, 2011. 内蒙古苏尼特右旗查干诺尔石炭系本巴图组火山岩地球化学特征及其地质意义[J]. 北京大学学报(自然科学版), 47(2): 321-330.

唐克东, 1992. 中朝板块北侧褶皱带构造演化及成矿规律[M]. 北京: 北京大学出版社.

陶继雄, 白立兵, 宝音乌力吉, 等, 2003. 内蒙古满都拉地区二叠纪俯冲造山过程的岩石记录[J]. 地质调查与研究, 26(4): 241-249.

陶继雄, 许立权, 贺锋, 等, 2005. 内蒙古巴特敖包地区早古生代洋壳消减的岩石证据[J]. 地质调查与研究, 28(1): 1-8.

陶继雄, 钟仁, 赵月明, 等, 2010. 内蒙古苏尼特左旗乌兰德勒钼(铜)矿床地质特征及找矿标志[J]. 地球学报, 31(3): 413-422.

田昌烈, 曹丛周, 杨芳林, 1989. 中朝陆台北侧褶皱带(中段)蛇绿岩的地球化学特征[J]. 中国地质科学院院报: 107-129.

田明中, 张瑞新, 2012. 恐龙之乡: 二连浩特国家地质公园[M]. 北京: 中国电影出版社.

童英, 洪大卫, 王涛, 等, 2010. 中蒙边境中段花岗岩时空分布特征及构造和找矿意义[J]. 地球学报, 31(3): 395-412.

万天丰, 2004. 中国大地构造学纲要[M]. 北京: 地质出版社.

汪润洁 1987. 大兴安岭南段下二叠统大石寨组 K-Ar 法同位素年龄的讨论[J]. 岩石学报, (2): 80-91.

汪晓伟, 徐学义, 马中平, 等, 2015. 博格达造山带东段芨芨台子地区晚石炭世双峰式火山岩地球化学特征及其地质意义[J]. 中国地质, 42(3): 553-569.

王成文, 金巍, 张兴洲, 等, 2008. 东北及邻区晚古生代大地构造属性新认识[J]. 地层学杂志, 32(2): 119-136.

王成源, 李东津, 王光奇, 等, 2013. 吉林桦甸二叠系寿山沟组的牙形刺及其地质时代[J]. 微体古生物学报, 30(1): 87-108.

王登红, 2001. 地幔柱的概念、分类、演化与大规模成矿——对中国西南部的探讨[J]. 地学前缘, 8(3): 67-72.

王东方, 1983. 内蒙古白乃庙古生代岛弧岩系的地球化学及同位素年龄测定[C]. 中国北方板块构造文集, 1: 209-220.

王利民, 2015. 内蒙古阿尔山地区奥陶纪火山岩地球化学特征及其构造意义[D]. 长春: 吉林大学.

王平, 2005. 内蒙古达茂旗巴特敖包地区的西别河剖面与西别河组[J]. 吉林大学学报(地球科学版). 35(4): 409-414.

王荃, 2011. 华北克拉通与全球构造[J]. 地质通报, 30(1): 1-18.

王荃, 刘雪亚, 李锦轶, 1991. 中国内蒙古中部的古板块构造[J]. 中国地质科学院院报, (1), 1-15.

王树庆, 许继峰, 刘希军, 等, 2008. 内蒙朝克山蛇绿岩地球化学: 洋内弧后盆地的产物[J]. 岩石学报, 24(12): 2869-2879.

王弢, 路跃军, 章培春, 等, 2012. 内蒙古扎鲁特旗北色日巴彦敖包组的厘定[J]. 地质与资源, 21(2): 200-204.

王挽琼, 徐仲元, 刘正宏, 等, 2013. 华北板块北缘中段中二叠世的构造属性: 来自花岗岩类锆石 U-Pb 年代学及地球化学的制约[J]. 岩石学报, 29(9): 2987-3003.

王兴安, 2014. 华北板块北缘中段早古生代—泥盆纪构造演化[D]. 长春: 吉林大学.

王焰, 钱青, 刘良, 等, 2000. 不同构造环境中双峰式火山岩的主要特征[J]. 岩石学报, 16(2): 169-173.

王友, 宫玉亚, 2000. 内蒙古赤峰北部二叠纪基性—中性次火山岩系地球化学特征[J]. 中国区域地质, 19(2): 131-136.

王玉净, 樊志勇, 1997. 内蒙古西拉木伦河北部蛇绿岩带中二叠纪放射虫的发现及其地质意义[J]. 古生物学报, 36(1): 58-69.

王志伟, 裴福萍, 曹花花, 等, 2013. 华北板块北缘东段石炭纪早期的岩浆事件及其构造意义——锆石 U-Pb 年龄与岩石组合证据[J]. 地质通报, 32(2-3): 279-286.

王治华, 常春郊, 丛润祥, 等, 2015. 内蒙古阿钦楚鲁二长花岗岩锆石 SHRIMP U-Pb 年龄及地球化学特征[J]. 吉林大学学报(地球科学版), 45(1): 166-187.

文雪峰, 陈安东, 范小露, 等, 2013. 内蒙古牙克石喇嘛山花岗岩景观特征及其对比分析[J]. 地球学报, 34(2): 233-241.

吴才来, 徐学义, 高前明, 等, 2010. 北祁连早古生代花岗质岩浆作用及构造演化[J]. 岩石学报, 26(4): 1027-1044.

吴飞, 张拴宏, 赵越, 等, 2014. 华北地块北缘内蒙古固阳地区早二叠世岩体的侵位深度及其构造意义[J]. 中国地质, 41(3): 824-837.

吴福元, 李献华, 杨进辉, 等, 2007. 花岗岩成因研究的若干问题[J]. 岩石学报, 23(6): 1216-1238.

吴奇, 许立青, 李三忠, 等, 2013. 华北地块中部活动构造特征及汾渭地堑成因探讨[J]. 地学前缘, 20(4): 104-114.

武斌, 2011. 宁城地质公园地质遗迹信息管理系统设计与实现[D]. 北京: 中国地质大学(北京).

武广, 2006. 大兴安岭北部区域成矿背景与有色贵金属矿床成矿作用[D]. 长春: 吉林大学.

武将伟, 2012. 内蒙古东乌旗敖包特石炭纪花岗岩年代学、地球化学与大地构造演化讨论[D]. 北京: 中国地质大学(北京).

武跃勇, 鞠文信, 邵永旭, 等, 2015. 内蒙古查干敖包地区上石炭统—下二叠统宝力高庙组特征及时代[J]. 中国地质, 42(4): 937-947.

肖庆辉, 邓晋福, 马大铨, 等, 2002. 花岗岩研究思维与方法[M]. 北京: 地质出版社: 1-288.

辛后田, 滕学建, 程银行, 2011. 内蒙古东乌旗宝力高庙组地层划分及其同位素年代学研究[J]. 地质调查与研究, 34(1): 1-9.

徐备, J. Charvet, 张福勤, 2001. 内蒙古北部苏尼特左旗蓝片岩岩石学和年代学研究[J]. 地质科学, 36(4): 424-434.

徐备, 陈斌, 1997. 内蒙古北部华北板块与西伯利亚板块之间中古生代造山带的结构及演化[J]. 中国科学(D 辑), 27(3): 227-232.

徐备, 陈斌, 邵济安, 1996. 内蒙古锡林郭勒杂岩 Sm-Nd 和 Rb-Sr 同位素年代研究[J]. 科学通报, 41(2): 153-155.

徐备, 刘树文, 王长秋, 等, 2000. 内蒙古西北部宝音图群 Sm-Nd 和 Rb-Sr 地质年代学研究[J]. 地质论评, 46(1): 86-90.

徐备, 赵盼, 鲍庆中, 等, 2014. 兴蒙造山带前中生代构造单元划分初探[J]. 岩石学报, 30(7): 1841-1857.

徐博文, 郜爱华, 葛玉辉, 等, 2015. 内蒙古赤峰地区晚古生代 A 型花岗岩锆石 U-Pb 年龄及构造意义[J]. 地质学报, 89(1): 58-69.

徐佳佳, 赖勇, 崔栋, 等, 2012. 内蒙古前进场岩体岩石学与锆石 U-Pb 年代学研究[J]. 北京大学学报(自然科学版), 48(4): 608–619.

徐金沙, 李国武, 沈敢富, 2012. 首次在白云鄂博铁矿发现的矿物种述评[J]. 地质学报, 86(5): 842-848.

徐文平, 2014. 内蒙古达青牧场一带二叠系碎屑锆石年龄及其地质意义[D]. 北京: 中国地质大学(北京).

徐夕生, 邱检生, 2010. 火成岩石学[M]. 北京: 科学出版社: 1-346.

徐学义, 夏林圻, 马中平, 等, 2006. 北天山巴音沟蛇绿岩斜长花岗岩 SHRIMP 锆石 U-Pb 年龄及蛇绿岩成因研究[J]. 岩石学报, 22(1): 83-94.

徐义刚, 何斌, 黄小龙, 等, 2007. 地幔柱大辩论及如何验证地幔柱假说[J]. 地学前缘, 14(2): 1-9.

许立权, 邓晋福, 陈志勇, 等, 2003. 内蒙古达茂旗北部奥陶纪埃达克岩类的识别及其意义[J]. 现代地质, 17(4): 428-434.

许立权, 鞠文信, 刘翠, 等, 2012. 内蒙古二连浩特北部阿仁绍布地区晚石炭世花岗岩 Sr-Yb 分类及其成因[J]. 地质通报, 31(9): 1410-1419.

许涛, 2015. 地质遗产保护与利用的理论及实证研究[M]. 北京：中国科学技术出版社.

薛怀民, 郭利军, 侯增谦, 等, 2009. 中亚—蒙古造山带东段的锡林郭勒杂岩: 早华力西造山作用的产物而非古老陆块——锆石 SHRIMP U-Pb 年代学证据[J]. 岩石学报, 25(8): 2001-2010.

阎国翰, 牟保磊, 曾贻善, 1989. 中国北方碱性和偏碱性侵入岩的时空分布及大地构造意义[C]//中国地质科学院沈阳地质矿产研究所文集. 中国地质学会, 19: 93-100.

杨俊泉, 张素荣, 刘永顺, 等, 2014. 内蒙古东乌旗莫合尔图石炭纪闪长岩的发现: 来自锆石 U-Pb 年代学的证据[J]. 现代地质, 28(3): 472-477.

杨奇荻, 2014. 大兴安岭及其邻区花岗岩 Nd 同位素时空演变及地壳深部组成结构和生长意义[D]. 中国地质科学院.

杨晓勇, 赖小东, 任伊苏, 等, 2015. 白云鄂博铁-稀土-铌矿床地质特征及其研究中存在的科学问题——兼论白云鄂博超大型矿床的成因[J]. 地质学报, 89(12): 2323-2350.

杨艳, 武法东, 孙志明, 等, 2012. 内蒙古林西大井国家矿山公园建设模式研究[J]. 资源与产业, 14(3): 158-162.

姚建新, 李亚, 侯鸿飞, 等, 2015. 中国地层学研究近期面临的主要问题[J]. 地球学报, 36(5): 515-522.

叶浩, 张拴宏, 赵越, 等, 2014. 内蒙古赤峰地区泥盆纪晚期火山岩的发现及其地质意义[J]. 地质通报, 33(9): 1274-1283.

袁桂邦, 王惠初, 2006. 内蒙古武川西北部早二叠世岩浆活动及其构造意义[J]. 地质调查与研究, 29(4): 303-310.

袁永真, 张小博, 张鹏辉, 等, 2015. 西拉木伦河断裂重、磁、电特征分析[J]. 物探与化探, 39(6): 1299-1304.

翟明国, 胡波, 彭澎, 等, 2014. 华北中—新元古代的岩浆作用与多期裂谷事件[J]. 地学前缘, 21(1): 100-119.

翟裕生, 彭润民, 向运川, 2004. 区域成矿研究法[M]. 北京: 中国大地出版社.

曾俊杰, 郑有业, 齐建宏, 等, 2008. 内蒙古固阳地区埃达克质花岗岩的发现及其地质意义[J]. 地球科学(中国地质大学学报), 2(6): 755-763.

曾维顺, 2011. 内蒙古科右前旗大石寨组火山岩锆石 LA-ICP-MS U-Pb 年龄及其形成背景[J]. 地质通报. 30(2~3): 270-277.

曾昭璇, 1960. 岩石地形学[M]. 北京: 地质出版社.

张超, 2013. 内蒙古苏尼特右旗地区白乃庙群的岩石组合、锆石 U-Pb 年代学特征及地质意义[D]. 长春: 吉林大学.

张臣, 刘树文, 韩宝福, 等, 2007. 内蒙古商都大石沟花岗岩体锆石 SHRIMP U-Pb 年龄及其意义[J]. 岩石学报, 23(3): 591-596.

张健, 2012. 内蒙古东部大石寨组火山岩锆石 U-Pb 年代学及其地球化学研究[D]. 长春: 吉林大学.

张晋瑞, 初航, 魏春景, 等, 2014. 内蒙古中部构造混杂带晚古生代—早中生代变质基性岩的地球化学特征及其大地构造意义[J]. 岩石学报, 30(7): 1935-1947.

张玲, 吴成基, 彭永祥, 等, 2010. 游客对地质遗迹景观的解说需求研究——以翠华山国家地质公园为例[J]. 旅游科学, 24(6): 39-46.

张楠, 2008. 内蒙乌兰哈达第四纪火山地质及资源保护与开发[D]. 北京: 中国地质大学(北京).

张楠, 张蕾, 张红娟, 2007. 浅论矿山公园规划——以内蒙古巴林石国家矿山公园为例[J]. 四川地质学报, 27(1): 44-46.

张旗, 王焰, 潘国强, 等, 2008. 花岗岩源岩问题——关于花岗岩研究的思考之四[J]. 岩石学报, 24(6): 1193-1204.

张旗, 周国庆, 王焰, 2003. 中国蛇绿岩的分布、时代及其形成环境[C]//中国科学院地质与地球物理研究所二○○三学术论文汇编·第一卷(地球动力学). 中国科学院地质与地球物理研究所: 8.

张舒, 张招崇, 艾羽, 等, 2009. 安徽黄山花岗岩岩石学、矿物学及地球化学研究[J]. 岩石学报, 25(1): 25-38.

张拴宏, 赵越, 刘建民, 等, 2010. 华北地块北缘晚古生代—早中生代岩浆活动期次、特征及构造背景[J]. 岩石矿物学杂志, 29(6): 824-842.

张万益, 聂凤军, 高延光, 等, 2012. 内蒙古查干敖包三叠纪碱性石英闪长岩的地球化学特征及成因[J]. 岩石学报, 28(2): 525-534.

张万益, 聂凤军, 刘妍, 等, 2008. 内蒙古奥尤特铜-锌矿床绢云母 ^{40}Ar-^{39}Ar 同位素年龄及地质意义[J]. 地球学报, 29(5): 592-598

张维, 简平, 2008. 内蒙古达茂旗北部早古生代花岗岩类 SHRIMP U-Pb 年代学[J]. 地质学报, 82(6): 778-787.

张维, 简平, 刘敦一, 等, 2010. 内蒙古中部达茂旗地区三叠纪花岗岩和钾玄岩的地球化学、年代学和 Hf 同位素特征[J]. 地质通报, 29(6): 821-832.

张晓晖, 张宏福, 汤艳杰, 等, 2006. 内蒙古中部锡林浩特—西乌旗早三叠世 A 型酸性火山岩的地球化学特征及其地质意义[J]. 岩石学报, 22(11): 2769-2780.

张兴洲, 杨宝俊, 吴福元, 等, 2006. 中国兴蒙—吉黑地区岩石圈结构基本特征[J]. 中国地质, 33(4): 816-823.

张永生, 牛绍武, 田树刚, 等. 2012. 内蒙古林西地区上二叠统林西组叶肢介化石的发现及意义[J]. 地质通报, 31(9): 1394-1403.

张玉清, 许立权, 康小龙, 等, 2009. 内蒙古东乌珠穆沁旗京格斯台碱性花岗岩年龄及意义[J]. 中国地质, 36(5): 988-995.

张玉清, 张婷, 2016. 内蒙古阿木山组[J]. 中国地质, 43(3): 1000-1015.

张云帆, 孙珍, 庞雄, 2014. 珠江口盆地白云凹陷下地壳伸展与陆架坡折的关系[J]. 中国科学: 地球科学, 44(3): 488-496.

张允平, 苏养正, 李景春, 2010. 内蒙古中部地区晚志留世西别河组的区域构造学意义[J]. 地质通报, 29(11): 1599-1605.

张招崇, 简平, 魏罕蓉, 2007. 江西三清山国家地质公园花岗岩 SHRIMP 年龄、地质-地球化学特征和岩石成因类型[J]. 地质论评, 53(增刊): 28-40.

张招崇, 魏罕蓉, 2006. 花岗岩地貌类型及其形成机制初步分析[C]. 第一届国际花岗岩地质地貌研讨会交流文集: 20-39.

张志光, 武法东, 2011. 建设内蒙古林西大井国家矿山公园的优势分析[J]. 资源与产业, 13(5): 53-58.

赵光, 朱永峰, 张勇, 2002. 内蒙古锡林郭勒杂岩岩石学特征及其变质作用的 p-t 条件[J]. 岩石矿物学杂志, 21(1): 40-48.

赵利刚, 冉皞, 张庆红, 等, 2012. 内蒙古阿巴嘎旗奥陶纪岩体的发现及地质意义[J]. 世界地质, 31(3): 451-461.

赵逊, 赵汀, 2003. 中国地质公园地质背景浅析和世界地质公园建设[J]. 地质通报, 22(8): 620-630.

赵芝, 2008. 内蒙古大石寨地区早二叠世大石寨组火山岩的地球化学特征及其构造环境[D]. 长春: 吉林大学.

郑月娟, 公繁浩, 陈树旺, 等, 2013. 内蒙古西乌珠穆沁旗地区下二叠统原寿山沟组碎屑锆石 LA-ICP-MSU-Pb 年龄及地质意义[J]. 地质通报, 32(8): 1260-1268.

郑月娟, 张海华, 陈树旺, 等, 2014. 内蒙古阿鲁科尔沁旗林西组砂岩 LA-ICP-MS 锆石 U-Pb 年龄及意义[J]. 地质通报, 33(9): 1293-1307.

周建波, 王斌, 曾维顺, 等, 2014. 大兴安岭地区扎兰屯变质杂岩的碎屑锆石 U-Pb 年龄及其大地构造意义[J]. 岩石学报, 30(7): 1879-1888.

周建波, 郑永飞, 杨晓勇, 等, 2002. 白云鄂博地区构造格局与古板块构造演化[J]. 高校地质学报, 8(1): 46–61

周志广, 谷永昌, 柳长峰, 等, 2010. 内蒙古东乌珠穆沁旗满都胡宝拉格地区早—中二叠世华夏植物群的发现及地质意义[J]. 地质通报, 29(1): 21-25.

周志广, 张华峰, 刘还林, 等, 2009. 内蒙古中部四子王旗地区基性侵入岩锆石定年及其意义[J]. 岩石学报, 25(6): 1519-1528.

朱炳泉, 崔学军, 2006. 板块构造学说面临的挑战[J]. 大地构造与成矿学, 30(3): 265-284.

朱俊宾, 孙立新, 任纪舜, 等, 2015. 内蒙古东乌旗地区格根敖包组火山岩锆石 LA-MC-ICP-MS U-Pb 年龄及其地质意义[J]. 地球学报, 36(4): 466-472.

朱永峰, 孙世华, 2004. 内蒙古锡林郭勒杂岩的地球化学研究: 从 Rodinia 聚合到古亚洲洋闭合后碰撞造山的历史记录[J]. 高校地质学报, 10(3): 343-355.

Altherr R, Holl A, Hegner E, et al., 2000. High-Potassium, calc-alkaline plutonism in the European Variscides: northern Vosges (France) and northern Schwarzwald (Germany) [J]. Lithos, 50: 51-73.

Aytyushkov E V, 谢宇平, 1982. 大陆裂谷的形成机制[J]. 世界地质, 1: 17-20.

Barbarian B, 1999. A review of the relationships between granitoid types, their origins and their geodynamic enviornments[J]. Lithos, 46: 605-626.

Bienvenu P, Bougault H, Joron J, et al., 1990. MORB alteration: rare-earth element/non-rare-earth hygromagmaphile element fractionation[J]. Chemical Geology, 82: 1-14.

Blichert-Toft J, Albare`de F, 1997. The Lu–Hf isotope geochemistry of chondrites and the evolution of the mantle–crust system[J]. Earth Planet Sci L ett., 148: 243-258.

Bonin B, 1990. From orogenic to anorogenic settings: evolution of granitoid suites after a major orogenesis[J]. Geol. J. 25: 261-270.

Bonin B, 2004. Do coeval mafic and felsic magmas in post-collisional to withinplate regimes necessarily imply two contrasting, mantle and crustal, sources? A review[J]. Lithos: 78(1-2): 1-24.

Bonin B, Azzouni-Sekkal A, Bussy F, et al., 1998. Alkali-calcic and alkaline post-orogenic (PO) granite magmatism: Petrologic constraints and geodynamic settings[J]. Lithos, 45: 45-70.

Boynton W V, 1984. Geochemistry of the rare earth elements: meteorite studies[C]//Henderson, R., ed., Rare earth element geochemistry: Developments in Geochemistry 2: Amsterdam, Elsevier: 89-92.

Burke K, 1977. Intraocontinental rifting and aulacogens[C]//Geophysics Study Committee(ed.): 42-49.

Cabanis B, Lecolle M, 1989. Le diagramme La/10-Y/15-Nb/8: un outil pour la discrimination de series volcaniques et la mise en evidence des processus de mélange et/ou de contamination crustale[J]. C. R. Acad. Sci. Ser. Ⅱ 309: 2023-2029.

Campbell I H, 2001. Identification of ancient mantle plumes[J]. Special Paper of the Geological Society of America, 352: 5-21.

Cawood P A, Kröner A, Collins W J, et al., 2009. Accretionary orogens through earth history[J]. Geological Society of London Special Publications, 318(1): 1-36.

Chappell B W, White A J R, 1974. Two contrasting granite types[J]. Pacific Geology, 8: 173-174.

Chen B, Hahn B M, Wilde S, et al., 2000. Two contrasting Paleozoic magmatic belts in northern Inner Mongolia, China: petrogensis and tectonic implications[J]. Tectonophysics, 328(1-2): 157-182.

Chen B, Jahn B M, Tian W, 2009. Evolution of the Solonker suture zone: Constraints from zircon U-Pb ages, Hf isotopic ratios and whole-rock Nd–Sr isotope compositions of subduction and collision-related magmas and forearc sediments[J]. Journal of Asian Earth Sciences, 34(3): 245-257.

Coleman R G, 1977. Ophiolites[M]. New York: Springer Verlag: 1-229.

Coleman R G, Peterman Z E, 1975. Oceanic plagiogranite[J]. J. Geophy. Res, 80: 1099-1108.

Courtillot V, Jaupart C, Manighetti I, et al. , 1999. On causal links between flood basalts and continental breakup[J]. Earth Planet. Sci. Lett., 166: 175-195.

Davis G A, Zheng Y, Wang C, et al., 2001. Mesozoic tectonic evolution of the Yanshan fold and thrust belt, with emphasis on Hebei and Liaoning provinces, northern China, in Paleozoic and Mesozoic Tectonic Evolution of Central and Eastern Asia[J]. Mem. Geol. Soc. Am., 194: 171-197.

De Jong K, Xiao W J, Windley B F, et al., 2006. Ordovician $^{40}Ar/^{39}Ar$ phengite ages from the blueschist–facies Ondor

Sum subduction–accretion complex（Inner Mongolia）and implications for the early Paleozoic history of continental blocks in China and adjacent areas[J]. American journal of Science, 306: 799-845.

Defant M J, Drummond M S, 1990. Derivation of some modern arc magmas by melting of young subducted lithosphere[J]. Nature, 347: 662-665.

Dergunov A B. Kovalenko V I, Ruzhentsev SV, et al., 2001. Tectonics, Magmatism, and Metallogeny of Mongolia[M]. London, New York: Routledge, Taylor and Francis Group.

Dewey J F, Bird J M, 1971. The origin and emplacement of the ophiolite suite: appalachian ophiolites in Newfoundland[J]. J. Geophys. Res., 76: 3179-3206.

Dilek Y, 2003. Arc-trench rollback and foreare accretion: 2. a model template for ophiolite in Albania, Cyprus and Oman[J]. Geological Society London Special Publication, 218（1）: 43-68.

Dilek Y, Furnes H, 2011. Ophiolite genesis and global tectonics: geochemical and tectonic fingerprinting of ancient oceanic lithosphere[J]. Geological Society of America Bulletin, 123（3-4）: 387-411.

Dobretsov N L, Berzin N A, Buslov M M, 1995. Opening and tectonic evolution of the Paleo-Asian ocean[J]. International Geology Review, 37: 335-360.

Eby G N, 1992. Chemical subdivision of the a-type granitoids, petrogenetic and tectonic implications[J]. Geology, 20: 641-644.

Ekwenye O C, Nichols G, Mode A W, 2015. Sedimentary petrology and provenance interpretation of the sandstone lithofacies of the Paleogene strata, south-eastern Nigeria[J]. Journal of African Earth Sciences, 109: 239–262.

Enkin R J, Yang Z Y, Chen Y, 1992. Paleomagnetic constraints on the geodynamic history of the major blocks of China from the Permian to present[J]. Journal of Geophysical Research, 97: 13953-13989.

Fan W M, Gu F, Wang Y J et al., 2003. Late Mesozoic calc-alkaline volcanism of Post-orogenic extension in the northern Da Hinggan Mountains, northeastern China[J]. Journal of Volcanology & Geothermal Research, 121: 115-135.

Filippova I B, Bush V A, Didenko A N, 2001. Middle Paleozoic subduction belts: the leading factor in the formation of the Central Asian fold-and-thrust belt[J]. Russian Journal of Earth Sciences, 3: 405-426.

Flagler P A, Spray J G, 1991. Generation of plagiogranite by anphiolite anatexis in oceanic shear zones[J]. Geology, 19（1）: 70-73.

France L, Koepke J, Ildefones B, et al., 2010. Hydrous partial melting in the sheeted dike complex at fast spreading ridges: experimental and natural observations[J]. Contributions to Mineralogy and Petrology, 160（5）: 683-704.

Gou J, Sun D Y, Ren Y S, et al., 2015. Petrogenesis and geodynamic setting of Neoproterozoic and Late Paleozoic magmatism in the Manzhouli–Erguna area of Inner Mongolia, China: Geochronological, geochemical and Hf isotopic evidence[J]. Journal of Asian Earth Sciences, 67-68: 114-137.

Griffin W L, Pearson N J, Belousova E, et al., 2000. The Hf isotope composition of Cratonic mantle: LAM–MC–ICPMS analysis of zircon megacrysts in kimberlites[J]. Geochim. Cosmochim. Acta., 64: 133-147.

Guan H, Sun M, Wilde S A, et al ., 2002. SHRIMP U-Pb zircon geochronology of the fuping complex: implications for formation and assembly of the North China Craton[J]. Precambrian Research, 113（1-2）: 1-18.

Harley S L, Kelly N M. Zircon: tiny but timely[J]. Elements, 3（1）: 1-80.

Harris N B W, Pearce J A, Tindle A G, 1986. Geochemical characteristics of collision-zone magmatism[J]. Coward MP, Ries AC(Eds.), Collision Tectonics, Geol. Soc. Public. : 66-91.

Hong D W, Wang S G, Han B F et al., 1996. Post-orogenic alkaline granites from China and comparisons with anorogenic alkaline granites elsewhere[J]. Jounal of Southeast Asian Earth Sciences, 13: 13-27.

Jahn B M, Wu F Y, Hong D W, 2000. Important crustal growth in the Phanerozoic: isotopic evidence of granitoids from East central Asia[J]. Proceedings of the Indian National Science Academy(Earth Planet Science), 109: 5-22.

Jian P, Kröner A, Windley B F, et al., 2012. Carboniferous and cretaceous mafic–ultramafic massifs in Inner Mongolia (China): a shrimp zircon and geochemical study of the previously presumed integral "Hegenshan ophiolite" [J]. Lithos, 142-143: 48-66.

Jian P, Liu D Y, Kröner A, et al., 2008. Time scale of an early to mid-Paleozoic orogenic cycle of the long-lived Central Asian Orogenic Belt, Inner Mongolia of China: implications for continental growth[J]. Lithos, 101(3-4): 233-259.

Jian P, Liu D Y, Kröner A, et al., 2010. Evolution of a Permian intraoceanic arc–trench system in the Solonker suture zone, Central Asian Orogenic Belt, China and Mongolia[J]. Lithos: 118, 169-190.

Johnsson M J, 1993. The system controlling the composition of clastic sediments[J]. Geological Society of America Special Paper, 284: 1-19.

Khain E V, Bibikova E V, Salnikova E B, et al., 2003. The Palaeo-Asian ocean in the Neoproterozoic and early Palaeozoic: new geochronologic data and palaeotectonic reconstructions[J]. Precambrian Research, 122(1-4): 329-358.

Kozlovsky A M, Yarmolyuk V V, Salnikova E B, et al., 2015. Late Paleozoic anorogenic magmatism of the Gobi Altai (SW Mongolia): tectonic position, geochronology and correlation with igneous activity of the Central Asian Orogenic Belt[J]. Journal of Asian Earth Sciences, 113: 524-541.

Kusky T, Polat A, 1999. Growth of granite–greenstone terranes at convergent margins, and stabilization of Archean Cratons[J]. Tectonophysics, 305: 43-73.

Langmuir C H, Bender J F, Bence A E, et al., 1977. Petrogenesis of basalts from the FAMOUS area: Mid-Atlantic Ridge[J]. Earth & Planetary Science Letters, 36(1): 133-156.

Le Maitre R W, 1989. A Classification of Igneous Rocks and Glossary of Terms : Recommendations of the International Union of Geological Sciences Subcommission on the Systematics of Igneous Rocks[M]. OXford: Blackwell.

Li H Y, Zhou Z G, Li P J, et al., 2016. Ordovician intrusive rocks from the eastern Central Asian Orogenic Belt in Northest China: chronology and implications for bidirectional subduction of the early Palaeozoic Palaeo-Asian Ocean[J]. International Geology Review, 58(10), 1175-1195.

Li J Y, 2006. Permian geodynamic setting of Northeast China and adjacent regions: closure of the Paleo-Asian Ocean and subduction of the Paleo-Pacific Plate[J]. Journal of Asian Earth Sciences, 26(3-4): 206-224.

Li S, Tang T, Wilde S A, et al., 2013. Evolution, source and tectonic significance of early mesozoic granitoid magmatism in the Central Asian Orogenic Belt (central segment) [J]. Earth-Science Reviews, 126: 206-234.

Li W B, Hu C S, Zhong R C, et al., 2015. U-Pb, Ar/Ar geochronology of the metamorphosed volcanic rocks of the Bainaimiao group in central Inner Mongolia and its implications for ore genesis and geodynamic setting[J]. Journal of

Asian Earth Sciences, 97: 251-259.

Li Y L, Yang J C, Xia Z K, et al., 1998. Tectonic geomorphology in the Shanxi graben system, north China[J]. Geomorphology, 23 (1): 76-89.

Li Y L, Zhou H W, Brouwer F M, et al., 2011. Tectonic significance of the Xilin gol complex, Inner Mongolia, China: petrological, geochemical and U-Pb zircon age constraints[J]. Journal of Asian Earth Sciences, 42: 1018-1029.

Li Y L, Zhou H W, Brouwer F M, et al., 2014. Nature and timing of the solonker suture of the Central Asian Orogenic Belt: insights from geochronology and geochemistry of basic intrusions in the Xilin gol complex, Inner Mongolia, China[J]. Int J Earth Sci (Geol Rundsch), 103: 41-60.

Li Z X, Li X H, Kinny P D, et al., 1999. The breakup of Rodinia: did it start with a mantle plume beneath South China [J]. Earth and Planetary Science Letters, 173: 171-181.

Ling M X, Zhang H, Li H, et al., 2014. The Permian-triassic granitoids in Bayan obo, North China Craton: a geochemical and geochronological study[J]. Lithos, 190-191: 430-439.

Liu J F, Li J Y, Chi X G, et al., 2013. A late-Carboniferous to early early-Permian subduction–accretion complex in Daqing pasture, southeastern Inner Mongolia: evidence of northward subduction beneath the siberian paleoplate southern margin[J]. Lithos, 177: 285-296.

Liu J F, Li J Y. Chi X G, et al., 2012. Petrogenesis of middle triassic post-collisional granite from Jiefangyingzi area, southeast Inner Mongolia: constraint on the Triassic tectonic evolution of the north margin of the Sino-Korean paleoplate[J]. Journal of Asian Earth Sciences, 60: 147-159.

Liu Y S, Hu Z C, Gao S, et al., 2008. In situ analysis of major and trace elements of anhydrous minerals by LA-ICP-MS without applying an internal standard[J]. Chemical Geology, 257 (1-2): 34-43.

Ludwig K R, 2003. ISOPLOT 3. 00: a Geochronological toolkit for microsoft excel[R]. Berkeley Geochronology Center, California, Berkeley, 39.

McCaffrey R, Molnar P, Roecker S, et al., 1985. Microearthquake seismicity and fault plane solutions related to arc – continent collision in the eastern Sunda arc, Indonesia[J]. J. Geophys. Res., 90: 4511-4528.

McDonough W F, Sun, S S, Ringwood A E, et al., 1992. Potassium, rubidium, and cesium in the earth and moon and the evolution of the mantle of the Earth[J]. Geochim. Cosmochim. Acta, 56: 1001-1012.

McKenzie D, Bickle M J, 1988. The volume and composition of melt generated by extension of the lithosphere[J]. J. Petrol. 29: 625-679.

Miao L C, Fan W M, Liu D Y, et al., 2008. Geochronology and geochemistry of the Hegenshan ophiolitic complex: Implications for late-stage tectonic evolution of the Inner Mongolia-Daxinganling orogenic belt, China[J]. Journal of Asian Earth Sciences, 32: 348-370.

Miao L C, Zhang F, Fan W, et al., 2007. Phanerozoic evolution of the Inner Mongolia-Daxinganling orogenic belt in North China: constraints from geochronology of ophiolites and associated formations[C]. Mesozoic Sub-continental Lithospheric Thinning Under Eastern Asia: 223-237.

Nabelek P I, Bartlett C D, 1998. Petrologic and geochemical links between the post-collisional proterozoic harney peak leucogranite, South Dakota, USA, and its source rocks[J]. Lithos, 45: 71-85.

Nance R D, Murphy J B, Santosh M, 2014. The supercontinent cycle: a retrospective essay[J]. Gondwana Research: 4-29.

Nash W P, Crecraft H R, 1985. Partition coefficients for trace elements in silicic magmas[J]. Geochimica et Cosmochimica Acta, 49: 2309-2322.

Nozaka T, Liu Y, 2002. Petrology of the Hegenshan ophiolite and its implication for the tectonic evolution of northern China[J]. Earth and Planetary Science Letters, 202 (1): 89-104.

Osterhus L, Jung S, Berndt J, et al., 2014. Geochronology, geochemistry and Nd, Sr and Pb isotopes of syn-orogenic granodiorites and granites (Damara orogen, Namibia)-Arc-related plutonism or melting of mafic crustal sources [J]. Lithos, 200-201: 386.

Pearce J A, 1982. Trace element characteristics of lavas from destructive plate boundaries[J]. Andesites, 8: 528-548.

Pearce J A, 1996. Sources and settings of granitic rocks[J]. Episodes, 19 (4): 120-125.

Pearce J A, Cann J, 1973. Tectonic setting of basic volcanic rocks determined using trace element analyses[J]. Earth and Planetary Science Letters, 19 (2): 290-300.

Pearce J A, Harris N B W, Tindle A G, 1984. Trace Element discrimination diagrams for the tectonic interpretation of granitic rocks[J]. Journal of Petrology, 25: 956-983.

Pearce J A, Norry M J, 1979. Petrogenetic implications of Ti, Zr, Y, and Nb variations in volcanic rocks[J]. Contributions to Mineralogy and Petrology, 69: 33-47.

Pedersen R B, Malpas J, 1984. The origin of oceanic plagiogranites from the Karmoy ophiolite, western Norway[J]. Contributions to Mineralogy and Petrology, 88 (1-2): 36-52.

Pitcher W S, 1997. The Nature and Origin of Granite[M]. London : Chapman & Hall: 386.

Polat A, Wang L, Appel P W U, 2015. A review of structural patterns and melting processes in the Archean Craton of west Greenland: evidence for crustal growth at convergent plate margins as opposed to non-uniformitarian models[J]. Tectonophysics, 662: 67-94.

Ravikant V, 2010. Palaeoproterozoic (~1. 9 Ga) extension and breakup along the eastern margin of the eastern dharwar Craton, SE India: New Sm–Nd isochron age constraints from anorogenic mafic magmatism in the NeoArchean Nellore greenstone belt[J]. Journal of Asian Earth Sciences, 37 (1): 67-81.

Reubi O, Blundy J, 2009. A dearth of intermediate melts at subduction zone volcanoes and the petrogenesis of arc andesites[J]. Nature, 461: 126.

Robinson P T, Zhou M F, Hu X F, et al., 1999. Geochemical constraints on the origin of the Hegenshan ophiolite, Inner Mongolia, China[J]. Journal of Asian Earth Sciences, 17 (4): 423-442.

Rodionov N V, Belyatsky B V, Antonov A V, 2012. Comparative in-situ U-Th-Pb geochronology and trace element composition of baddeleyite and low-U zircon from carbonatites of the Palaeozoic Kovdor alkaline-ultramafic complex, Kola Peninsula, Russia[J]. Gondwana Research, 21 (4): 728-744.

Rollinson H R, 1993. Using Geochemical Data : Evaluation, Presentation, Interpretation [M]. London: Longman: 1-352.

Rudnick R, Gao S, 2003. Composition of the continental crust[C]. Treatise on geochemistry, 3: 659.

Sacks P E, Secor D T, 1990. Delamination in collisional orogens[J]. Geology, 18 (10): 999-1002.

Santosh M, Shaji E, Tsunogae T, et al., 2013. Suprasubduction zone ophiolite from Agali hill: petrology, zircon SHRIMP

U–Pb geochronology, geochemistry and implications for neoArchean plate tectonics in southern India[J]. Precambrian Res., 231: 301-324.

Şengör A M C, 1990. Plate tectonics and orogenic research after 25 years: a tethyan perspective[J]. Earth-Sciences Review, 27: 1-201.

Sengör A M C, et al., 1993. Evolution of the altaid tectonic collage and palaeozoic crustal growth in Eurasia[J]. Nature, 364: 209-299.

Shao J A, Zhan L P, 1998. North-east Asian terranes and Permian palaeogeography in Inner Mongolia, China[J]. Proceedings of the Royal Society of Victoria, 110(1-2): 317-321.

Sherbor E H, 1952. 构造地质学纲要[M]. 潘广明, 译. 上海: 龙门联合书局.

Shi G Z, Faure M, Xu B, et al., 2013. Structural and kinematic analysis of the early Paleozoic Ondor Sum-Hongqi mélange belt, eastern part of the Altaids（CAOB）in Inner Mongolia, China[J]. Journal of Asian Earth Sciences, 66: 123-139.

Shi Y R, Liu D Y, Kroner A, et al., 2012. Ca. 1318 Ma A-type granite on the northern margin of the North China Craton: Implications for intraplate extension of the Columbia supercontinent[J]. Lithos, 148: 1-9.

Shi Y R, Liu D Y, Miao L C, et al., 2010. Devonian a-type granitic magmatism on the northern margin of the North China Craton: SHRIMP U-Pb zircon dating and Hf-isotopes of the Hongshan granite at Chifeng, Inner Mongolia, China[J]. Gondwana Research, 17（4）: 632-641.

Solari L A, Ortega-Obregón C, Bernal J P, 2015. U-Pb zircon geochronology by LAICPMS combined with thermal annealing: achievements in precision and accuracy on dating standard and unknown samples[J]. Chemical Geology, 414: 109-123.

Storey B C, 1995. The role of mantle plumes in continental breakup: case histories from Gondwanaland[J]. Nature, 377: 30.

Sun S S, McDonough W F, 1989. Chemical and isotopic systematics of oceanic basalts: implication for mantle composition and process, in A. D. Sauders and M. J. Norry（Eds. ）, Magmatism in the ocean Basins[J]. Geol. Soc. Spec. Pub., 42: 313-345.

Sun Y W, Li M S, Ge W C, et al., 2013. Eastward termination of the Solonker–Xar Moron River Suture determined by detrital zircon U-Pb isotopic dating and Permian floristics[J]. Journal of Asian Earth Sciences, 75（5）: 243-250.

Sylvester P J, 1989. Post-collisional alkaline granites[J]. J. Geol., 97: 261-280.

Tang K D, 1990. Tectonic development of Paleozoic foldbelts at the north margin of the Sino-korean Craton[J]. Tectonic, 9（2）: 249-260.

Taylor S R, McLennan S M, 1985. The Continental Crust: Its Composition and Evolution[M]. Oxford: Blackwell: 1-312.

Tong Y, Jahn B M, Wang T, et al., 2015. Permian alkaline granites in the Erenhot–Hegenshan belt, northern Inner Mongolia, China: model of generation, time of emplacement and regional tectonic significance[J]. Journal of Asian Earth Sciences, 97: 320-336.

Toshio N, Liu Y, 2002. Petrology of the Hegenshan ophiolite and its implication for the tectonic evolution of northern China[J]. Earth and Planetary Science Letters, 202: 89-104.

Turner S, Sandiford M, Foden J, 1992. Some geodynamic and compositional constraints on postorogenic magmatism[J]. Geology, 20: 931-934.

Vinogradov A P, 1962. Average content of chemical elements in the chief types of igneous of the crust of the earth[J]. Geokhimia, 7: 555-571.

Watson E B, Harrison T M, 1983. Zircon saturation revisited: temperature and composition effects in a variety of crustal magma types[J]. Earth and Planetary Science Letters, 64: 295-304.

Whalen J B, Currie K L, Chappell B W, 1987. A-type granites: geochemical characteristics, discrimination and petrogenesis[J]. Contrib. Mineral. Petrol, 95: 407-419.

Wilde S A, 2015. Final amalgamation of the central Asian Orogenic Belt in NE China: Paleo-Asian Ocean closure versus Paleo-Pacific plate subduction-A review of the evidence[J]. Tectonophysics, 662: 345-362.

Wilde S A, Zhao G C, Sun M, 2002. Development of the North China Craton during the late Archean and its final amalgamation at 1. 8 Ga: some speculations onits position within a global Paleoproterozoic supercontinent[J]. Gondwana Res., 5(1): 85-94.

Winchester J, Floyd P, 1977. Geochemical discrimination of different magma series and their differentiation products using immobile elements[J]. Chemical Geology, 20: 325-343.

Windley B F, 1996. The Evolving Continents[J]. Oceanographic Literature Review, 8(43): 785.

Windley B F, Alexeiev D, Xiao W J, et al., 2007. Tectonic models for accretion of the Central Asian Orogenic Belt[J]. Journal of the Geological Society, 164(1): 31-47.

Wood D A, 1980. The application of a Th-Hf-Ta diagram to problems of tectonomagmatic classification and to establishing the nature of crustal contamination of basaltic lavas of the British Tertiary Volcanic Province[J]. Earth and Planetary Science Letters, 50: 187(1-2): 143-173.

Wu F Y, Sun D Y, Ge W C, et al., 2011. Geochronology of the Phanerozoic granitoids in northeastern China[J]. Journal of Asian Earth Sciences, (41): 1-30.

Wu F Y, Sun D Y, Li H M, 2002. A-type granites in north-eastern China: age and geochemical onstraints on their petrogenesis[J]. Chemical Geology, 11: 311-323.

Wu F Y, Yang Y H, Xie L W, et al., 2006. Hf isotopic compositions of the standard zircons and baddeleyites used in U-Pb geochronology[J]. Chem Geol., 234: 105-126.

Wu G, Chen Y C, Sun F Y, et al., 2015. Geochronology, geochemistry, and Sr-Nd-Hf isotopes of the early Paleozoic igneous rocks in the Duobaoshan area, NE China, and their geological significance[J]. Journal of Asian Earth Sciences, 97: 229-250.

Xia L Q, Xia Z C, Xu X Y, et al., 2013. Late Paleoproterozoic rift-related magmatic rocks in the north China Craton: geological records of rifting in the Columbia supercontinent[J]. Earth-Science Reviews, 125: 69-86.

Xia L Q, Xu X Y, Li X M, et al., 2012. Reassessment of petrogenesis of Carboniferous –Early Permian rift-related volcanic rocks in the Chinese Tianshan and its neighboring areas[J]. Geosciences Frontiers, 3(4): 445-471.

Xiao W J, Kusky T, Safonova I, et al., 2015. Tectonics of the Central Asian Orogenic Belt and its Pacific analogues[J]. Journal of Asian Earth Sciences, 113: 1-6.

Xiao W J, Windley B F, Hao J, et al., 2003. Accretion leading to collision and the Permian Solonker suture, Inner Mongolia, China: termination of the Central Asian Orogenic Belt[J]. Tectonics, 22(6): 8-20.

Xu B, Charvet J, Chen Y, et al., 2013. Middle Paleozoic convergent orogenic belts in western Inner Mongolia (China): framework, kinematics, geochronology and implications for tectonic evolution of the Central Asian Orogenic Belt[J]. Gondwana Research, 23: 1342-1364.

Xu B, Zhao P, Wang Y Y, et al., 2015. The pre-Devonian tectonic framework of Xing'an–Mongolia orogenic belt (XMOB) in north China[J]. Journal of Asian Earth Sciences, 97: 183-196.

Xu J F, Castillo P R, Chen F R, et al., 2003. Geochemistry of late Paleozoic mafic igneous rocks from the Kuerti area, Xinjiang, Northwest China: implications for back-arc mantle evolution[J]. Chemical Geology, 193: 137-154.

Yakubchuk A, 2002. The Baikalide–Altaid, Transbaikal–Mongolian and North Pacific Orogenic collage: similarities and diversity of structural pattern and metallogenic[J]. Geological Society, 204(1): 273-297.

Yarmolyuk V V, Kuzmin M I, Ernst R E, 2014. Intraplate geodynamics and magmatism in the evolution of the Central Asian Orogenic Belt[J]. Journal of Asian Earth Sciences, 93: 158-179.

Yu M, Feng C, Zhao Y, et al., 2015. Genesis of post-collisional calc-alkaline and alkaline granitoids in Qiman Tagh, East Kunlun, China[J]. Lithos, 239: 45-59.

Yue Y J, Liou J G, Graham S A, 2001. Tectonic correlation of Beishan and Inner Mongolia orogens and its implications for the palinspastic reconstruction of North China[J]. Memoirs-Geological Society of America: 101-116.

Zeng Q D, Sun Y, Duan X X, et al., 2013. U-Pb and Re-Os geochronology of the Haolibao porphyry Mo-Cu deposit, NE China: Implications for a Late Permian tectonic setting[J]. Geological Magazine, 150(6): 975-985.

Zhai M G, Santosh M, 2011. The early Precambrian odyssey of north China Craton: a synoptic overview[J]. Gondwana Research, 20: 6-25.

Zhang S H, Zhao Y, Song B, et al., 2007b. Petrogenesis of the Middle Devonian Gushan diorite pluton on the northern margin of the North China block and its tectonic implications[J]. Geol. Mag., 144(3): 553-568.

Zhang S H, Zhao Y, Song B, et al., 2009. Contrasting late Carboniferous and late Permian–Middle Triassic intrusivesuites from the northern margin of the North China Craton: geochronology, petrogenesis and tectonic implications[J]. Geological Society of America Bulletin, 121: 181-200.

Zhang S H, Zhao Y, Yang Z Y, et al., 2007a. Carboniferous granitic plutons from the northern margin of the North China block: implications for a late Palaeozoic active continental margin[J]. Journal of the Geological Society , 164: 451-463.

Zhang W, Jian P, Kroner A, et al., 2013. Magmatic and metamorphic development of an early to mid-Paleozoic continental margin arc in the southernmost Central Asian Orogenic Belt, Inner Mongolia, China[J]. Journal of Asian Earth Sciences, 72: 63-74.

Zhang X H, Yuan L L, Xue F H, et al., 2015. Early Permian a-type granites from central Inner Mongolia, North China: magmatic tracer of post-collisional tectonics and oceanic crustal recycling[J]. Gondwana Research, 28(1): 311-327.

Zhang X H, Zhang H F, Tang Y J, et al., 2008. Geochemistry of Permian bimodal volcanic rocks from central Inner Mongolia North China Implication for tectonic setting and Phanerozoic continental growth in Central Asian Orogenic

Belt[J]. Chemical Geology, 249: 262-281.

Zhang Z C, Li K, Li J F, et al., 2015. Geochronology and geochemistry of the Eastern Erenhot ophiolitic complex: Implications for the tectonic evolution of the Inner Mongolia–Daxinganling Orogenic Belt[J]. Journal of Asian Earth Sciences, 97: 279-293.

Zhao G C, Cawood P A, Wilde S A, et al., 2002. Review of global 2.1-1.8 Ga orogens: implications for a pre-Rodinia supercontinent[J]. Earth Science Reviews, 59(1): 125-162.

Zhao G C, Sun M, Wilde S A, et al., 2004. A Paleo-Mesoproterozoic supercontinent: assembly, growth and breakup[J]. Earth-Sci. Rev., 67: 91–123.

Zhao P, Chen Y, Xu B, et al., 2013. Did the Paleo-Asian Ocean between North China Block and Mongolia Block exist during the Late Paleozoic? First paleoagnetic evidence from central eastern Inner Mongolia, China. Journal of Geophysical Research[J]. Solid Earth, 118(5): 1873-1894.

Zhao P, Xu B, Tong Q L, et al., 2016. Sedimentological and geochronological constraints on the Carboniferous evolution of central Inner Mongolia, southeastern Central Asian Orogenic Belt: Inland sea deposition in a post-orogenic setting[J]. Gondwana Research, 31: 253-270.

Zhou J B, Wang B, Wilde S A, et al., 2015. Geochemistry and U-Pb zircon dating of the Toudaoqiao blueschists in the Great Xing'an Range, northeast China, and tectonic implications[J]. Journal of Asian Earth Sciences, 97: 197-210.

Zhou J B, Wilde S A, 2013. The crustal accretion history and tectonic evolution of the NE China segment of the Central Asian Orogenic Belt[J]. Gondwana Research, 23: 1365-1577.

Zhou J B, Wilde S A, Zhang X Z, et al., 2011. Early Paleozoic metamorphic rocks of the Erguna block in the Great Xing'an Range, NE China: evidence for the timing of magmatic and metamorphic events and their tectonic implications[J]. Tectonophysics, 499: 105-137.

Zhou L Y, Wang Y, 2012. Late Carboniferous syn-tectonic magmatic flow at the northern margin of the North China Craton—evidence for the reactivation of Cratonic basement[J]. Journal of Asian Earth Sciences, 54: 131-142.

Zhu M, Baatar M, Miao L, et al., 2014. Zircon ages and geochemical compositions of the Manlay ophiolite and coeval island arc: Implications for the tectonic evolution of South Mongolia[J]. Journal of Asian Earth Sciences, 96: 108-122.

Zhu Y, Sun S, Gu L, et al., 2001. Permian volcanism in the Mongolian orogenic zone, northeast China: geochemistry, magma sources and petrogenesis[J]. Geological Magazine, 138(2): 101-115.

Zonenshain L P, Kuzmin M I, Natapov L M, 1990. Geology of the USSR, a Plate Tectonic Synthesis[M]. Washington D C. Geodynamics Series, 21: 1-242.

附录

测 试 结 果

附表 1　内蒙古克什克腾旗林西组变质粉砂岩碎屑锆石 U-Pb 同位素数据

样品号	$w_B/10^{-6}$		同位素比值					年龄/ Ma					
ZM028-TW	Pb	U	$\frac{^{206}Pb}{^{238}U}$	$\frac{^{207}Pb}{^{235}U}$	$\frac{^{207}Pb}{^{206}Pb}$	$\frac{^{232}Th}{^{238}U}$	$\frac{^{208}Pb}{^{232}Th}$	$\frac{^{206}Pb}{^{238}U}$	1σ	$\frac{^{207}Pb}{^{235}U}$	1σ	$\frac{^{207}Pb}{^{206}Pb}$	1σ
sam.1	934	498	0.0459	0.3391	0.0536	0.6007	0.0164	289	2	296	5	353	40
sam.4	1278	289	0.0627	0.5206	0.0602	1.0677	0.0213	392	2	426	9	611	44
sam.7	1917	442	0.0683	0.5793	0.0615	0.5426	0.0256	426	3	464	8	657	35
sam.9	1972	594	0.0709	0.5676	0.0580	0.3090	0.0265	442	3	456	6	531	27
sam.11	1645	374	0.0712	0.6036	0.0615	0.5156	0.0272	443	3	480	7	656	33
sam.12	1497	270	0.0723	0.6008	0.0603	0.5158	0.0284	450	3	478	10	614	43
sam.14	2405	659	0.0736	0.6164	0.0607	0.5144	0.0253	458	2	488	6	630	25
sam.15	2355	669	0.0764	0.6165	0.0585	0.6390	0.0273	474	3	488	6	550	24
sam.16	2589	828	0.0707	0.5855	0.0601	0.7279	0.0184	440	2	468	5	607	23
sam.17	1275	307	0.0699	0.5449	0.0565	0.5218	0.0256	435	2	442	8	474	38
sam.18	18561	213	0.3359	5.3044	0.1145	0.4270	0.1083	1867	10	1870	18	1872	16
sam.20	17127	337	0.2690	3.6940	0.0996	0.9152	0.0782	1536	9	1570	15	1617	17
sam.21	2151	665	0.0714	0.5858	0.0595	0.6011	0.0221	444	3	468	5	586	25
sam.22	1911	665	0.0681	0.5301	0.0565	0.3403	0.0201	424	2	432	5	472	26
sam.23	1671	544	0.0682	0.5506	0.0586	0.8635	0.0196	425	2	445	5	552	26
sam.26	3232	1132	0.0677	0.5759	0.0617	0.4264	0.0171	422	2	462	5	664	21
sam.27	3388	1401	0.0667	0.5221	0.0568	0.3465	0.0180	416	2	427	4	483	21
sam.29	1496	467	0.0667	0.5087	0.0553	0.2982	0.0177	417	2	418	6	423	31
sam.31	2529	578	0.0687	0.5593	0.0590	0.6526	0.0175	428	2	451	8	569	33
sam.32	18165	367	0.2523	3.3673	0.0968	0.5980	0.0583	1450	9	1497	16	1563	18
sam.33	2472	898	0.0640	0.5387	0.0611	0.2414	0.0196	400	2	438	5	642	23
sam.34	1385	1080	0.0451	0.3367	0.0541	0.7177	0.0107	285	1	295	3	375	25
sam.36	1969	625	0.0682	0.5526	0.0588	0.6665	0.0163	425	2	447	6	559	26
sam.38	23707	121	0.4008	8.9547	0.1621	0.6400	0.1168	2173	15	2333	24	2477	15
sam.39	44534	664	0.2864	4.4728	0.1133	0.2974	0.0779	1623	8	1726	16	1853	16
sam.40	1223	724	0.0408	0.3209	0.0570	0.4867	0.0139	258	1	283	5	493	39
sam.41	38212	152	0.4680	10.6819	0.1655	0.6458	0.1191	2475	16	2496	26	2513	15
sam.43	778	338	0.0443	0.3273	0.0536	1.0579	0.0130	279	2	287	7	353	55
sam.44	2571	746	0.0719	0.6069	0.0612	0.6117	0.0219	448	3	482	6	646	24
sam.45	33889	91	0.4659	10.3163	0.1606	0.8728	0.1172	2466	23	2464	40	2462	19

样品号	$w_B/10^{-6}$		同位素比值					年龄/ Ma					
ZM028-TW	Pb	U	$^{206}Pb/^{238}U$	$^{207}Pb/^{235}U$	$^{207}Pb/^{206}Pb$	$^{232}Th/^{238}U$	$^{208}Pb/^{232}Th$	$^{206}Pb/^{238}U$	1σ	$^{207}Pb/^{235}U$	1σ	$^{207}Pb/^{206}Pb$	1σ
sam.46	1578	247	0.0689	0.5141	0.0541	0.6922	0.0204	429	3	421	13	377	70
sam.47	926	513	0.0473	0.3420	0.0524	0.6261	0.0135	298	2	299	5	303	38
sam.48	28951	264	0.3658	6.1132	0.1212	0.3026	0.0955	2010	12	1992	20	1974	16
sam.49	34084	358	0.3389	5.3665	0.1148	0.5170	0.0863	1882	13	1880	19	1877	16
sam.50	1365	308	0.0460	0.3275	0.0517	0.8893	0.0126	290	2	288	15	272	116
sam.51	1238	230	0.0755	0.6067	0.0583	0.3798	0.0189	469	3	481	9	540	41
sam.52	1242	273	0.0675	0.5553	0.0597	0.7261	0.0180	421	2	448	8	592	40
sam.53	6509	42	0.3779	6.5213	0.1252	0.8264	0.0847	2066	12	2049	27	2031	22
sam.54	1555	414	0.0707	0.5681	0.0582	0.6513	0.0172	441	3	457	7	539	32
sam.57	1717	240	0.0651	0.5410	0.0603	0.7040	0.0139	406	3	439	14	615	66
sam.59	7387	499	0.1565	1.5203	0.0705	0.5273	0.0354	937	6	939	10	941	21
sam.60	991	233	0.0602	0.4783	0.0576	0.7056	0.0128	377	2	397	9	516	50
sam.61	39819	199	0.4424	9.6301	0.1579	0.8508	0.0842	2361	13	2400	23	2433	15
sam.63	7911	133	0.2585	3.7687	0.1057	2.3101	0.0477	1482	8	1586	17	1727	19
sam.64	4262	986	0.0629	0.5429	0.0626	0.3831	0.0167	393	2	440	8	693	37
sam.65	1046	623	0.0429	0.3387	0.0572	0.2634	0.0111	271	2	296	5	500	34
sam.66	2174	668	0.0682	0.5809	0.0618	0.7851	0.0149	425	3	465	5	667	26
sam.67	10586	311	0.2218	2.7368	0.0895	1.0357	0.0444	1291	7	1339	13	1415	18
sam.68	1137	340	0.0603	0.4718	0.0567	1.3455	0.0128	378	2	392	7	481	40
sam.69	934	403	0.0454	0.3485	0.0557	0.7078	0.0103	286	2	304	7	441	48
sam.70	4974	177	0.1925	2.1934	0.0827	1.1904	0.0368	1135	6	1179	14	1261	22
sam.71	1017	412	0.0511	0.3904	0.0554	0.6849	0.0106	321	2	335	6	429	42
sam.72	1255	232	0.0439	0.3539	0.0585	1.0743	0.0083	277	2	308	17	549	118
sam.73	15274	467	0.2166	2.6337	0.0882	0.4366	0.0369	1264	7	1310	13	1386	19
sam.74	863	332	0.0448	0.3405	0.0551	0.7888	0.0090	283	2	298	8	417	58
sam.75	1774	602	0.0691	0.5254	0.0552	0.5096	0.0140	430	2	429	5	419	28
sam.77	1410	415	0.0688	0.5217	0.0550	0.3802	0.0152	429	2	426	6	411	34
sam.78	1868	614	0.0617	0.5206	0.0612	0.8211	0.0129	386	2	426	6	648	28
sam.79	2462	852	0.0691	0.5617	0.0589	0.6445	0.0146	431	2	453	5	565	23
sam.81	2792	1042	0.0687	0.5361	0.0566	0.3169	0.0152	428	2	436	5	476	24
sam.83	1414	953	0.0431	0.3402	0.0572	0.5690	0.0097	272	1	297	4	498	30
sam.84	973	185	0.0439	0.3408	0.0563	0.0628	0.0107	277	2	298	17	463	122
sam.85	951	242	0.0445	0.3479	0.0568	0.8699	0.0095	280	2	303	12	482	87
sam.86	68209	303	0.4585	10.6043	0.1678	0.6874	0.0882	2433	13	2489	23	2535	15
sam.90	1986	609	0.0723	0.5756	0.0578	0.6787	0.0165	450	2	462	6	521	26
sam.91	1132	667	0.0452	0.3536	0.0567	1.0511	0.0103	285	2	307	5	479	32
sam.92	1828	624	0.0659	0.5389	0.0593	0.4424	0.0154	411	2	438	5	580	25
sam.93	81876	409	0.4119	9.0564	0.1595	0.5084	0.0754	2224	14	2344	24	2450	16

注：表中所列误差均为 1σ 误差。

附表 2　内蒙古西乌珠穆沁旗晚石炭世火山岩锆石 Hf 同位素测年数据表

样品号及测试点号	年龄/Ma	$^{176}Yb/^{177}Hf$	$^{176}Lu/^{177}Hf$	$^{176}Hf/^{177}Hf$	1σ	$^{176}Hf/^{177}Hf_i$	$\varepsilon_{Hf}(0)$	$\varepsilon_{Hf}(t)$	T_{DM}/Ma	T_{DM}^C/Ma	$f_{Lu/Hf}$
PM006-11T W1-01	337	0.081633	0.002137	0.283105	0.000024	0.283092	11.8	18.73	214	146	-0.94
PM006-11T W1-02	327	0.073843	0.001712	0.282740	0.000020	0.282730	-1.1	5.69	740	974	-0.95

附表 3　内蒙古苏尼特左旗及苏尼特右旗地区晚石炭世花岗岩类主量元素质量分数数据表（%）

样品号	SYQ01-YQ1	SYQ01-YQ2	SYQ01-YQ3	SZQ01-YQ1	SZQ01-YQ2	SZQ01-YQ3	SZQ02-YQ1	SZQ02-YQ2	SZQ02-YQ3	SZQ02-YQ4
岩性	英云闪长岩	英云闪长岩	英云闪长岩	花岗闪长岩	花岗闪长岩	花岗闪长岩	二长花岗岩	二长花岗岩	二长花岗岩	二长花岗岩
SiO_2	71.47	71.64	71.55	71.71	77.13	72.48	76.53	76.49	75.61	75.06
Al_2O_3	15.7	15.82	15.6	15.39	12.87	15.17	12.74	12.45	12.9	13.42
CaO	1.04	1.14	1.47	1.86	0.92	2.27	0.53	0.72	0.71	1.1
Fe_2O_3	0.81	0.83	0.83	0.78	0.05	0.92	0.68	0.6	0.7	0.73
FeO	0.97	0.93	0.97	0.68	0.47	0.61	0.4	0.25	0.25	0.25
K_2O	0.95	0.86	0.76	2.64	2.17	2.1	4.09	5.51	5.3	4.03
MgO	0.81	0.81	0.75	0.55	0.18	0.62	0.25	0.24	0.32	0.36
MnO	0.03	0.05	0.04	0.05	0.02	0.07	0.01	0.02	0.02	0.02
Na_2O	6.4	6.38	6.36	5.04	5.2	4.93	3.38	2.67	2.81	3.76
P_2O_5	0.08	0.07	0.05	0.05	0.05	0.06	0.03	0.04	0.04	0.05
TiO_2	0.24	0.24	0.24	0.15	0.05	0.15	0.13	0.11	0.13	0.14
LOI	1.12	1.18	1.07	0.62	0.44	0.67	0.57	0.48	0.63	0.54
$Mg^{\#}$	0.46	0.46	0.44	0.42	0.38	0.43	0.31	0.35	0.39	0.41
Σ	1.59	1.92	2.45	0.13	0.17	0.19	0.02	0.01	0.01	0.03

注：$Mg^{\#}=Mg^{2+}/(Mg^{2+}+Fe^{2+})$。

附表 4　内蒙古苏尼特左旗及苏尼特右旗地区
晚石炭世花岗岩类稀土元素质量分数数据表（$\times10^{-6}$）

样品号	SYQ01-YQ1	SYQ01-YQ2	SYQ01-YQ3	SZQ01-YQ1	SZQ01-YQ2	SZQ01-YQ3	SZQ02-YQ1	SZQ02-YQ2	SZQ02-YQ3	SZQ02-YQ4
岩性	英云闪长岩	英云闪长岩	英云闪长岩	花岗闪长岩	花岗闪长岩	花岗闪长岩	二长花岗岩	二长花岗岩	二长花岗岩	二长花岗岩
La	4.4	3.94	5.33	11.8	7.29	13	5.51	4.36	6.51	5.03
Ce	9.46	9.03	11.1	21.3	12.9	24.4	4.33	11.6	12	15.2
Pr	1.64	1.43	1.88	2.76	2.09	3.03	0.84	0.83	1.11	1.21
Nd	7.53	6.72	8.55	11.1	8.49	11.9	3.12	2.88	3.89	4.55
Sm	1.36	1.29	1.39	1.97	1.74	1.93	0.46	0.41	0.51	0.89

续表

样品号	SYQ01-YQ1	SYQ01-YQ2	SYQ01-YQ3	SZQ01-YQ1	SZQ01-YQ2	SZQ01-YQ3	SZQ02-YQ1	SZQ02-YQ2	SZQ02-YQ3	SZQ02-YQ4
岩性	英云闪长岩	英云闪长岩	英云闪长岩	花岗闪长岩	花岗闪长岩	花岗闪长岩	二长花岗岩	二长花岗岩	二长花岗岩	二长花岗岩
Eu	0.48	0.5	0.47	0.47	0.38	0.52	0.56	0.48	0.54	0.43
Gd	1.15	1.08	1.14	1.76	1.66	1.76	0.42	0.46	0.44	0.88
Tb	0.18	0.16	0.12	0.26	0.26	0.3	0.06	0.06	<0.05	<0.05
Dy	1.01	0.86	0.75	1.51	1.82	1.64	0.31	0.46	0.31	0.8
Ho	0.19	0.17	0.15	0.33	0.41	0.35	0.07	0.09	0.07	0.16
Er	0.57	0.48	0.46	0.98	1.25	0.99	0.2	0.33	0.2	0.53
Tm	0.08	0.07	0.07	0.16	0.22	0.17	<0.05	0.05	<0.05	0.07
Yb	0.6	0.52	0.48	1.27	1.72	1.29	0.25	0.42	0.25	0.51
Lu	0.1	0.08	0.08	0.22	0.26	0.21	<0.05	0.06	<0.05	0.09
Y	5.13	4.64	4.46	9.97	11.3	9.16	1.92	2.99	1.96	4.83

附表5　内蒙古苏尼特左旗及苏尼特右旗地区

晚石炭世花岗岩类微量元素质量分数数据表($\times 10^{-6}$)

样品号	SYQ01-YQ1	SYQ01-YQ2	SYQ01-YQ3	SZQ01-YQ1	SZQ01-YQ2	SZQ01-YQ3	SZQ02-YQ1	SZQ02-YQ2	SZQ02-YQ3	SZQ02-YQ4
岩性	英云闪长岩	英云闪长岩	英云闪长岩	花岗闪长岩	花岗闪长岩	花岗闪长岩	二长花岗岩	二长花岗岩	二长花岗岩	二长花岗岩
Sc	3	2.6	2.49	5.12	3.02	3.84	1.42	0.92	1.25	2.08
Th	0.37	0.38	0.47	5.46	4.32	5.27	0.85	3.67	1.69	2.33
U	0.37	0.29	0.32	0.74	0.56	0.53	0.25	0.32	0.35	0.41
Cs	1.33	0.88	0.86	2.02	1.52	2.28	0.63	0.67	0.5	1.41
Rb	14.7	15.1	12.3	79.2	62.2	60.8	58.1	115	61.5	74.8
Sr	255	229	227	313	99.3	342	97.1	114	95.6	122
Ba	123	97.5	81.7	736	1038	794	329	613	615	396
Zr	88	74.5	81.6	62.5	28.7	63.5	89.6	74.1	59.7	54.9
Nb	0.84	0.81	0.85	12.8	13.9	9.27	1.44	3.15	1.75	3.82
Ta	0.07	0.06	0.07	0.7	1.28	0.61	<0.05	0.11	0.07	0.2
Hf	2.54	2.01	2.21	2.09	1.35	1.88	2.12	2	1.52	1.55
Pb	1.65	1.98	2.35	13.3	9.72	12.7	13.7	17.6	12.5	14.7
V	28.1	26.2	26.9	26.9	10.5	24.1	10.2	11.7	13.3	13.1
Cr	4.04	3.03	3.33	1.5	1.33	3.71	1.77	1.51	3.14	2.86
Co	2.79	2.86	2.94	2.66	0.66	2.92	1.25	1.31	1.67	1.75
Ni	2.33	2.76	2.9	5.71	2.17	5.58	2.63	1.99	2.64	2.57
Cu	15.8	26.1	9.28	3.42	3.79	2.5	5.38	3.52	5.78	1.95
Zn	18.2	28.1	16.1	27.5	7.08	31.2	11.7	12.8	12.2	17
Ga	15.5	15	16	14.7	10.2	13.1	11.4	10.7	11.1	12.8

附表6　内蒙古西乌珠穆沁旗早二叠世火山岩主量元素质量分数(%)与稀土、微量元素质量分数($\times10^{-6}$)数据表

样品号	PM005-6	PM005-7	PM005-13	PM005-14	PM005-16	PM018-3	PM030-19	PM005-2	PM005-3	PM005-5	D1020	PM001-32
岩性	安山岩	安山岩	安山岩	安山岩	安山岩	安山质凝灰岩	流纹岩	流纹岩	流纹岩	流纹岩	球粒流纹岩	英安岩
SiO_2	59.83	63.67	56.49	59.61	56.61	49.89	75.14	75.49	78.17	72.82	77.46	75.62
Al_2O_3	14.30	14.13	13.85	14.51	15.09	13.09	13.10	12.31	11.54	12.97	12.60	12.18
TiO_2	1.75	1.68	1.86	1.94	1.94	1.21	0.23	0.22	0.21	0.54	0.17	0.24
Fe_2O_3	3.54	3.54	4.49	9.92	7.49	4.34	1.52	0.36	0.02	2.14	0.04	2.20
FeO	4.77	3.66	6.06	1.65	4.43	4.22	0.19	1.13	0.14	1.36	0.12	0.17
CaO	3.59	0.94	5.30	2.15	3.44	8.64	0.12	0.10	0.17	0.41	0.12	0.16
MgO	1.26	2.42	1.91	1.69	2.31	2.67	0.15	0.14	0.06	0.42	0.06	0.22
K_2O	2.65	1.03	1.13	1.26	0.91	0.43	4.64	7.48	6.24	3.45	5.31	6.16
Na_2O	3.62	5.14	3.31	3.43	3.39	3.95	0.15	1.70	1.94	3.62	1.56	0.83
MnO	0.17	0.09	0.17	0.08	0.14	0.16	0.01	0.01	0.00	0.06	0.04	0.04
P_2O_5	0.53	0.46	0.28	0.29	0.30	0.16	0.02	0.03	0.03	0.11	0.03	0.04
H_2O^+	2.21	3.06	2.92	3.31	3.85	—	—	0.79	1.05	1.76	1.59	1.65
H_2O^-	0.24	0.53	0.38	0.93	0.81	—	—	0.15	0.17	0.28	0.34	0.30
LOI	3.90	3.13	5.04	3.37	3.81	11.11	4.29	0.89	1.34	1.96	1.90	2.20
TOTAL	99.91	99.9	99.89	99.89	99.86	99.87	99.56	99.85	99.85	99.86	99.41	100.06
La	22.63	12.56	22.23	21.32	19.22	9.85	44.35	34.95	33.47	23.00	31.61	35.67
Ce	51.69	30.68	47.46	46.15	40.56	22.16	93.24	79.90	71.59	50.41	71.88	84.59
Pr	7.03	4.53	6.46	6.77	5.81	3.10	12.17	10.05	9.51	6.67	9.23	10.62
Nd	32.47	21.77	28.88	30.73	26.06	15.69	56.15	43.08	39.50	27.50	38.62	42.93
Sm	7.99	5.83	7.17	7.67	6.62	3.98	12.80	9.74	8.89	6.03	9.20	9.86
Eu	1.96	1.62	2.01	2.17	1.85	1.22	1.41	0.93	0.84	0.93	1.02	1.00

续表

样品号	PM005-6	PM005-7	PM005-13	PM005-14	PM005-16	PM018-3	PM030-19	PM005-2	PM005-3	PM005-5	D1020	PM001-32
岩性	安山岩	安山岩	安山岩	安山岩	安山岩	安山质凝灰岩	流纹岩	流纹岩	流纹岩	流纹岩	球粒流纹岩	英安岩
Gd	7.82	5.89	7.15	7.57	6.65	4.09	12.39	9.16	8.32	5.53	8.38	9.40
Tb	1.50	1.15	1.41	1.56	1.33	0.85	2.63	1.75	1.57	1.03	1.73	2.03
Dy	8.79	6.81	8.47	9.34	8.07	5.16	16.17	10.62	9.27	6.04	11.30	13.53
Ho	1.93	1.46	1.82	2.08	1.82	1.07	3.26	2.33	1.99	1.33	2.27	2.85
Er	5.07	3.74	4.84	5.43	4.61	3.02	9.61	6.35	5.4	3.59	6.88	8.36
Tm	0.95	0.68	0.91	1.02	0.86	0.48	1.59	1.27	1.07	0.71	1.21	1.46
Yb	4.45	3.03	4.34	4.75	4.06	2.99	10.01	5.97	4.98	3.47	7.58	8.99
Lu	0.84	0.57	0.82	0.9	0.77	0.5	1.78	1.19	1.04	0.77	1.3	1.57
Y	45.01	34.67	44.02	46.67	43.3	27.65	85.69	55.94	48.83	32.23	64.18	79.75
Ga	22.38	17.39	21.58	21.58	26.32	15.97	26.37	17.84	18.32	16.55	21.1	21.6
Rb	70.7	40.1	20.3	23.6	25.8	13.3	150.7	120.7	146.7	69.9	152	149.7
Ba	398.5	167.2	315.1	434.5	488.9	305.9	672.6	762.8	914.6	586.4	619.9	674.6
Hf	6.46	3.98	6.15	6.62	6.35	3.79	12.25	14.81	8.99	6.14	10.28	11.05
Ta	0.78	0.5	0.82	0.76	0.91	0.3	0.79	1.04	1.12	0.63	0.78	1.09
Pb	11.5	7.6	13.4	12.4	9.5	4.4	11.4	24.7	5.7	11.2	15.2	28.3
Th	7.74	3.38	7.46	6.83	8.44	3.18	13	12.03	11.56	11.78	14.18	15.17
U	1.92	1.12	2.01	2.02	2.78	0.74	3.56	3.44	2.89	2.82	3.55	3.82
Nb	10.05	6.32	10.15	9.38	11.21	4.35	10.06	13.79	16.34	7.37	11.12	15.58
Sr	137	70.4	341.5	231.1	397.9	309	35.2	25.5	24.6	50.9	17.6	13.3
Zr	227.2	147.9	228.6	240.4	242.2	139.7	429	406.5	370.1	224.7	238.1	255
Cr	12	100.3	7.4	7.1	8.8	121.2	3.6	4.1	6	7	8.3	9.2

附表 7　内蒙古西乌珠穆沁旗地区早二叠世大石寨组火山岩锆石 U-Pb 数据表

样品号及测试点号	质量分数/(×10⁻⁶)		同位素比值						年龄/Ma					
	Pb	U	$^{206}Pb/^{238}U$	1σ	$^{207}Pb/^{206}Pb$	1σ	$^{207}Pb/^{235}U$	1σ	$^{206}Pb/^{238}U$	1σ	$^{207}Pb/^{235}U$	1σ	$^{207}Pb/^{206}Pb$	1σ
PM001-32.1	7	157	0.0452	0.0003	0.3383	0.0130	0.0543	0.0020	285	2	296	11	383	83
PM001-32.2	7	153	0.0461	0.0004	0.3271	0.0125	0.0514	0.0019	291	2	287	11	260	87
PM001-32.3	11	238	0.0462	0.0003	0.3366	0.0089	0.0528	0.0013	291	2	295	8	320	57
PM001-32.4	8	175	0.0423	0.0004	0.3805	0.0258	0.0653	0.0043	267	2	327	22	783	137
PM001-32.5	9	183	0.0459	0.0004	0.3171	0.0098	0.0501	0.0015	290	2	280	9	197	69
PM001-32.6	12	260	0.0458	0.0003	0.3491	0.0075	0.0552	0.0012	289	2	304	7	422	47
PM001-32.7	10	216	0.0453	0.0003	0.3394	0.0095	0.0543	0.0014	286	2	297	8	383	60
PM001-32.8	11	239	0.0458	0.0003	0.3311	0.0142	0.0525	0.0018	288	2	290	12	306	78
PM001-32.9	10	202	0.0457	0.0003	0.3502	0.0090	0.0556	0.0014	288	2	305	8	435	57
PM001-32.10	16	310	0.0453	0.0003	0.3267	0.0064	0.0523	0.0010	286	2	287	6	297	44
PM001-32.11	11	236	0.0454	0.0003	0.3297	0.0082	0.0527	0.0012	286	2	289	7	316	54
PM001-32.12	8	176	0.0456	0.0003	0.3323	0.0102	0.0528	0.0016	288	2	291	9	320	67
PM001-32.13	13	277	0.0457	0.0003	0.3236	0.0062	0.0514	0.0009	288	2	285	5	259	42
PM001-32.14	12	258	0.0453	0.0003	0.3069	0.0071	0.0491	0.0011	286	2	272	6	152	52
PM001-32.15	10	213	0.0446	0.0003	0.3807	0.0127	0.0619	0.0019	281	2	328	11	670	65
PM001-32.16	7	154	0.0452	0.0004	0.3858	0.0166	0.0620	0.0024	285	2	331	14	673	83
PM001-32.17	9	186	0.0451	0.0003	0.3595	0.0108	0.0578	0.0017	284	2	312	9	523	64
PM001-32.18	12	259	0.0451	0.0003	0.3268	0.0088	0.0525	0.0014	285	2	287	8	309	59
PM001-32.19	13	303	0.0453	0.0003	0.3097	0.0063	0.0496	0.0009	285	2	274	6	177	44
PM001-32.20	12	255	0.0448	0.0003	0.3131	0.0070	0.0507	0.0011	283	2	277	6	226	50

续表

样品号及测试点号	质量分数/(×10⁻⁶)		同位素比值						年龄/Ma					
	Pb	U	$^{206}Pb/^{238}U$	1σ	$^{207}Pb/^{235}U$	1σ	$^{207}Pb/^{206}Pb$	1σ	$^{206}Pb/^{238}U$	1σ	$^{207}Pb/^{235}U$	1σ	$^{207}Pb/^{206}Pb$	1σ
PM001-32.21	15	314	0.0448	0.0003	0.3278	0.0064	0.0530	0.0010	283	2	288	6	331	42
PM001-32.22	12	259	0.0454	0.0003	0.4020	0.0106	0.0643	0.0016	286	2	343	9	750	51
PM001-32.23	11	250	0.0447	0.0003	0.3234	0.0077	0.0525	0.0012	282	2	284	7	306	52
PM001-32.24	11	242	0.0451	0.0003	0.3707	0.0136	0.0596	0.0019	284	2	320	12	590	68
PM001-32.25	15	323	0.0446	0.0003	0.3466	0.0069	0.0563	0.0010	281	2	302	6	465	40
PM018-3.1	16	243	0.0447	0.0005	0.4564	0.0223	0.0740	0.0030	282	3	382	19	1042	82
PM018-3.2	35	184	0.1652	0.0010	1.6385	0.0260	0.0719	0.0011	985	6	985	16	984	31
PM018-3.3	15	252	0.0524	0.0003	0.3835	0.0130	0.0530	0.0018	330	2	330	11	330	75
PM018-3.4	5	105	0.0447	0.0003	0.4903	0.0284	0.0795	0.0044	282	2	405	23	1185	110
PM018-3.5	6	104	0.0485	0.0005	0.3861	0.0508	0.0578	0.0077	305	3	332	44	521	292
PM018-3.6	33	582	0.0488	0.0003	0.3581	0.0096	0.0532	0.0014	307	2	311	8	339	60
PM018-3.7	16	264	0.0514	0.0003	0.4358	0.0149	0.0615	0.0021	323	2	367	13	658	73
PM018-3.8	8	127	0.0447	0.0004	0.4968	0.0314	0.0806	0.0047	282	3	410	26	1211	114
PM018-3.9	11	183	0.0524	0.0004	0.3839	0.0145	0.0531	0.0020	330	2	330	12	333	85
PM018-3.10	6	128	0.0447	0.0003	0.4406	0.0200	0.0715	0.0032	282	2	371	17	972	92
PM018-3.11	7	121	0.0448	0.0003	0.4199	0.0267	0.0680	0.0041	282	2	356	23	869	126
PM018-3.12	7	104	0.0573	0.0004	0.4894	0.0315	0.0619	0.0040	359	3	404	26	671	137
PM018-3.13	51	322	0.1492	0.0009	1.4195	0.0173	0.0690	0.0008	897	5	897	11	898	25
PM018-3.14	7	154	0.0447	0.0003	0.3195	0.0246	0.0519	0.0040	282	2	282	22	280	177
PM018-3.15	3	70	0.0447	0.0006	0.4143	0.0495	0.0672	0.0082	282	4	352	42	845	252
PM018-3.16	27	463	0.0604	0.0003	0.4516	0.0078	0.0543	0.0009	378	2	378	7	382	38

续表

样品号及测试点号	质量分数/(×10⁻⁶)		同位素比值						年龄/Ma					
	Pb	U	$^{206}Pb/^{238}U$	1σ	$^{207}Pb/^{235}U$	1σ	$^{207}Pb/^{206}Pb$	1σ	$^{206}Pb/^{238}U$	1σ	$^{207}Pb/^{235}U$	1σ	$^{207}Pb/^{206}Pb$	1σ
PM018-3.17	6	116	0.0448	0.0004	0.3199	0.0291	0.0518	0.0047	283	2	282	26	275	208
PM018-3.18	14	278	0.0448	0.0003	0.4470	0.0128	0.0724	0.0020	282	2	375	11	998	56
PM018-3.19	14	245	0.0492	0.0003	0.3575	0.0145	0.0526	0.0021	310	2	310	13	313	92
PM018-3.20	32	387	0.0752	0.0004	0.5856	0.0130	0.0565	0.0012	467	3	468	10	471	48
PM030-19.1	11	210	0.0454	0.0004	0.3252	0.0150	0.0520	0.0025	286	3	286	13	285	109
PM030-19.2	6	115	0.0456	0.0004	0.3269	0.0171	0.0520	0.0027	287	3	287	15	286	120
PM030-19.3	7	126	0.0456	0.0004	0.3258	0.0260	0.0519	0.0041	287	2	286	23	280	180
PM030-19.4	6	126	0.0455	0.0004	0.3261	0.0220	0.0520	0.0035	287	2	287	19	286	153
PM030-19.5	6	114	0.0456	0.0004	0.3275	0.0139	0.0520	0.0020	288	3	288	12	287	90
PM030-19.6	8	135	0.0460	0.0004	0.3255	0.0215	0.0514	0.0035	290	3	286	19	257	156
PM030-19.7	8	159	0.0455	0.0003	0.3248	0.0136	0.0518	0.0022	287	2	286	12	274	96
PM030-19.8	9	166	0.0455	0.0003	0.3261	0.0125	0.0520	0.0020	287	2	287	11	286	86
PM030-19.9	7	106	0.0464	0.0004	0.3257	0.0115	0.0509	0.0017	292	2	286	10	237	77
PM030-19.10	4	88	0.0453	0.0004	0.3253	0.0274	0.0521	0.0044	285	2	286	24	290	191
PM030-19.11	4	89	0.0454	0.0004	0.3260	0.0274	0.0520	0.0044	286	2	286	24	285	195
PM030-19.12	8	146	0.0453	0.0003	0.3252	0.0180	0.0522	0.0028	286	2	287	16	294	123
PM030-19.13	15	291	0.0452	0.0003	0.3261	0.0084	0.0521	0.0012	285	2	286	7	291	55
PM030-19.14	6	127	0.0453	0.0003	0.3261	0.0179	0.0522	0.0028	286	2	287	16	294	124
PM030-19.15	7	130	0.0453	0.0003	0.3244	0.0188	0.0519	0.0029	286	2	285	17	281	130
PM030-19.16	8	147	0.0455	0.0003	0.3264	0.0190	0.0520	0.0030	287	2	287	17	287	132

附表 8　内蒙古西乌珠穆沁旗早二叠世大石寨组火山岩锆石 Hf 同位素测年数据表

样品号及测试点号	年龄/Ma	$^{176}Yb/^{177}Hf$	$^{176}Lu/^{177}Hf$	$^{176}Hf/^{177}Hf$	2σ	$^{176}Hf/^{177}Hf_i$	$\varepsilon_{Hf}(0)$	$\varepsilon_{Hf}(t)$	T_{DM}/Ma	T_{DM}^C/Ma	$f_{Lu/Hf}$
PM005-4TW1-01	314	0.052323	0.001331	0.282915	0.000030	0.282907	5.1	11.69	482	580	-0.96
PM005-4TW1-02	312	0.087486	0.002038	0.282958	0.000026	0.282946	6.6	13.01	429	494	-0.94
PM005-4TW1-03	314	0.041381	0.001022	0.282950	0.000024	0.282944	6.3	13.00	428	496	-0.97
D1020-TW1-01	277	0.124681	0.002540	0.282937	0.000020	0.282924	5.8	11.45	466	567	-0.92
D1020-TW1-02	272	0.074953	0.001584	0.282868	0.000020	0.282860	3.4	9.10	553	713	-0.95
D1020-TW1-03	278	0.111912	0.002322	0.282869	0.000026	0.282857	3.4	9.10	564	718	-0.93
D1020-TW1-04	272	0.142486	0.002867	0.282987	0.000019	0.282972	7.6	13.07	395	459	-0.91
D1020-TW1-05	276	0.130162	0.002674	0.282960	0.000022	0.282946	6.7	12.23	433	516	-0.92
D1020-TW1-06	274	0.064574	0.001377	0.282830	0.000021	0.282823	2.1	7.83	604	796	-0.96
PM030-19TW1-01	285	0.080739	0.001754	0.282926	0.000021	0.282917	5.5	11.39	472	577	-0.95
PM030-19TW1-02	285	0.040403	0.000846	0.282944	0.000024	0.282940	6.1	12.19	435	525	-0.97
PM030-19TW1-03	286	0.102176	0.002078	0.282894	0.000025	0.282883	4.3	10.21	523	653	-0.94
PM030-19TW1-04	286	0.064362	0.001288	0.282880	0.000020	0.282873	3.8	9.86	532	676	-0.96
PM030-19TW1-05	290	0.050040	0.001127	0.282711	0.000017	0.282705	-2.1	4.01	769	1052	-0.97
PM030-19TW1-06	285	0.068171	0.001349	0.282939	0.000017	0.282932	5.9	11.92	448	543	-0.96
PM030-19TW1-07	287	0.090086	0.001827	0.282952	0.000023	0.282943	6.4	12.34	435	517	-0.94
PM030-19TW1-08	288	0.081784	0.001658	0.282888	0.000048	0.282879	4.1	10.13	525	660	-0.95
PM030-19TW1-09	287	0.107337	0.002155	0.282951	0.000021	0.282940	6.3	12.24	440	524	-0.94
PM030-19TW1-10	286	0.091770	0.001859	0.282881	0.000016	0.282871	3.9	9.80	538	679	-0.94

附表 9　内蒙古卫境地区早二叠世火成岩主量元素（%）及稀土元素（×10⁻⁶）数据表

样品号	岩性	SiO2	Al2O3	TiO2	Fe2O3	FeO	CaO	MgO	K2O	Na2O	MnO	P2O5	H2O+	H2O-	LOI	TOTAL	σ
JA05-YQ1	辉长岩	50.14	17.17	0.43	2.07	2.95	12.37	9.28	0.32	2.82	0.077	0.041	1.75	0.24	2.22	99.88	0.44
JA05-YQ2	辉长岩	50.21	15.89	0.65	1.71	2.56	14.22	9.46	0.41	2.58	0.073	0.118	1.55	0.26	1.96	99.84	0.41
WJ-3YQ1	玄武岩	46.78	14.94	1.40	4.55	5.12	12.03	7.22	0.68	2.13	0.159	0.170	3.27	0.21	4.65	99.82	0.74
WJ-4YQ1	玄武岩	44.18	14.07	0.91	4.04	3.22	15.03	5.90	0.06	3.11	0.133	0.148	4.09	0.45	9.08	99.87	2.68
WJ07-YQ1	玄武岩	49.39	15.34	1.39	4.86	5.07	11.46	5.87	0.90	2.45	0.173	0.109	2.04	0.20	2.87	99.88	0.52
WJ105-1YQ1	玄武岩	47.49	11.05	0.84	4.14	2.32	17.66	4.10	0.05	2.62	0.110	0.130	3.11	0.64	9.41	99.91	0.59

样品号	岩性	La	Ce	Pr	Nd	Sm	Eu	Gd	Tb	Dy	Ho	Er	Tm	Yb	Lu	Y
JA05-YQ1	辉长岩	2.28	5.37	0.64	3.85	1.1	0.57	0.73	0.21	1.55	0.34	0.78	0.16	0.94	0.15	9.08
JA05-YQ2	辉长岩	3.09	8.45	1.32	6.65	1.82	0.67	1.29	0.31	2.3	0.48	1.12	0.21	1.25	0.21	12.8
WJ-3YQ1	玄武岩	5.50	15.0	2.40	12.5	3.57	1.34	3.10	0.74	5.07	1.01	2.84	0.41	3.01	0.52	26.3
WJ-4YQ1	玄武岩	3.98	9.45	1.49	7.63	2.12	0.78	1.87	0.43	3.02	0.59	1.68	0.24	1.85	0.30	15.7
WJ07-YQ1	玄武岩	2.59	8.46	1.58	9.11	3.18	1.20	2.76	0.73	5.26	1.04	2.94	0.43	3.10	0.50	27.1
WJ105-1YQ1	玄武岩	3.47	7.69	1.25	5.95	1.64	0.60	1.71	0.34	2.31	0.45	1.17	0.23	1.37	0.26	11.50

附表 10　内蒙古卫境地区早二叠世火成岩微量元素数据表（×10⁻⁶）

样品号	Li	Be	Sc	V	Cr	Co	Ni	Cu	Zn	Ga	Rb	Sr	Zr	Nb	Mo	Cd	In	Sb
JA05-YQ1	23	0.34	50.6	96.7	435	48.2	116	17	18.3	16.3	3.18	299	29.7	1.73	0.07	0.11	0.044	0.21
JA05-YQ2	16.7	0.34	56.4	115	601	30.3	81.3	12.2	15.7	15.1	3.14	235	41.2	1.39	0.01	0.12	0.043	0.056
WJ-3YQ1	27.7	0.54	31.5	209	238	43.6	117	56.9	75.2	16.3	11.1	213	119	3.04	0.32	0.17	0.053	0.014
WJ-4YQ1	34.1	0.58	25.1	193	174	34.5	118	36.6	51.9	15.4	0.01	232	71.9	2.04	0.33	0.27	0.045	0.057
WJ07-YQ1	14.0	0.44	39.5	247	200	49.6	87.3	61.8	82.1	17.0	13.7	182	95.6	1.02	0.23	0.15	0.069	0.027
WJ105-1YQ1	14.40	0.45	24.40	209.00	183.00	26.50	99.60	40.80	44.20	13.30	4.67	86.90	64.50	2.71	0.41	0.25	0.04	0.05

续表

样品号	Cs	Ba	Hf	Ta	W	Tl	Pb	Bi	Th	U
JA05-YQ1	1.12	76.1	1.03	0.48	0.037	0.047	1.3	0.016	1.02	0.3
JA05-YQ2	0.87	114	1.39	0.27	0.15	0.042	0.53	0.008	0.59	0.2
WJ-3YQ1	0.50	43.9	3.73	0.39	0.22	0.14	1.34	0.031	15.5	0.36
WJ-4YQ1	0.27	19.4	2.03	0.28	0.098	0.06	0.43	0.026	3.15	1.14
WJ07-YQ1	0.78	45.3	3.27	0.21	0.099	0.13	0.46	0.025	4.40	0.20
WJ105-1YQ1	0.88	17.30	1.95	0.53	0.19	0.12	5.37	0.17	1.97	1.33

附表 11 内蒙古卫境地区早二叠世辉长岩锆石 U-Pb 测年数据表

样品号及测试点号	质量分数 /(×10^{-6})		同位素比值						年龄/Ma					
	Pb	U	^{206}Pb/^{238}U	1σ	^{207}Pb/^{235}U	1σ	^{207}Pb/^{206}Pb	1σ	^{206}Pb/^{238}U	1σ	^{207}Pb/^{235}U	1σ	^{207}Pb/^{206}Pb	1σ
JA05-Tw1.1	42	714	0.0446	0.0005	0.3288	0.0054	0.0534	0.0008	281	3	289	5	347	34
JA05-Tw1.2	108	480	0.0422	0.0004	0.5713	0.0110	0.0981	0.0016	267	3	459	9	1589	31
JA05-Tw1.3	43	660	0.0450	0.0005	0.3236	0.0052	0.0521	0.0007	284	3	285	5	291	33
JA05-Tw1.4	53	845	0.0450	0.0005	0.3290	0.0049	0.0531	0.0007	284	3	289	4	332	30
JA05-Tw1.5	56	981	0.0425	0.0005	0.4339	0.0066	0.0740	0.0009	268	3	366	6	1042	26
JA05-Tw1.6	8	163	0.0450	0.0005	0.3240	0.0128	0.0522	0.0020	284	3	285	11	293	87
JA05-Tw1.7	56	1069	0.0448	0.0005	0.3262	0.0046	0.0528	0.0007	282	3	287	4	322	28
JA05-Tw1.8	55	89	0.4932	0.0058	12.3332	0.1930	0.1814	0.0022	2584	30	2630	41	2665	20
JA05-Tw1.9	189	703	0.2605	0.0027	4.4762	0.0599	0.1246	0.0014	1492	15	1727	23	2024	20
JA05-Tw1.10	120	375	0.3095	0.0033	5.7938	0.0842	0.1358	0.0016	1738	18	1945	28	2174	21
JA05-Tw1.11	93	1486	0.0449	0.0005	0.3223	0.0045	0.0521	0.0006	283	3	284	4	288	28
JA05-Tw1.12	13	233	0.0446	0.0005	0.3248	0.0131	0.0529	0.0021	281	3	286	12	323	90

续表

样品号及测试点号	质量分数/(×10⁻⁶)		同位素比值						年龄/Ma					
	Pb	U	$^{206}Pb/^{238}U$	1σ	$^{207}Pb/^{235}U$	1σ	$^{207}Pb/^{206}Pb$	1σ	$^{206}Pb/^{238}U$	1σ	$^{207}Pb/^{235}U$	1σ	$^{207}Pb/^{206}Pb$	1σ
JA05-Tw1.13	5	103	0.0447	0.0005	0.3278	0.0215	0.0532	0.0035	282	3	288	19	335	148
JA05-Tw1.14	34	397	0.0512	0.0005	2.0319	0.0302	0.2876	0.0040	322	3	1126	17	3405	21
JA05-Tw1.15	12	243	0.0447	0.0005	0.3241	0.0098	0.0526	0.0016	282	3	285	9	310	68
JA05-Tw1.16	18	388	0.0453	0.0005	0.3260	0.0068	0.0522	0.0011	286	3	287	6	294	47
JA05-Tw1.17	12	259	0.0447	0.0005	0.3216	0.0115	0.0522	0.0018	282	3	283	10	294	80
JA05-Tw1.18	14	204	0.0449	0.0005	0.3291	0.0103	0.0531	0.0016	283	3	289	9	335	69
JA05-Tw1.19	7	146	0.0447	0.0005	0.3229	0.0137	0.0524	0.0022	282	3	284	12	301	95
JA05-Tw1.20	19	329	0.0481	0.0005	0.5093	0.0092	0.0768	0.0013	303	3	418	8	1116	33
JA05-Tw1.21	10	179	0.0451	0.0005	0.3246	0.0124	0.0522	0.0020	284	3	285	11	296	87
JA05-Tw1.22	18	291	0.0453	0.0005	0.3268	0.0089	0.0524	0.0015	285	3	287	8	301	64
JA05-Tw1.23	30	541	0.0452	0.0005	0.3288	0.0058	0.0527	0.0009	285	3	289	5	317	38
JA05-Tw1.24	11	74	0.0767	0.0016	3.2475	0.1328	0.3070	0.0080	477	10	1469	60	3506	40

附表 12　内蒙古卫境地区早二叠世辉长岩锆石 Hf 同位素测年数据表

样品号及测试点号	年龄/Ma	$^{176}Yb/^{177}Hf$	$^{176}Lu/^{177}Hf$	$^{176}Hf/^{177}Hf$	2σ	$^{176}Hf/^{177}Hf_i$	$\varepsilon Hf(0)$	$\varepsilon Hf(t)$	T_{DM}/Ma	T_{DM}^{C}/Ma	$f_{Lu/Hf}$
JA05-TW1-01	285	0.056148	0.001278	0.282929	0.000017	0.282923	5.6	11.59	461	564	-0.96
JA05-TW1-02	282	0.194739	0.004278	0.283015	0.000019	0.282993	8.6	14.01	367	406	-0.87
JA05-TW1-03	282	0.056924	0.001065	0.282965	0.000018	0.282959	6.8	12.81	408	483	-0.97
JA05-TW1-04	284	0.210848	0.004768	0.283008	0.000020	0.282982	8.3	13.69	385	429	-0.86
JA05-TW1-05	282	0.063719	0.001293	0.282984	0.000015	0.282977	7.5	13.46	383	442	-0.96

附表 13　内蒙古西乌珠穆沁旗石炭纪英云闪长岩锆石 U-Pb 同位素测年数据表

样品号及测试点号	质量分数/(×10⁻⁶)		同位素比值								同位素比值		年龄/Ma					
	Pb	U	$^{206}Pb/^{238}U$	1σ	$^{207}Pb/^{235}U$	1σ	$^{207}Pb/^{206}Pb$	1σ	$^{208}Pb/^{232}Th$	1σ	$^{232}Th/^{238}U$	1σ	$^{206}Pb/^{238}U$	1σ	$^{207}Pb/^{235}U$	1σ	$^{207}Pb/^{206}Pb$	1σ
D4010.TW1																		
1	4	66	0.0517	0.0006	0.3457	0.0185	0.0485	0.0026	0.0189	0.0007	0.4211	0.0018	325	4	302	16	123	125
2	2	42	0.0513	0.0008	0.38	0.0266	0.0537	0.0037	0.0179	0.0014	0.2848	0.0026	323	5	327	23	357	156
3	3	61	0.0528	0.0007	0.3742	0.0209	0.0515	0.0027	0.0235	0.0015	0.2069	0.0008	331	4	323	18	261	121
4	2	30	0.0513	0.0006	0.551	0.0454	0.0779	0.0064	0.0147	0.0024	0.2655	0.0036	323	4	446	37	1143	164
5	4	85	0.052	0.0005	0.3915	0.013	0.0546	0.0018	0.021	0.0009	0.2454	0.0009	327	3	335	11	395	73
6	1	26	0.057	0.0014	0.4424	0.0342	0.0563	0.0068	0.0155	0.0033	0.2701	0.002	358	9	372	29	463	268
7	2	35	0.0509	0.0009	0.3834	0.0328	0.0546	0.0047	0.0173	0.0016	0.3433	0.0022	320	6	330	28	396	192
8	3	66	0.0515	0.0006	0.385	0.0169	0.0543	0.0024	0.0164	0.0011	0.2557	0.0014	323	4	331	15	382	98
9	3	62	0.0512	0.0006	0.4066	0.023	0.0576	0.0032	0.0182	0.0009	0.3408	0.0018	322	4	346	20	514	123
10	2	40	0.0508	0.0009	0.397	0.0305	0.0566	0.0043	0.0166	0.0017	0.2587	0.0031	320	5	339	26	477	168
11	3	50	0.0514	0.0007	0.3586	0.0288	0.0506	0.004	0.0176	0.0011	0.3945	0.002	323	5	311	25	221	183
12	2	33	0.0514	0.0006	0.394	0.0447	0.0556	0.0063	0.0181	0.0029	0.2187	0.0009	323	4	337	38	435	252
13	8	149	0.0523	0.0004	0.4051	0.0083	0.0561	0.0011	0.0196	0.0004	0.3089	0.0013	329	2	345	7	458	43
14	3	55	0.0518	0.0008	0.3976	0.0287	0.0557	0.0039	0.0183	0.0011	0.4187	0.0022	325	5	340	25	440	156
15	2	30	0.0508	0.0006	0.4024	0.0228	0.0574	0.0045	0.0185	0.0022	0.3521	0.001	320	4	343	19	507	173
16	4	70	0.0513	0.0007	0.3996	0.0196	0.0565	0.0027	0.0191	0.001	0.3894	0.0015	323	4	341	17	471	104
17	6	109	0.0519	0.0005	0.3656	0.0173	0.0511	0.0023	0.019	0.001	0.2459	0.0006	326	3	316	15	244	106
18	6	111	0.0522	0.0005	0.4099	0.0129	0.0569	0.0018	0.0195	0.0004	0.471	0.0007	328	3	349	11	488	69
19	2	42	0.0527	0.0008	0.4128	0.0345	0.0568	0.0045	0.0259	0.0021	0.3664	0.0036	331	5	351	29	482	174
20	3	60	0.0527	0.0006	0.4059	0.0241	0.0559	0.0033	0.0202	0.001	0.4926	0.0026	331	4	346	21	448	132
21	2	42	0.052	0.0008	0.3934	0.0342	0.0549	0.0048	0.027	0.0027	0.2394	0.0019	327	5	337	29	409	196

样品号及测试点号 D4010.TW1	质量分数/(×10⁻⁶)		同位素比值										年龄/Ma					
	Pb	U	$^{206}Pb/^{238}U$	1σ	$^{207}Pb/^{235}U$	1σ	$^{207}Pb/^{206}Pb$	1σ	$^{208}Pb/^{232}Th$	1σ	$^{232}Th/^{238}U$	1σ	$^{206}Pb/^{238}U$	1σ	$^{207}Pb/^{235}U$	1σ	$^{207}Pb/^{206}Pb$	1σ
22	3	60	0.052	0.0006	0.4218	0.0222	0.0589	0.0029	0.0216	0.0011	0.3431	0.0025	327	4	357	19	563	109
23	3	62	0.0525	0.0006	0.4033	0.0204	0.0557	0.0027	0.0208	0.0015	0.2686	0.0009	330	4	344	17	441	109
24	3	59	0.0528	0.0007	0.4124	0.0245	0.0567	0.0032	0.021	0.0014	0.361	0.0012	331	4	351	21	479	124
25	5	95	0.052	0.0005	0.391	0.0134	0.0545	0.0018	0.0195	0.0006	0.3983	0.001	327	3	335	11	391	74
26	7	119	0.0548	0.0005	0.4039	0.0101	0.0535	0.0013	0.0189	0.0005	0.3911	0.0081	344	3	344	9	350	56
27	4	79	0.0522	0.0005	0.4128	0.0143	0.0574	0.002	0.0222	0.001	0.325	0.0041	328	3	351	12	506	75
28	4	72	0.0522	0.0005	0.4053	0.0191	0.0564	0.0026	0.0219	0.0011	0.3262	0.0015	328	3	345	16	467	100
29	2	32	0.0519	0.001	0.398	0.032	0.0556	0.0042	0.0246	0.0019	0.3429	0.0018	326	6	340	27	437	168
30	2	46	0.0525	0.0007	0.4172	0.0256	0.0576	0.0034	0.0216	0.0015	0.2597	0.001	330	5	354	22	514	130
31	8	138	0.0525	0.0004	0.3618	0.0086	0.05	0.0012	0.0181	0.0003	0.5464	0.0036	330	3	314	7	193	55
32	2	49	0.0521	0.0007	0.4055	0.0224	0.0564	0.0031	0.0201	0.0011	0.3553	0.0018	328	4	346	19	469	120
33	2	41	0.0523	0.0009	0.409	0.0277	0.0567	0.0037	0.0214	0.0013	0.3671	0.0011	329	5	348	24	480	144
34	2	42	0.0528	0.0008	0.4021	0.0266	0.0553	0.0035	0.0199	0.0015	0.3021	0.001	331	5	343	23	424	143
35	2	33	0.0529	0.001	0.4157	0.0387	0.057	0.0053	0.0202	0.0016	0.3656	0.0015	332	6	353	33	490	204
36	5	56	0.0523	0.0007	0.3959	0.0238	0.0549	0.0031	0.0189	0.0009	0.3462	0.0022	329	4	339	20	409	127
37	5	90	0.0517	0.0005	0.4085	0.0137	0.0573	0.0019	0.0193	0.0008	0.2573	0.001	325	3	348	12	504	72
38	4	73	0.0522	0.0006	0.3982	0.015	0.0554	0.002	0.0202	0.0011	0.2254	0.0013	328	4	340	13	427	82
39	3	51	0.0528	0.0007	0.4186	0.0294	0.0575	0.0037	0.0241	0.0018	0.338	0.0017	332	4	355	25	509	143
40	6	109	0.0519	0.0005	0.4045	0.0127	0.0566	0.0017	0.0222	0.0008	0.3493	0.0033	326	3	345	11	475	67
41	14	248	0.0523	0.0004	0.4008	0.0052	0.0556	0.0007	0.0189	0.0002	0.5044	0.0033	329	3	342	4	437	28
42	2	32	0.0515	0.0005	0.4065	0.0412	0.0572	0.0054	0.0271	0.0026	0.3196	0.0009	324	3	346	35	500	206

续表

样品号及测试点号 D4010.TW1	质量分数/(×10⁻⁶)		同位素值								同位素比值		年龄/Ma					
	Pb	U	$^{206}Pb/^{238}U$	1σ	$^{207}Pb/^{235}U$	1σ	$^{207}Pb/^{206}Pb$	1σ	$^{208}Pb/^{232}Th$	1σ	$^{232}Th/^{238}U$	1σ	$^{206}Pb/^{238}U$	1σ	$^{207}Pb/^{235}U$	1σ	$^{207}Pb/^{206}Pb$	1σ
43	6	99	0.0525	0.0005	0.4109	0.015	0.0567	0.002	0.0201	0.0007	0.4714	0.0015	330	3	350	13	480	79
44	3	47	0.0522	0.0007	0.401	0.0294	0.0557	0.0038	0.023	0.0017	0.2945	0.001	328	4	342	25	440	154
45	3	64	0.0522	0.0006	0.4051	0.0242	0.0563	0.0031	0.0247	0.002	0.2365	0.0007	328	4	345	21	463	121
46	6	111	0.052	0.0008	0.4069	0.0123	0.0567	0.0016	0.0231	0.0008	0.3321	0.0005	327	5	347	10	480	61
47	5	87	0.0552	0.0005	0.4244	0.0148	0.0558	0.0019	0.024	0.001	0.2651	0.002	346	3	359	13	443	76
48	3	54	0.0523	0.0008	0.4127	0.0261	0.0572	0.0034	0.0243	0.0016	0.2995	0.001	329	5	351	22	500	131
49	3	58	0.0511	0.0007	0.3981	0.0209	0.0565	0.0029	0.0216	0.0013	0.3237	0.0007	321	4	340	18	474	114
50	2	42	0.0523	0.0008	0.394	0.029	0.0546	0.0038	0.0261	0.0021	0.3039	0.0018	329	5	337	25	398	157
51	2	33	0.0523	0.0005	0.409	0.0398	0.0567	0.0052	0.0268	0.0026	0.3651	0.0011	329	3	348	34	481	203
52	3	54	0.0523	0.0006	0.3877	0.0241	0.0537	0.0032	0.0223	0.0013	0.3692	0.0017	329	4	333	21	360	134
53	5	87	0.0517	0.0004	0.41	0.0174	0.0575	0.0024	0.0196	0.0006	0.4576	0.0009	325	3	349	15	512	93
54	3	48	0.0524	0.0008	0.3949	0.0285	0.0547	0.0038	0.0241	0.002	0.3564	0.0022	329	5	338	24	399	157
55	2	37	0.0522	0.001	0.3979	0.0367	0.0553	0.0048	0.0279	0.0025	0.2766	0.0008	328	6	340	31	425	192
56	1	26	0.0522	0.001	0.4148	0.0295	0.0576	0.0038	0.0405	0.0051	0.2382	0.0012	328	6	352	25	514	146
57	2	35	0.0522	0.0011	0.3978	0.0354	0.0553	0.0049	0.0277	0.0028	0.3109	0.0026	328	7	340	30	424	196
58	4	82	0.0521	0.0005	0.4059	0.0163	0.0565	0.0022	0.0248	0.0016	0.2257	0.0012	327	3	346	14	473	84
59	6	107	0.0548	0.0005	0.4144	0.0139	0.0548	0.0018	0.022	0.0007	0.4394	0.0009	344	3	352	12	406	74
60	2	36	0.0534	0.001	0.3866	0.0337	0.0525	0.0045	0.032	0.0025	0.251	0.0011	336	6	332	29	305	195
61	3	47	0.0522	0.0009	0.4072	0.0287	0.0566	0.0037	0.0248	0.0019	0.3796	0.0011	328	5	347	24	475	146
62	3	48	0.0522	0.0007	0.4128	0.027	0.0573	0.0036	0.0234	0.0017	0.3527	0.0009	328	5	351	23	505	138
64	4	65	0.0533	0.0008	0.4038	0.0275	0.0549	0.0034	0.0293	0.0027	0.3265	0.0037	335	5	344	23	409	138

续表

样品号及测试点号	质量分数/(×10⁻⁶)		同位素比值										年龄/Ma					
D4010.TW1	Pb	U	$^{206}Pb/^{238}U$	1σ	$^{207}Pb/^{235}U$	1σ	$^{207}Pb/^{206}Pb$	1σ	$^{208}Pb/^{232}Th$	1σ	$^{232}Th/^{238}U$	1σ	$^{206}Pb/^{238}U$	1σ	$^{207}Pb/^{235}U$	1σ	$^{207}Pb/^{206}Pb$	1σ
65	2	33	0.0525	0.0011	0.3836	0.0385	0.053	0.0062	0.0371	0.0042	0.294	0.0014	330	7	330	33	327	264
66	2	43	0.0528	0.0008	0.4073	0.0335	0.0559	0.0044	0.0254	0.0022	0.3218	0.0018	332	5	347	29	450	175
67	3	61	0.0514	0.0006	0.4071	0.0213	0.0574	0.0029	0.0243	0.0011	0.4326	0.0018	323	4	347	18	509	113
68	5	86	0.0525	0.0005	0.3888	0.0155	0.0537	0.0021	0.0233	0.0013	0.2476	0.0009	330	3	333	13	358	87
69	2	30	0.0527	0.0012	0.4116	0.0404	0.0566	0.0053	0.0298	0.0031	0.3125	0.0014	331	7	350	34	476	207
70	2	37	0.0524	0.0011	0.3907	0.0429	0.0541	0.0056	0.0255	0.0027	0.3146	0.0014	329	7	335	37	374	232
71	7	127	0.0523	0.0005	0.3962	0.0114	0.0549	0.0015	0.0207	0.0007	0.3742	0.0017	329	3	339	10	409	61
72	5	96	0.0516	0.0005	0.4293	0.0134	0.0604	0.0018	0.0207	0.0008	0.3306	0.0014	324	3	363	11	617	65
73	5	96	0.0532	0.0007	0.3896	0.024	0.0531	0.0027	0.0303	0.0026	0.3112	0.0023	334	4	334	21	334	115
74	2	30	0.0509	0.0013	0.399	0.0343	0.0569	0.0043	0.036	0.0046	0.2535	0.0016	320	8	341	29	488	167
75	3	46	0.0513	0.0009	0.4128	0.0327	0.0583	0.0044	0.0271	0.0019	0.355	0.0017	323	6	351	28	542	166
76	5	79	0.055	0.0009	0.4342	0.0371	0.0572	0.0039	0.0461	0.0023	0.3289	0.008	345	6	366	31	501	150
77	7	142	0.0511	0.0005	0.4261	0.0099	0.0605	0.0013	0.023	0.0012	0.238	0.0055	321	3	360	8	620	47
78	3	65	0.0519	0.0008	0.4074	0.022	0.057	0.0029	0.0273	0.0019	0.262	0.0006	326	5	347	19	490	112
79	2	30	0.0524	0.0014	0.3874	0.0371	0.0537	0.0041	0.0296	0.0035	0.3326	0.0013	329	9	332	32	357	172
80	2	37	0.053	0.0011	0.4119	0.0362	0.0572	0.0048	0.0349	0.004	0.2658	0.001	328	7	350	31	500	184
81	5	92	0.0522	0.0006	0.405	0.0161	0.0554	0.0021	0.0277	0.0017	0.3047	0.0024	333	4	345	14	428	84
82	2	33	0.0523	0.0014	0.3976	0.0355	0.0551	0.0042	0.0299	0.0039	0.342	0.0011	329	9	340	30	418	171
83	7	118	0.0527	0.0005	0.4209	0.0164	0.0579	0.002	0.0267	0.0014	0.3883	0.0009	331	3	357	14	525	77
84	7	135	0.0521	0.0004	0.4184	0.0103	0.0582	0.0014	0.0206	0.0005	0.3804	0.0011	328	2	355	9	537	54
85	2	41	0.0527	0.0009	0.393	0.0314	0.0541	0.0042	0.0252	0.0018	0.3708	0.0016	331	6	337	27	376	173

续表

样品号及测试点号 D4010.TW1	质量分数/(×10⁻⁶) Pb	U	同位素比值 $^{206}Pb/^{238}U$	1σ	$^{207}Pb/^{235}U$	1σ	$^{207}Pb/^{206}Pb$	1σ	$^{208}Pb/^{232}Th$	1σ	$^{232}Th/^{238}U$	1σ	年龄/Ma $^{206}Pb/^{238}U$	1σ	$^{207}Pb/^{235}U$	1σ	$^{207}Pb/^{206}Pb$	1σ
86	3	56	0.0583	0.0008	0.4426	0.025	0.055	0.0017	0.0302	0.0031	0.279	0.001	365	5	372	21	414	124
87	8	150	0.0528	0.0004	0.395	0.0106	0.0542	0.0008	0.0238	0.0013	0.3964	0.0016	332	3	338	9	380	53
88	4	72	0.052	0.0006	0.4072	0.0214	0.0568	0.0019	0.027	0.0027	0.2766	0.0023	327	4	347	18	484	104
89	7	123	0.0516	0.0003	0.3986	0.0113	0.056	0.0006	0.0202	0.0015	0.4874	0.0031	324	2	341	10	454	61
90	3	61	0.0518	0.0005	0.3896	0.0232	0.0545	0.0015	0.0236	0.0032	0.3367	0.0015	326	3	334	20	394	130
91	3	57	0.0527	0.0007	0.4075	0.0229	0.056	0.0018	0.0229	0.0031	0.2659	0.0008	331	4	347	19	454	121
92	2	43	0.0524	0.0007	0.3901	0.028	0.054	0.002	0.0249	0.0038	0.3354	0.0041	329	5	334	24	370	159
93	6	105	0.053	0.0004	0.4064	0.0133	0.0556	0.0008	0.0215	0.0018	0.4777	0.0093	333	3	346	11	438	71
94	7	123	0.053	0.0004	0.4011	0.0112	0.0549	0.0006	0.0214	0.0015	0.3568	0.0028	333	3	342	10	407	61
95	6	101	0.0541	0.0005	0.4052	0.0137	0.0543	0.0006	0.0229	0.0017	0.4939	0.0012	340	3	345	12	385	72
96	2	41	0.052	0.0009	0.3989	0.032	0.0556	0.0014	0.0208	0.0043	0.4374	0.0018	327	5	341	27	438	172
97	5	84	0.0524	0.0005	0.3913	0.0154	0.0541	0.0011	0.0227	0.002	0.2773	0.0011	329	3	335	13	377	85
98	5	84	0.0521	0.0004	0.4017	0.0166	0.0559	0.0006	0.0185	0.0022	0.5849	0.0057	328	3	343	14	447	89
99	4	71	0.0529	0.0005	0.3809	0.0178	0.0523	0.0013	0.0211	0.0024	0.2336	0.0005	332	3	328	15	297	104
100	3	60	0.0521	0.0006	0.3909	0.0206	0.0544	0.0009	0.0199	0.0028	0.4065	0.001	328	4	335	18	386	116

附表 14　内蒙古西乌珠穆沁旗石炭纪英云闪长岩锆石 Hf 同位素测年数据表

样品号及测试点号	年龄/Ma	$^{176}Yb/^{177}Hf$	$^{176}Lu/^{177}Hf$	$^{176}Hf/^{177}Hf$	2σ	$^{176}Hf/^{177}Hf_i$	$\varepsilon_{Hf}(0)$	$\varepsilon_{Hf}(t)$	$T_{DM}(Ma)$	T_{DM}^{C}/Ma	$f_{Lu/Hf}$
D4010-TW1-01	325	0.081806	0.002101	0.282985	0.000018	0.282972	7.5	14.23	390	426	−0.94
D4010-TW1-02	323	0.105813	0.002645	0.283046	0.000019	0.283030	9.7	16.24	304	295	−0.92

续表

样品号及测试点号	年龄/Ma	$^{176}Yb/^{177}Hf$	$^{176}Lu/^{177}Hf$	$^{176}Hf/^{177}Hf$	2σ	$^{176}Hf/^{177}Hf_i$	$\varepsilon_{Hf}(0)$	$\varepsilon_{Hf}(t)$	T_{DM} (Ma)	T_{DM}^{C}/Ma	$f_{Lu/Hf}$
D4010-TW1-03	358	0.089741	0.002231	0.282970	0.000024	0.282955	7.0	14.33	414	445	-0.93
D4010-TW1-04	323	0.075923	0.001934	0.283024	0.000027	0.283013	8.9	15.62	331	335	-0.94
D4010-TW1-05	331	0.178935	0.004084	0.283071	0.000018	0.283046	10.6	16.97	279	254	-0.88
D4010-TW1-06	326	0.100557	0.002528	0.283030	0.000018	0.283014	9.1	15.74	328	330	-0.92
D4010-TW1-07	323	0.087855	0.002194	0.283036	0.000018	0.283023	9.3	15.97	316	312	-0.93
D4010-TW1-08	328	0.102181	0.002642	0.283118	0.000018	0.283102	12.2	18.88	198	129	-0.92
D4010-TW1-09	328	0.101665	0.002502	0.283095	0.000017	0.283079	11.4	18.08	232	181	-0.92
D4010-TW1-10	330	0.108920	0.002644	0.283010	0.000018	0.282993	8.4	15.08	359	375	-0.92

附表 15　内蒙古补力太构造混杂岩岩中早二叠世闪长岩锆石 U-Pb 测年数据表

样品号及测试点号	质量分数(×10⁻⁶)		同位素比值						年龄/Ma					
	Pb	U	$^{206}Pb/^{238}U$	1σ	$^{207}Pb/^{235}U$	1σ	$^{207}Pb/^{206}Pb$	1σ	$^{206}Pb/^{238}U$	1σ	$^{207}Pb/^{235}U$	1σ	$^{207}Pb/^{206}Pb$	1σ
D13.TW1.1	29	681	0.0440	0.0002	0.3146	0.0047	0.0518	0.0008	278	1	278	4	278	34
D13.TW1.2	19	450	0.0440	0.0002	0.3148	0.0042	0.0519	0.0007	278	1	278	4	280	30
D13.TW1.3	20	485	0.0440	0.0002	0.3135	0.0039	0.0517	0.0006	277	1	277	3	273	28
D13.TW1.4	19	435	0.0443	0.0002	0.3180	0.0042	0.0520	0.0007	280	1	280	4	287	31
D13.TW1.5	20	481	0.0443	0.0002	0.3177	0.0043	0.0521	0.0007	279	1	280	4	288	31
D13.TW1.6	10	226	0.0447	0.0003	0.3173	0.0052	0.0515	0.0009	282	2	280	5	262	38
D13.TW1.7	33	763	0.0443	0.0002	0.3169	0.0039	0.0519	0.0006	279	1	279	3	282	27
D13.TW1.8	22	477	0.0443	0.0003	0.3171	0.0041	0.0519	0.0006	280	2	280	4	281	28
D13.TW1.9	24	570	0.0443	0.0002	0.3175	0.0037	0.0520	0.0006	280	2	280	3	284	26

续表

样品号及测试点号	质量分数/(×10⁻⁶)		同位素比值						年龄/Ma					
	Pb	U	$^{206}Pb/^{238}U$	1σ	$^{207}Pb/^{235}U$	1σ	$^{207}Pb/^{206}Pb$	1σ	$^{206}Pb/^{238}U$	1σ	$^{207}Pb/^{235}U$	1σ	$^{207}Pb/^{206}Pb$	1σ
D13.TW1.10	17	390	0.0441	0.0003	0.3152	0.0046	0.0518	0.0007	278	2	278	4	276	32
D13.TW1.11	17	384	0.0443	0.0002	0.3156	0.0046	0.0516	0.0007	280	2	279	4	270	33
D13.TW1.12	19	430	0.0444	0.0003	0.3176	0.0045	0.0519	0.0007	280	2	280	4	280	31
D13.TW1.13	6	120	0.0442	0.0002	0.3156	0.0097	0.0518	0.0016	279	2	279	9	275	70
D13.TW1.14	23	360	0.0615	0.0003	0.4617	0.0062	0.0545	0.0007	384	2	385	5	391	30
D13.TW1.15	34	781	0.0434	0.0002	0.3131	0.0039	0.0523	0.0006	274	1	277	3	298	28
D13.TW1.16	16	370	0.0410	0.0002	0.3002	0.0041	0.0531	0.0007	259	1	267	4	334	31
D13.TW1.17	8	184	0.0435	0.0002	0.3143	0.0129	0.0524	0.0021	275	1	278	11	302	92
D13.TW1.18	13	281	0.0443	0.0002	0.3117	0.0056	0.0511	0.0009	279	2	276	5	245	41
D13.TW1.19	20	453	0.0431	0.0002	0.3120	0.0077	0.0525	0.0013	272	1	276	7	308	56
D13.TW1.20	18	446	0.0393	0.0002	0.2913	0.0038	0.0538	0.0007	248	1	260	3	364	29
D13.TW1.21	13	302	0.0440	0.0003	0.3157	0.0053	0.0520	0.0008	278	2	279	5	285	37
D13.TW1.22	26	592	0.0437	0.0002	0.3117	0.0045	0.0517	0.0007	276	1	276	4	274	33
D13.TW1.23	18	391	0.0442	0.0002	0.3155	0.0108	0.0518	0.0018	279	2	278	10	276	78